计算机类专业核心课程系列教材

无线局域网技术

唐继勇　孙梦娜　刘思伶　主　编
王志坚　任月辉　钟文辉　岳立文　那　赫　副主编

電子工業出版社
Publishing House of Electronics Industry
北京·BEIJING

内容简介

本书是基于满足经济发展对高素质技能型人才的需求编写的，是基于教材开发团队在课程结构、教学内容、教学方法等方面的探索总结而成的。本书根据构建无线局域网实际工作过程中所需要的知识、能力和素质提炼出了 8 个项目，分别是无线网络技术概述、无线传输技术选择、无线局域网信道的共享与竞争、小型无线局域网组建、智能无线局域网配置、无线局域网安全保护、无线局域网规划设计，以及无线局域网组建综合实战。

本书内容新颖，反映了无线网络技术的新发展，并配备丰富的教学资源，可作为高等学校计算机网络技术、网络工程及相关专业的教材，也可作为网络工程技术人员的技术参考书。

图书在版编目（CIP）数据

无线局域网技术 / 唐继勇，孙梦娜，刘思伶主编 . —北京：电子工业出版社，2023.9

ISBN 978-7-121-46361-7

Ⅰ . ①无… Ⅱ . ①唐… ②孙… ③刘… Ⅲ . ①无线电通信－局域网 Ⅳ . ① TN926

中国国家版本馆 CIP 数据核字（2023）第 175477 号

责任编辑：左 雅

印　　刷：三河市君旺印务有限公司

装　　订：三河市君旺印务有限公司

出版发行：电子工业出版社

北京市海淀区万寿路 173 信箱　　邮编：100036

开　　本：787×1092　1/16　印张：14.5　字数：419 千字

版　　次：2023 年 9 月第 1 版

印　　次：2024 年12月第 2 次印刷

定　　价：49.00 元

凡所购买电子工业出版社图书有缺损问题，请向购买书店调换。若书店售缺，请与本社发行部联系，联系及邮购电话：（010）88254888，88258888。

质量投诉请发邮件至 zlts@phei.com.cn，盗版侵权举报请发邮件至 dbqq@phei.com.cn。

本书咨询联系方式：（010）88254580，zuoya@phei.com.cn。

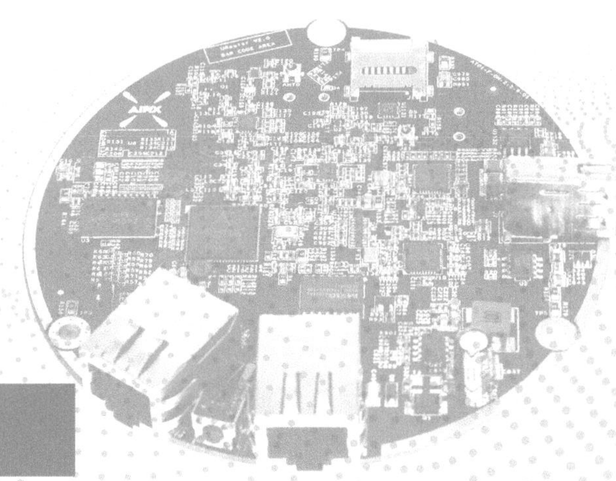

序

新一轮科技革命与信息技术革命的到来，推动了产业结构调整与经济转型升级发展新业态的出现。战略性新兴产业快速发展的同时，对新时代产业人才的培养提出了新的要求与挑战。社会对信息技术应用型人才的要求是不仅懂技术，还要懂项目。然而，传统理论教学方式缺乏培养学生对技术应用场景的认知，学生对于技术的运用存在短板，在进入企业之后无法承接业务，因此仅掌握理论知识无法满足企业真实的需求。在信息技术产业高速发展过程中，出现了极为明显的人才短缺与发展不均衡的现状。

高等教育教材、职业教育教材以习近平新时代中国特色社会主义思想为指导，以产业需求为导向，以服务新兴产业人才建设为目标，教育过程更加注重实践性环节，更加重视人才链适应产业链，助力打造具有新时代特色的“新技术技能”。

全国高等院校计算机基础教育研究会与电子工业出版社合作开发的“计算机类专业核心课程系列教材”，以立德树人为根本任务，邀请企业行业技术专家、高校学术专家共同组成编写组，依照教育部最新公布的2022年专业教学标准，引入行业与企业培训课程与标准，形成了与信息技术产业发展和企业用人需求相匹配的课程设置结构，构建了线上线下融合式智能化教学整体解决方案，较好地解决了时时学与处处学和实践性教学薄弱的问题，让系列教材更有生命力。

尺寸课本、国之大者。教材是人才培养的重要支撑、引领创新发展的重要基础，必须紧密对接国家发展重大战略需求，不断更新升级，更好服务于高水平科技自立自强、拔尖创新人才培养。为贯彻落实党的二十大精神和党的教育方针，确保党的二十大精神和习近平新时代中国特色社会主义思想进教材、进课堂、进头脑，积极融入思政元素，培养学生民族自信、科技自信、文化自信，建立紧跟新技术迭代和国家战略发展的高等教育、职业教育教材新体系，不断提升内涵和质量，推进中国特色高质量职业教育教材体系建设，确保教材发挥铸魂育人实效。

全国高等院校计算机基础教育研究会

2023 年 3 月

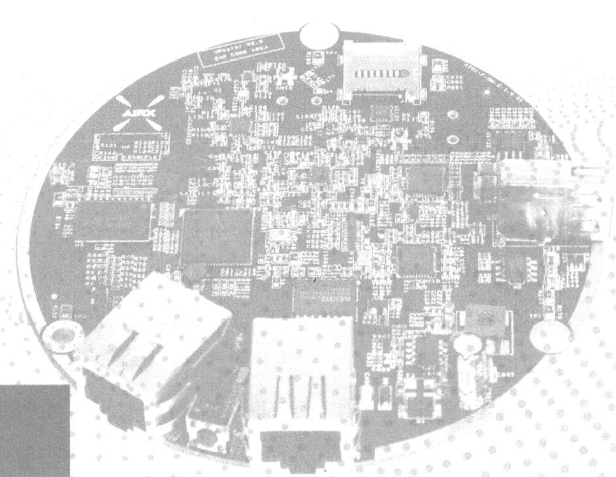

前言

本书是由教研专家、一线骨干教师和行业企业专家等组成的教材开发团队在课程结构、教学内容、教学方法等方面进行探索后编写的一本新形态教材。本书以企业无线局域网构建为工作场景，详细阐述了无线传输、标准协议、规划设计、设备调试和安全保护等内容。

本书为强化现代化建设人才支撑，秉持“尊重劳动、尊重知识、尊重人才、尊重创造”的思想，以职业岗位需求为目标，突出知识与技能的有机融合，旨在使学生在学习过程中举一反三、创新思维，以适应高等职业教育人才培养需求。本书的特点主要表现在以下几个方面。

（1）重构教材组织框架。本书依据教育部颁布的《高等职业学校计算机网络技术专业教学标准》中的相关教学要求，组织校企专家对教材内容进行了梳理论证，根据构建无线局域网实际工作过程中所需要的知识、能力和素质提炼出了 8 个项目共 19 个任务。

（2）增加新技术、新工艺、新标准和新规范。本书总结了教材开发团队多年的无线网络工程实践经验和高职教学经验，对无线局域网发展过程中出现的新技术、新工艺、新标准和新规范等进行了详细介绍，如本书中新增了 Wi-Fi 6、5G、分布式敏捷 Wi-Fi 架构、802.11ax、OFDM、MU-MIMO、Meraki、WPA3、网络安全等内容，体现了教材建设的与时俱进，适应无线网络安全行业企业的发展。

（3）融入技能大赛内容。本书项目 7 和项目 8 以全国职业院校技能大赛高职组“网络系统管理”赛项中的移动网络构建为背景，详细描述了无线地勘、无线局域网规划设计、无线网络安全配置、无线网络性能优化等核心内容，指导学生提高职业技能和素养。

（4）加强资源融合应用。教材开发团队建成多样化、可视化的数字资源，并将这些数字资源嵌入纸质教材，学生通过扫描本书中的二维码可以观看微课视频等数字资源，教师可以利用教学平台布置预习任务，如先让学生课前观看微课视频等数字资源，然后在课堂上讨论，从而将线上和线下的教学很好地结合起来，有效实施翻转式课堂教学。

（5）落实课程思政理念。教材开发团队围绕信息技术领域的新技术、新产业，探索课程思政理念进教材、进课堂、进头脑的具体思路，为深入实施科教兴国战略、人才强国战略、创新驱动发展战略提供服务支撑。本书融入了丰富的思政素材，内容积极向上，如项目 1 中引导学生树立建设网络强国的信心，项目 2 中培养学生胸怀祖国、服务人民的爱国精神，项目 3 中激发学生的民族自豪感和历史使命感，项目 4 中引导学生树立整体观念，项目 5 中增强学生的科技创新意识，项目 6 中引导学生树立维护国家安全的意识，项目 7 中增强学生的大局观意识，以及项目 8 中培养学生严谨细致、精益求精的工匠精神等，让学生在学习过程中充分认识到我国发展独立性、自主性、安全性的重要性，激发学生的爱国情怀。

本书由重庆电子工程职业学院的唐继勇、孙梦娜、刘思伶任主编，王志坚、任月辉、钟文辉（四川十盟信息科技有限公司）、岳立文、那赫任副主编。其中，项目 1 由任月辉编写，项目 2 和项目 3 由孙梦娜编写，项目 4 由刘思伶编写，项目 5 和项目 6 由唐继勇编写，项目 7 和项目 8 由钟文辉编写。全书由唐继勇统稿。

在本书编写过程中，编者参阅了大量相关资料，并得到了所在学院和相关企业的大力支持，在此一并表示感谢。

由于编者水平有限，书中难免存在疏漏之处，恳请读者批评指正。

编　者

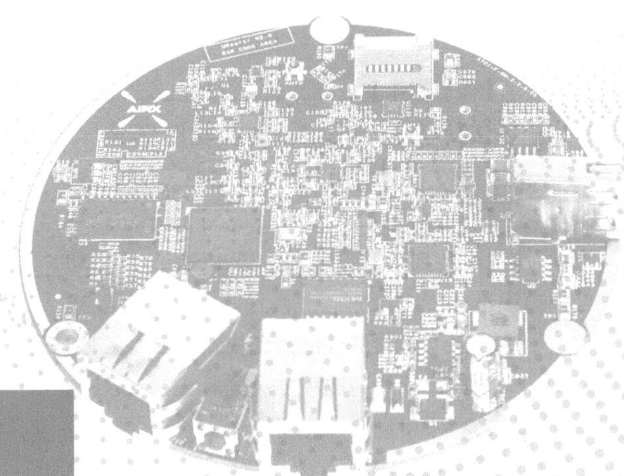

目录

项目 6 无线局域网安全保护 148

项目 7 无线局域网规划设计 173

项目 8 无线局域网组建综合实战 189

参考文献 220

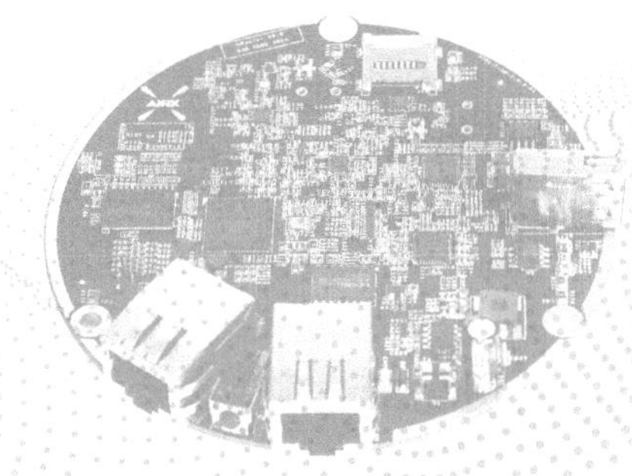

项目 1

无线网络技术概述

知识目标

（1）了解无线网络发展历史。

（2）了解常见的无线网络标准组织。

（3）了解无线网络的分类及应用。

（4）掌握无线局域网的基本概念。

能力目标

（1）能使用无线信号分析工具初步分析无线信号。

（2）能够结合生活实际灵活使用常见的无线网络技术。

素质目标

（1）引导学生树立建设网络强国的信心。

（2）培养学生探索未知领域的开拓精神。

（3）增强学生的责任感和使命感。

项目引例

认识无线网络技术

最近几年，无线网络技术一直是研究热点，新技术层出不穷，各种新名词也不断出现，如从 WPAN、WLAN、WMAN 到 WWAN；从无线 Ad-Hoc 网络、无线传感器网络到无线 Mesh 网络；从 Wi-Fi 到 Wi-Fi 6；从 802.11a/b/g、802.11n、802.11ac 到 802.11ax；从蓝牙到红外传输；从 ZigBee 到 UWB；从 GSM、GPRS、CDMA 到 4G、5G 等。在计算机领域的众多研究方向中，网络方向是一个典型代表，而在网络方向中，无线网络又是一个重点研究方向。随着人们对无线网络的需求越来越高，无线网络技术研究日益加深，从而使得无线网络技术越来越成熟。

用户在选择无线网络产品时，需要进行哪些方面的思考？相信你在观看“认识无线网络技术”视频素材之后不难得出答案。无线网络技术经历了从诞生、发展到应用的过程，这个过程离不开无数像麦克斯韦那样伟大的科学家、信息时代的开创者的杰出贡献。在万物互联的今天，无线网络与有线网络的深度融合、无线网络与关键业务的深度融合，都离不开科技创新。目前，我国是网络大国，与网络强国还存在较大差距，因此新时代的青年学生有必要承担起实现无线网络领域核心技术突破的重任。

任务 1.1 体验生活中的无线网络

【任务描述】

无线信号分析工具可以在不同网络之间瞬间切换，用来发现周围的全部无线信号，对可用的无线局域网进行筛选、排序和分组，以及监控无线网络通信等。它最大的作用是能够找到周围无线路由器占用较少的信道，进而使用这一信道，以尽可能地避免受到其他无线信号的干扰。

【任务要求】

本任务要求在智能手机上安装 WIS，使用 WIS 对身边的无线网络环境进行测试，并对周边的无线信号进行分析，具体内容如下。

（1）搜索无线信号，查看无线信号数量。

（2）查看各个信道无线路由器的占用情况。

（3）查看具体无线信号的详细信息，包括信号强度、工作信道、传输速率等。

知识准备

1.1.1 无线网络发展历史回顾

学习提示

通过回顾无线网络发展历史，本节主要介绍 802.11、无线局域网技术演进的规律及智能终端的飞速发展。无线局域网凭借传输速率高、成本低廉、部署简单等优点，已逐步成为使用最广泛的无线宽带接入方式之一，在国防、酒店、零售及制造等领域均有相当广泛的应用。

1. 电磁学理论的创立

无线网络漫长的发展历史可以追溯到 19 世纪。自 19 世纪起，包括迈克尔•法拉第、詹姆斯•克拉克•麦克斯韦、海因里希•鲁道夫•赫兹、尼古拉•特斯拉、大卫•爱德华•休斯、托马斯•阿尔瓦•爱迪生和伽利尔摩•马可尼等在内的众多发明家与科学家陆续开始进行无线通信实验，并创立了与电磁射频概念有关的诸多理论。在人类探索利用电磁波的历程中，以下三个事件具有里程碑意义。

伟大的科学家、信息时代的开创者

（1）1831 年，英国物理学家、化学家法拉第发现了电磁感应现象。

（2）1864 年，英国物理学家、数学家麦克斯韦归纳出了麦克斯韦方程。麦克斯韦被普遍认为是对 20 世纪最有影响力的 19 世纪物理学家。他的理论开启了第二次和第三次科技革命，对于第二次科技革命，如果没有麦克斯韦方程，人们就造不出发电机和电动机；对于第三次科技革命，如果没有麦克斯韦方程，也就没有现代无线电技术和微电子技术。

交流思考

在电磁学理论的创立过程中，无数像麦克斯韦（参见“伟大的科学家、信息时代的开创者”素材）那样的科学家探索真理的事迹表明，对理性思维的坚定、实事求是、勇于怀疑、勇于批判、坚持不懈、敢于创新是科研工作者取得成功的内在因素，青年学生应该向他们学习，做新一代信息技术的开拓者。

（3）1888 年，德国物理学家赫兹完成了著名的电磁波辐射实验，证明了麦克斯韦的电磁学理论及电磁波存在的预言。

2. 无线网络的初步应用

无线网络的初步应用可以追溯到第二次世界大战期间，当时美国陆军采用无线电信号进行作战计划及战场情报的传输。1943 年，加尔文制造公司（摩托罗拉公司的前身）设计出全球首个背负式步话机——SCR300，如图 1-1 所示。这款背负式步话机质量为 16kg，通话范围为 16km，供美国陆军通信兵使用。

◎ 图 1-1　全球首个背负式步话机——SCR300

课堂讨论

我国近年来取得的重大科技成就与电磁波这一信息传输载体息息相关。2016 年 8 月，“墨子号”卫星发射成功，标志着我国空间科学研究又迈出重要一步。“中国天眼”是目前全球最大的 500m 口径球面射电望远镜，在 2016 年 9 月启用，每年可以发现 200 颗以上的脉冲星，拓宽了人类观察宇宙的视野。2020 年 7 月 31 日，北斗三号全球卫星导航系统正式开通，标志着中国自主建设、独立运行的全球卫星导航系统已全面建成。华为用基础技术引领 5G 行业发展，是全球最大的专利权人之一，代表着中国的通信技术处于全球领先地位。

请进一步列举我国在无线网络领域取得的巨大成就，并说明取得巨大成就依靠的是什么。如果你将来成为一名出色的无线网络工程师，那么你应有的作为是什么？

3. 无线局域网的诞生

当年使用 SCR300 的美军及盟军战士也许没有想到，这项技术会在几十年后改变人们的生活。许多学者从中得到灵感，1971 年，美国夏威夷大学的研究员创造出第一个基于分组交换技术的无线通信网络，取名为 ALOHANET。ALOHANET 使分散在 4 个岛上的 7 个校园里的计算机可以利用无线电连接方式与位于瓦胡岛中心的计算机进行通信，如图 1-2 所示。ALOHANET 算是早期的无线局域网，其通过星型拓扑结构将中心计算机和远程 STA 连接起来，提供双向数据通信功能。

1985 年，FCC 允许在工业、科学和医疗（Industrial Scientific Medical，ISM）频段进行商业扩频技术的使用，这成为无线局域网发展的一个里程碑。20 世纪 90 年代，类似于 Bell Labs 的 Wave LAN 等无线局域网设备就已经出现，但由于价格、性能、通用性等方面因素的影响，其最终并没有得到广泛应用。

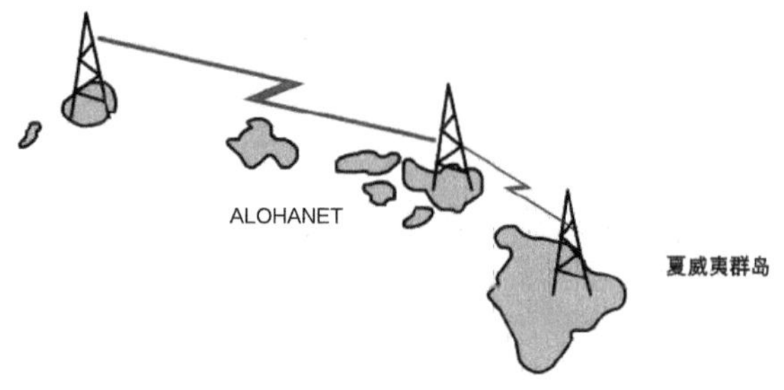

◎ 图 1-2　ALOHANET

4. 无线局域网技术的标准化

1）无线局域网协议的标准化发展

经过 20 多年的发展，如今 802.11 已逐渐形成一个家族，包括 802.11a、802.11b、802.11g、802.11n 及 802.11ac 等，如图 1-3 所示。

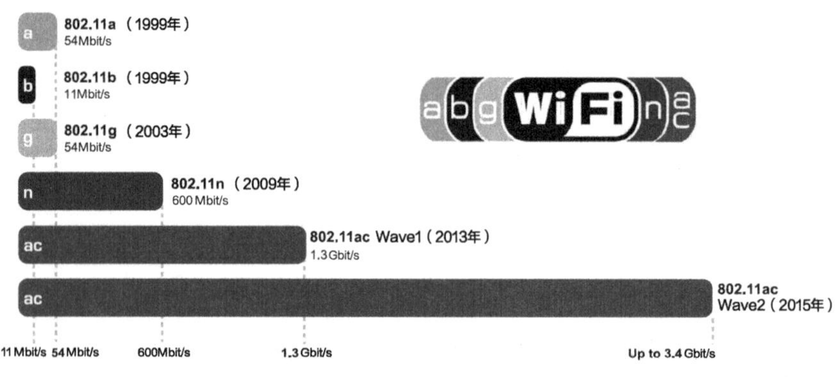

◎ 图 1-3　Wi-Fi 联盟认证的 802.11 系列标准

1990 年，IEEE 802 标准委员会成立了 IEEE 802.11 工作组，开始讨论对无线局域网技术进行标准化。

1997 年，802.11 标准发布，成为无线局域网发展的又一个里程碑，确定部署时间为 1997—1999 年，主要应用场合是在仓储与制造业环境中使用无线条码扫描仪进行低速数据采集。

1999 年，IEEE 批准通过了 802.11a 修订案，802.11a 标准采用与 802.11 标准相同的核心协议，工作频段为 5GHz，每个信道使用 52 个 OFDM（正交频分多路复用，Orthogonal Frequency Division Multiplexing）载波，最高数据传输速率为 54Mbit/s。由于 802.11a 产品中 5GHz 的组件研制得太慢，因此 802.11a 产品于 2001 年才开始销售。

1999 年，IEEE 批准通过了 802.11b 修订案，802.11b 标准采用大多数国家通用的 2.4GHz 频段，802.11b 产品于 2000 年年初面市，最高支持数据传输速率为 11Mbit/s，成本更低。

2001 年，FCC 允许在 2.4GHz 频段上使用 OFDM 技术，因此 IEEE 802.11 工作组在 2003 年制定了 802.11g 修订案，其最高可支持 54Mbit/s 的数据传输速率，与 802.11 后向兼容。随后，802.11b/g 的双模网络设备得到普遍应用，直接促成了无线局域网技术的普及。

2009 年，802.11n 修订案获得批准，其同时支持 2.4GHz 频段和 5GHz 频段，802.11n 的物理层数据传输速率相对于 802.11a 和 802.11g 有显著提高，这主要归功于使用多进多出（Multiple Input Multiple Output，MIMO）技术进行空分复用及 40MHz 带宽操作特性。

802.11ac 作为 802.11n 的延续，于 2008 年上半年启动标准化工作。802.11ac 有极高的吞吐量（Very High Throughput，VHT），其工作频段被设计为 5GHz 频段，理论数据吞吐量最高可

达到 6.933Gbit/s，经过 5 年的完善，802.11ac 修订案于 2013 年 12 月正式发布。

2019 年，Wi-Fi 联盟宣布开启对 Wi-Fi 6（802.11ax）的设备认证计划，意味着 Wi-Fi 6 标准可以逐步在市场中使用。因为 2019 年同样是 5G 商用元年，所以业内就此出现了不少关于“5G 是否将取代 Wi-Fi”的讨论。

与其说是取代，不如说是融合。从 2G 时代到 4G 时代，移动通信技术与 Wi-Fi 技术并存发展，如图 1-4 所示，并且使用 Wi-Fi 传输数据的比例逐渐增加，商场、娱乐场所、办公室等场景中几乎都配置了 Wi-Fi，毕竟 Wi-Fi 的传输速率非常高，这正是社会所需求的。

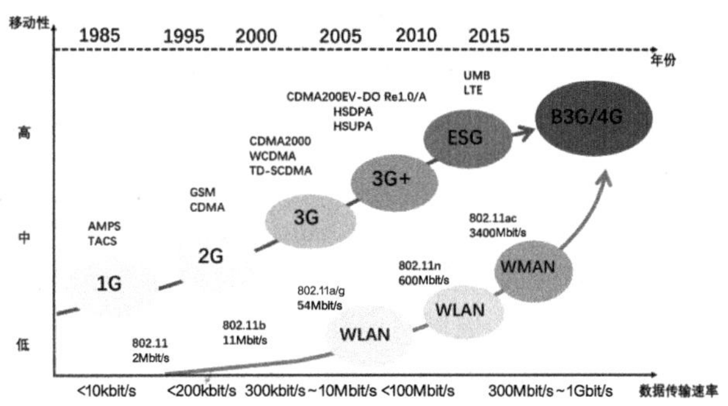

◎ 图 1-4　移动通信技术与 Wi-Fi 技术并存发展

2）智能终端技术的飞速发展

智能终端技术的飞速发展和新型数据应用的不断涌现推动了移动互联网的兴起。以智能手机为代表的智能终端改变了用户传统的通信习惯，移动用户不再满足于能够随时随地进行语音通话，而开始期待随时随地享受到高带宽数据服务。另外，社交网络及视频业务逐渐成为移动互联网时代最强势的两类应用，移动业务呈现多样化、宽带化的趋势，驱动移动数据量的飞速增长。面对增长如此迅速的移动数据量，电信运营商、企业及个人用户纷纷开始寻找高带宽的无线接入方式，作为典型的无线宽带技术，无线局域网获得了大家的青睐。

无线局域网最终能够从各种无线宽带接入方式中脱颖而出，根本原因在于 Wi-Fi 终端的高成熟度和高普及率。早期在笔记本电脑市场以 802.11b/g/n 为代表的无线局域网接入设备就已成为大部分笔记本电脑的标配，近年来智能手机也将 Wi-Fi 作为标配。据 WBA（无线宽带联盟）2012 年的统计结果，无线局域网智能手机的数量已经超过了无线局域网笔记本电脑的数量。

ABI Research 预测，到 2026 年，蓝牙、Wi-Fi、UWB 的年设备出货量有望超过 70 亿、50 亿、10 亿。以物联网为中心的 Wi-Fi 6 和 Wi-Fi 6E 芯片组、组合 IC 的更高可用性，以及性能和功耗方面的创新，有助于将市场扩展到新的高度。

1.1.2　无线网络标准组织

学习提示

本节讨论各种无线网络标准组织对无线网络行业进行监管的规范，了解这些组织有助于理解 802.11 的工作原理，也有助于理解这些标准是如何发展而来的。

1. 美国联邦通信委员会

在无线网络领域，美国联邦通信委员会（Federal Communications Commission，FCC）负责监管无线电通信中使用的无线电信号。一般来说，多数国家和地区都有与 FCC 职能类似的监管机构。FCC 负责管理两类无线通信：需要牌照的和不需要牌照的。用户在使用需要牌照的频段进行通信之前必须申请牌照，而牌照申请的费用极高。虽然不需要牌照的频段可以免费使用，但用户仍需遵守各种通信管理规定。不需要牌照的频段对所有人开放，因此会导致该频段拥挤不堪，不同用户之间的数据传输可能会相互干扰。但是，只要其他用户遵守该频段的通信管理规定，即使他们的设备干扰到你的数据传输，你也无法为此而诉诸法律。

2. 国际电信联盟

联合国指定由国际电信联盟无线电通信部门（ITU-R）负责全球频谱管理。ITU-R 负责维护一个全球性的频率分配数据库，并通过五大行政区（北美与南美、欧洲、非洲、亚洲、大洋洲）协调频谱管理。在各大行政区内，各国政府的射频通信监管机构负责本国的射频频谱管理。需要注意的是，各个国家或地区的通信管理体制可能有所不同，因此在进行无线局域网部署时，请花些时间学习当地的相关规定与政策。

3. 电气与电子工程师学会

电气与电子工程师学会（Institute of Electrical and Electronics Engineers，IEEE）是一个拥有超过 40 万名会员的全球性组织，其使命是“鼓励技术创新，为人类谋福祉”。IEEE 最为人熟知的或许是它制定的局域网标准，即 IEEE 802 项目。IEEE 项目被划分为若干工作组，各个工作组致力于开发解决特定问题或满足特定需求的标准，如 IEEE 802.3 工作组负责制定以太网标准，IEEE 802.11 工作组负责制定无线局域网标准。每个工作组在成立时都会被分配一个数字，如分配给 IEEE 802.11 工作组的数字 11 表示该工作组属于 IEEE 802 项目成立的第 11 个工作组。IEEE 还成立了任务组，负责对工作组制定的现有标准进行补充和完善。每个任务组按顺序被分配一个字母（如果所有字母都已使用，就为任务组分配多个字母），如 802.11a/b/g/n、802.11ac 等。某些字母会闲置不用，如不使用字母 o 和 i，以免与数字 0 和 1 混淆。还有一些字母不会被分配给某些任务组，以免与其他标准混淆，如 IEEE 未将字母 x 分配给 IEEE 802.11 任务组，因为“802.11x”容易与 802.1x 标准混淆，而且人们已经习惯采用 802.11x 作为 802.11 系列标准的总称。

4. Wi-Fi 联盟

Wi-Fi 只是用来推广 802.11 无线局域网技术的商用名称。由于 IEEE 关于无线通信的架构标准有些模糊，厂商根据各自的理解对 802.11 标准进行解释，所以不同厂商生产的设备虽然都符合 802.11 标准，但这些设备之间却无法相互通信。鉴于此，人们创建了 WECA（Wireless Ethernet Compatibility Alliance，无线以太网兼容性联盟）以对 IEEE 标准做进一步定义，确保不同厂商设备之间的互操作性。目前，WECA 已更名为 Wi-Fi 联盟。Wi-Fi 联盟是一个全球性的非营利性行业协会，拥有 350 多家会员企业，致力于推动无线局域网技术的发展。Wi-Fi 联盟的主要任务是向市场推广 Wi-Fi 品牌，并增进消费者对新兴 802.11 无线局域网技术的了解。

5. 欧洲电信标准协会

欧洲电信标准协会（European Telecommunications Standards Institute，ETSI）是一个非营利性组织，负责制定可以在欧洲或者更广范围内使用的通信标准。ETSI 本部位于法国南部 Sophia Antipolis，在不同时期成员数目有所不同。ETSI 的成员包括政府管制机构、网络运营商、制造商、服务提供商、研究机构和用户。ETSI 致力于研究在欧洲应用的电信、广播和信息技术，其主要目标是通过一个所有主要成员都能参与进来的论坛在全球范围内进行联合。ETSI 下的宽带无线电接入网络（Broadband Radio Access Networks，BRAN）小组制定的 Hipper LAN 系列标准是目前无线局域网的两个典型标准之一。

6. 工业和信息化部无线电管理局（国家无线电办公室）

原无线电管理委员会是我国负责全国无线电管理工作的机构。1998 年，国务院印发了《国务院关于议事协调机构和临时机构设置的通知》（国发〔1998〕7 号），决定撤销国家无线电管理委员会，工作改由信息产业部承担，原国家无线电管理委员会及其办公室的行政职能并入信息产业部。原信息产业部（2008 年国务院机构改革，信息产业部和国务院信息化工作办公室的职责，整合划入工业和信息化部）根据国务院赋予的任务，组建了无线电管理局（国家无线电办公室），

主管全国无线电管理工作。

工业和信息化部无线电管理局（国家无线电办公室）具体职责如下：编制无线电波频谱规划；负责无线电频率的划分、分配与指配，依法监督管理无线电台（站）；负责卫星轨道位置协调和管理；协调处理军地间无线电管理相关事宜；负责无线电监测、检测、干扰查处，协调处理电磁干扰事宜，维护空中电波秩序；依法组织实施无线电管制；负责涉外无线电管理工作。在中国境内生产的无线电发射设备或向中国出口的无线电发射设备，必须经过工业和信息化部无线电管理局（国家无线电办公室）对其发射特性进行型号核准，并核发无线电发射设备型号核准证和型号核准代码。

【任务实施】

（1）在智能手机上安装 Wi-Fi 分析仪。

（2）打开 Wi-Fi 分析仪，如图 1-5 所示。

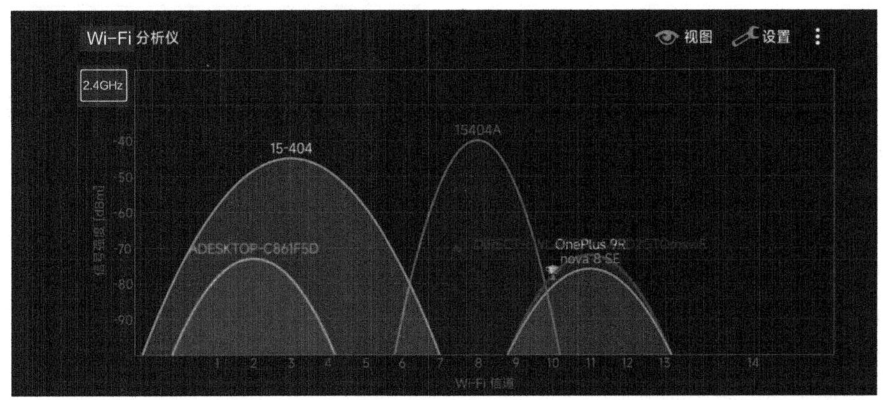

◎ 图 1-5　打开 Wi-Fi 分析仪

（3）使用 Wi-Fi 分析仪，查看无线信号的使用情况，如图 1-6 所示。

（4）使用 Wi-Fi 分析仪，查看已连接无线信号的强度及信道规划情况，如图 1-7 所示。

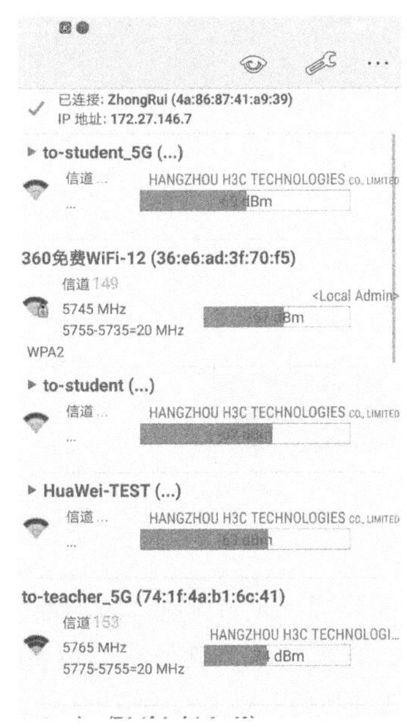

◎ 图 1-6　查看无线信号的使用情况

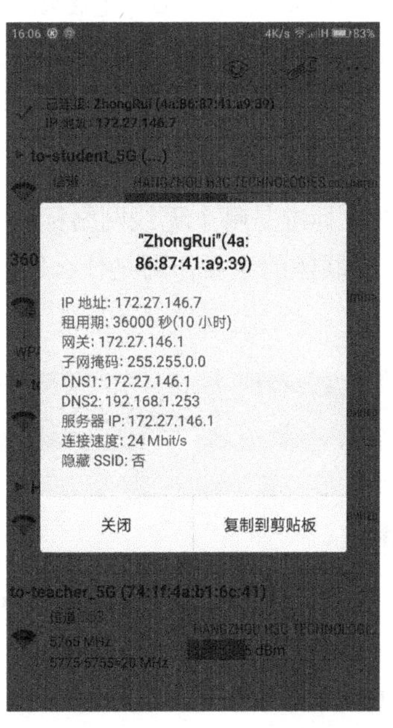

◎ 图 1-7　查看已连接无线信号的强度及信道规划情况

【任务验收】

记录所连接无线信号的名称、强度、工作信道、工作频段等信息，将搜索到的无线信号信息填写到表 1-1 中。

表 1-1　无线信号信息登记表

序　号	名　称	强　度	工作信道	工作频段
1				
2				
3				
4				
5				

【任务小结】

使用 Wi-Fi 分析仪可以搜索无线信号，查看无线信号的使用情况，以及已连接无线信号的详细信息（包括名称、强度、工作信道、工作频段等）。

【课后作业】

一、判断题

1．无线网络是指利用电磁波作为传输介质，以实现设备间信息传输的网络。（　　）

2．无线网络与有线网络的最大不同是使用无线传输介质电磁波。（　　）

3．1971 年无线网络正式诞生。（　　）

二、选择题

1．无线局域网面临的主要挑战是（　　）。

A．数据安全性　B．电磁辐射　C．无线干扰　D．传输速率

2．以下（　　）不属于无线接入方式。

A．Infrared　B．Bluetooth　C．UWB　D．FCC

三、简答题

1．802.11 标准是哪个无线网络标准组织制定的？

2．Wi-Fi 联盟的主要作用是什么？

任务 1.2　构建移动环境下的 Wi-Fi 网络

【任务描述】

随着智能手机的普及，随时随地上网变成了现实。在移动环境下（如高速行驶的地铁、动车、高铁中），可以将智能手机配置为 Wi-Fi 终端，笔记本电脑、平板电脑及其他移动设备可以通过 Wi-Fi 接入 Internet。

【任务要求】

本任务使用 Packet Tracer 来实现，要求在移动环境下，像笔记本电脑那样的固定终端能通过 Wi-Fi 接入 Internet，并能使用 Internet 资源和收发电子邮件。

知识准备

1.2.1　无线网络概述

本节主要介绍无线网络的基本概念和优势，以及移动通信技术，为今后的学习打下基础。

1. 无线网络的基本概念

无线网络是指通过无线电波、红外线和激光等无线传输介质建立的语音和数据网络。它与有线网络的用途十分类似，最大的区别在于传输介质不同。

红外线是一种无线传输介质，其信息的传播方向为定向，载波的功率受限，而且载波在传输过程中非常容易受到阻断和干扰，因此红外线无线网络的应用受到很大限制。

激光也是一种无线传输介质，其行进路线为直线，激光穿透障碍物的能力很差，遇到障碍物时容易产生折射和反射，而且受天气因素影响大，因此激光无线网络的应用也未能得到普及。

无线电波的穿透力强，全方位传输，不局限于特定方向，传输功率调整方便，抗干扰措施齐全，各种器件的制造和研发技术成熟，相应的配套技术标准也比较完善，因此以无线电波作为无线传输介质的无线网络成为主流。

有线业务与无线业务深度融合

2. 无线网络的优势

无线网络技术广泛应用于各行各业，为人们带来一种新的联网方式，使人们不用再像使用有线网络那样顾虑接口的位置和连接网线的长短。在不能接入有线网络的地方，只要有无线网络覆盖，就可以满足人们随时随地上网的愿望。与有线网络相比，无线网络的优势主要体现在以下几个方面。

（1）布局容易、扩展方便。无线网络的建设主要是布局无线接入点（Access Point，AP），以扩大无线网络覆盖范围。要满足更多无线终端接入网络的需求，只需相应增加 AP 的数量，打破了有线网络在组网结构方面的局限性。

（2）缩短工期、降低成本。无线网络是有线网络的延伸，新建的无线网络可以方便地接入有线网络。建设无线网络只需将 AP 布局、安装、连接在适当的位置，并且在 AP 和无线终端之间不需要进行网络布线，从而缩短了网络的建设周期，降低了成本。

（3）移动性强、提高工效。由于摆脱了线缆的束缚，所以无线终端具有可移动的特性。只要在无线网络覆盖范围内，无线终端就可以自由移动，同时能保持与网络连接不中断，可以使用户随时随地使用网络资源，极大地提高了网络应用的工作效率。

（4）支持多种类型的无线终端接入。无线网络支持多种类型的无线终端接入，包括笔记本电脑、PC、智能手机、平板电脑、PDA、打印机和智能电视机等。

交流思考

学习“有线业务与无线业务深度融合”视频材料，谈谈实现有线业务与无线业务深度融合的关键技术措施是什么。

3. 移动通信技术

移动通信技术也是一种无线网络技术。目前，移动通信领域内推出的业务种类越来越多，移动数据业务使人们可以随时随地进行便捷的通信，在移动状态下实现多业务的交互。移动通信技术经历了以下几个重要发展阶段。

（1）第一代蜂窝移动通信网络。第一代（1G）蜂窝移动通信网络是模拟通信系统，以连续变化的波形传输信息，只能用于语音业务。第一代蜂窝移动通信网络制式繁多，不能实现国际漫游，不能提供 ISDN 业务，通信保密性差，通话易被窃听，手机体积大，频段利用率低。

（2）第二代蜂窝移动通信网络。第二代（2G）蜂窝移动通信网络是数字通信系统，针对第一代蜂窝移动通信网络进行了改进和完善，将语音信号转化成数字编码，信号更清晰，并且可加密和压缩，安全性大大提高。最流行的 2G 系统是全球移动通信系统（Global System for Mobile communications，GSM），其支持语音、数据（短信）等多种业务，但传输速率通常低于 10kbit/s。

（3）通用分组无线业务。通用分组无线业务（General Packet Radio Service，GPRS）是从 GSM 基础上发展起来的分组无线数据业务（2.5G），与 GSM 共用频段、共用基站，并共享 GSM 中的一些设备和设施。GPRS 的主要功能是在蜂窝移动通信网络中支持分组交换业务（区别于 GSM 的电路交换），利用分组传送提高网络利用效率，快速建立通信线路，缩短用户呼叫建立时间，实现几乎“永远在线”的服务。

（4）第三代移动通信网络。第三代（3G）移动通信网络是能够将语音和多媒体通信相结合的新一代通信系统。3G 系统可以支持多种数据业务，如视频会议、网页浏览、App 运行等，并提供高达 2Mbit/s 的数据传输速率。我国的三大通信公司，即中国移动、中国电信和中国联通建设了各自的 3G 移动通信网络，分别采用 TD-SCDMA（中国）、CDMA2000（美国）和 WCDMA（欧洲）制式。

（5）第四代移动通信网络。第四代（4G）移动通信网络技术不是一种革命性的技术，而是基于 3G 移动通信网络技术实现了网速提升，是 3G 移动通信网络技术的演进和升级。4G 移动通信网络集 3G 移动通信网络技术和无线局域网技术于一体，能够传输与高清晰度电视图像质量相媲美的图像，能够以 100Mbit/s 的速率下载多媒体视频文件，上传速率能达到 20Mbit/s，能够满足各个领域及各类用户对无线网络服务的要求。4G 移动通信网络标准有 LTE（Long Term Evolution，长期演进）、LTE-Advanced、WiMAX（Worldwide Interoperability for Microwave Access，全球微波互联接入）、WiMAX-Advanced 等 15 种。

（6）第五代移动通信网络。第五代（5G）移动通信网络在大幅提升以人为中心的移动互联网业务体验的同时，全面支持以物为中心的物联网业务，实现了人与人、人与物和物与物的智能互联。5G 移动通信网络主要面向增强移动宽带、海量机器类通信和超高可靠低时延通信三大类应用场景。5G 移动通信网络将满足 20Gbit/s 的光纤接入速率、毫秒级时延的业务体验、千亿级设备的连接能力、超高流量密度和连接数密度、百倍网络能效提升等极致指标。

课堂讨论

从 1G 到 5G，中国经历了什么

观看“从 1G 到 5G，中国经历了什么”视频材料，描述中国的移动通信技术取得了哪些进展，是如何做到的。

1.2.2　无线网络的分类

学习提示

无线网络有多种分类方式，按照覆盖范围可以分为无线个人区域网（Wireless Personal Area Network，WPAN）、无线局域网（Wireless Local Area Network，WLAN）、无线城域网（Wireless Metro Area Network，WMAN）和无线广域网（Wireless Wide Area Network，WWAN），如图 1-8 所示。

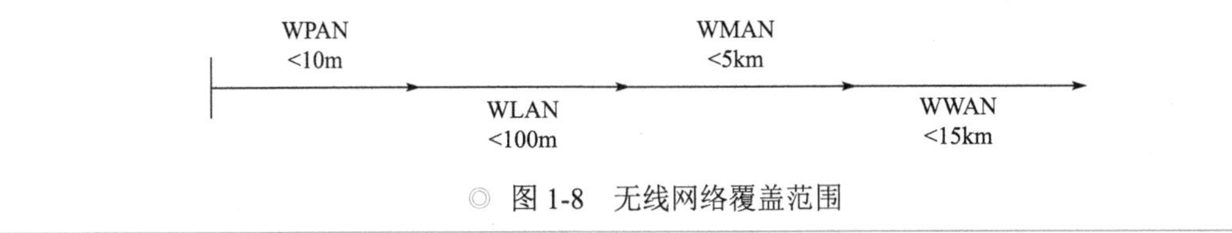

◎ 图 1-8　无线网络覆盖范围

1. WPAN

1）概念

WPAN 是指在小范围内连接数个无线设备所形成的无线网络，可为近距离范围内的设备建立无线连接，使其可以相互通信，甚至接入 LAN 或 Internet。

2）技术标准

802.15 标准定义了 WPAN，其工作组内有 4 个任务组，分别负责制定适合不同应用的标准。

（1）任务组 TG1：负责制定 802.15.1 标准，又称蓝牙（Bluetooth）WPAN 标准。该标准是一个中等速率、近距离的 WPAN 标准，通常用于手机、PDA 等设备的短距离通信。

（2）任务组 TG2：负责制定 802.15.2 标准，研究 802.15.1 标准与 802.11 标准（WLAN 标准）的共存问题。

（3）任务组 TG3：负责制定 802.15.3 标准，研究高传输速率 WPAN 标准。该标准主要考虑 WPAN 在多媒体方面的应用，追求更高的传输速率和服务品质。

（4）任务组 TG4：负责制定 802.15.4 标准，研究针对低速无线个人区域网（Low-Rate Wireless Personal Area Network，LR-WPAN）的标准。该标准把低能量消耗、低传输速率、低成本作为重点目标，旨在为个人或家庭范围内不同设备之间的低速互联提供统一标准。LR-WPAN 是一种结构简单、成本低廉的无线通信网络，使在低电能和低吞吐量的应用环境中实现无线连接成为可能。

3）关键技术

支持 WPAN 的技术包括蓝牙、红外传输、ZigBee、UWB、RFID 等。其中，蓝牙技术在 WPAN 中的使用最广泛。每项技术只有被用于特定的领域才能发挥最大的作用。此外，虽然在某些方面，有些技术被认为在 WPAN 中是相互竞争的，但它们常常又是互补的。

（1）蓝牙技术。蓝牙技术是 1998 年 5 月由爱立信、英特尔、诺基亚、IBM 和东芝等公司联合主推的一种短距离无线通信技术，运行在全球通行的、无须申请许可的 2.4GHz 频段，传输速率达 1Mbit/s。它可以用于在较小范围内通过无线连接方式实现固定设备或移动设备之间的网络互联，从而在各种数字设备（如手机、掌上电脑、键盘、鼠标、耳机、麦克风等）之间实现灵活、安全、低功耗、低成本的语音和数据通信。一般蓝牙技术的有效通信距离为 10m，信号强的可以达到 100m 左右。

按照在网络中所扮演的角色，蓝牙设备可以分为主设备和从设备。主设备负责控制主、从设备之间数据传输的时间和速率，从设备必须与主设备保持同步。主设备与从设备可以组成一个微网，它们之间可以形成点对多点的连接，但是一个主设备最多只能同时与网内的 7 个从设备连接进行通信。

（2）红外传输技术。红外传输技术是一种利用红外线在视距范围内进行点对点通信的技术。红外线数据协会（Infrared Data Association，IrDA）成立于 1993 年，致力于建立红外线连接的全球标准，参与的厂商包括计算机及通信硬件、软件和电话公司等。红外传输技术的主要优势：无须专门申请特定频率的使用执照；设备具有体积小、功率低的特点；传输速率从最初的 4Mbit/s 提高到 16Mbit/s，接收角度也由最初的 30° 扩展到 120°；红外线局域网既可以采用点对点的配置，也可以采用漫反射的配置。

红外传输技术很早就被广泛使用，如电视机和 VCD 的遥控器等设备使用的就是红外线技术，近几年家用计算机的红外线设备也非常流行。红外传输技术有很大规模的应用，如在能容纳 5500 人的国家会议中心的大礼堂中，同声传译系统就使用了红外传输技术，天花板上安装了 30 个 HCS-5300 红外线辐射板或吸顶式数字红外线收发器，座位上使用了红外线接收机来接收同声传译信号，如图 1-9 所示。

◎ 图 1-9　红外传输技术在国家会议中心的大礼堂中的应用

（3）ZigBee 技术。ZigBee 技术是 ZigBee 联盟与 IEEE 802.15.4 工作组共同制定的一种短距离、低功耗、低传输速率的无线接入技术，运行在 2.4GHz 频段，共有 27 个无线信道，数据传输速率为 20 ～ 250kbit/s，传输距离为 10 ～ 75m。ZigBee 网络使用协调器、路由器（主设备）和终端（从设备）3 种类型的设备。

协调器是整个 ZigBee 网络的核心，负责启动和配置网络、产生网络信标、控制网络拓扑的形成、协调各网络成员的流量。路由器支持关联设备，能够将数据转发到其他设备。ZigBee 网络或树状网络可以有多个路由器。终端连接需要与其进行通信的设备，并不起转发器、路由器的作用。ZigBee 网络有星型、树状、网状 3 种拓扑结构。一个 ZigBee 网络最多可以容纳 1 个主设备（协调器或中心设备）和 254 个从设备（终端）。

拓展提高

ZigBee 技术在超市电子秤中的应用

ZigBee 技术在超市计量（参见“ZigBee 技术在超市电子秤中的应用”素材）、实时定位、远程抄表、温度监控、安全监视、汽车电子、医疗电子、工业自动化等无线传感器网络中有非常广泛的应用。

（4）UWB 技术。UWB（Ultra Wide Band，超宽带）技术是一种超高速、短距离的无线接入技术，具有抗干扰性强、传输速率高、带宽极宽、消耗电能少、保密性好、发送功率小等诸多优势。UWB 技术的工作频段范围为 3.1 ～ 10.6GHz，最小工作频宽为 500MHz，传输距离通常在 10m 以内，

传输速率可以达到几百兆比特每秒。

为了满足无线数字视频的需要，家庭无线互联产品需要更高的传输速率。以无线高清数字电视机（WHDTV）为例，如果采用 MPFG2HD 数据格式，则视频数据流的传输速率高达 25Mbit/s。如图 1-10 所示，具有 UWB 功能的海尔电视机内置了 UWB 天线，数字媒体服务器外观与标准的 DVD 播放机相似，最远可以放在距离电视机 20m 的位置。

（5）RFID 技术。RFID（Radio Frequency IDentification，射频识别）技术是一种利用射频信号通过空间耦合（交变的磁场或电场）实现无接触信息传递，并通过所传递的信息来识别目标的技术。RFID 系统由阅读器、电子标签（应答器）和应用软件 3 个部分组成。其工作原理如下：阅读器发射特定频率的无线电波能量到应答器，以驱动应答器电路将内部的数据送出，此时阅读器依序接收、解读数据，送给应用软件进行相应的处理。

在实际应用中，可进一步通过 Ethernet 或 WLAN 等实现对物体信息的识别采集、处理和远程传送等管理功能。图 1-11 所示为基于 RFID 技术的智能会议签到系统，参会代表每人佩戴一张 RFID 电子卡，无论参会代表通过哪个会场入口、RFID 电子卡放在身上何处，安装在相应位置的读卡设备都能够快速、准确地识别每张 RFID 电子卡，从而实现对参会人员的自动签到、身份显示、自动计时、自动统计，同时提供查询和打印等功能。

◎ 图 1-10　UWB 技术在电视机行业中的应用

◎ 图 1-11　基于 RFID 技术的智能会议签到系统

2. WLAN

1）概念

WLAN 是一种利用自由空间的电磁波传播实现终端之间的通信的网络，其拓扑结构图如图 1-12 所示。其核心有两个：一是无线，表明是利用无线信道实现终端之间的数据传输的；二是局域网，表明要实现相互通信的终端分布在较小的范围内。无线用户通过 AP 接入 WLAN，AP 又与有线网络连接，这样 WLAN 的用户就能获得丰富的网络资源。

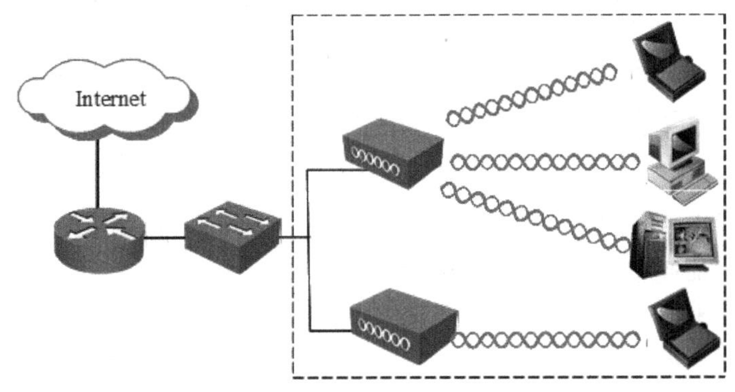

◎ 图 1-12　WLAN 拓扑结构图

2）优势

WLAN 相对于当前的有线网络，主要有以下几个方面的优势。

（1）移动性：数据使用者有四处移动的需要，WLAN 能够让使用者在移动环境中访问数据，可以大幅提高工作效率。

（2）灵活性：对传统有线网络而言，在某些情况下布线并不方便，如建筑物老旧或建筑设计蓝图不知去向等均会造成布线困难，而 WLAN 应用在这些场合就显得非常灵活。

（3）扩展性：因为无线传输介质无处不在，所以使用者不需要到处拉线、接线，WLAN 可以部署在宾馆、火车站、机场等任何地点，随意游走于办公室隔断之间，扩充十分方便。

（4）经济性：采用 WLAN 可以节省不少成本，如网线、光纤等传输介质的成本和施工费用都可以节省下来。

典型例题

WLAN 的最大问题是（　　）。

A. 可靠性低　　B. 安全性差　　C. 传输速率低　　D. 移动通信能力弱

解析：无线通信带来的开放性导致 WLAN 的安全性差。

答案：B

3）主要业务

现阶段 WLAN 的业务主要包括以下几个方面，如图 1-13 所示。

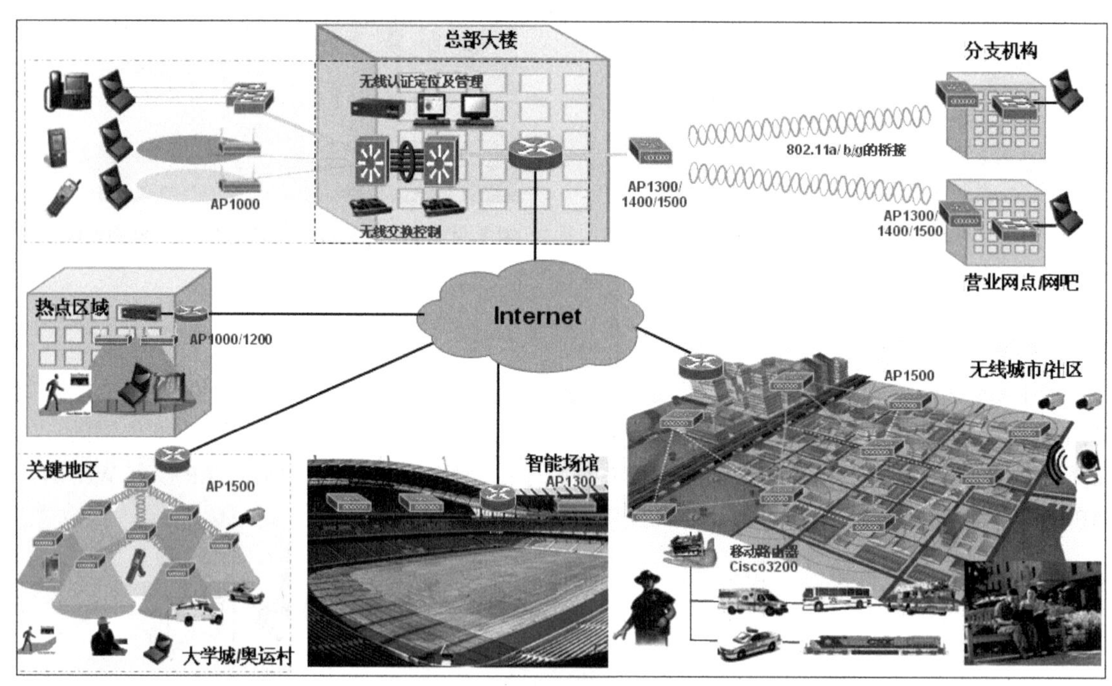

◎ 图 1-13　WLAN 的主要业务

（1）无线宽带接入。WLAN 为用户访问 Internet 提供了一种无线宽带接入方式，通过 WLAN 无线接入设备，用户能够方便地实现各种 Internet 业务。

（2）多媒体数据业务。WLAN 可为用户提供多媒体业务服务，如视频点播、数字视频广播、视频会议、远程医疗和远程教育等。

（3）WLAN 增值业务。基于 WLAN 无线宽带接入方式的数据业务可以和现有的其他业务（如

短信、IP 电话、娱乐游戏、位置服务等）相结合，电信运营商可以利用业务控制手段引导用户对 WLAN 增值业务的使用。

（4）热点区域的服务。在展览馆和会议室等热点区域，WLAN 可以使工作人员在极短的时间内享受计算机网络服务，如连接 Internet 获得所需资料。

4）运营商

中国移动、中国联通、中国电信除建设了 3G/4G 网络以外，还建设了各自的 WLAN，为手机终端和 PC 提供无线移动接入（或称 Wi-Fi 接入）Internet 的服务。三大运营商的 WLAN 并不像 3G/4G 网络或 GPRS 那样覆盖广泛的区域，仅在部分热点区域（如高校的宿舍、教学楼，以及体育馆、火车站、咖啡厅等）可以使用。

无线城市

中国移动 WLAN 的标识是 CMCC。CMCC 是中国移动提供的城市无线网络服务，它依托中国移动 3G/4G 网络和 WLAN，覆盖城市核心商圈、酒店、学校等场所。在 CMCC 无线网络的热点覆盖区域，通过智能手机、平板电脑等移动终端，用户可以使用中国移动提供的账号进行登录，实现随时随地接入 Internet，体验“网络随身、世界随心”的服务。

中国电信 WLAN 的标识是 ChinaNet。中国电信无线宽带业务采用 802.11b/g 技术，它是中国电信有线宽带接入的延伸和补充，可以充分满足宽带用户对上网的个性化需求。中国电信无线宽带用户可使用带有 802.11b/g 无线网卡的计算机、智能手机、平板电脑、智能电视机等终端，在中国电信 WLAN 热点覆盖区域快速访问 Internet。

中国联通 WLAN 的标识是 ChinaUnicom。中国联通 WLAN 基于 802.11 系列标准，提供 WLAN 宽带接入服务。中国联通 WLAN 在其热点覆盖区域可提供媲美固定带宽和 WCDMA 4G 业务的无线接入速率，满足用户高速、自由地观看在线视频、体验丰富的 Internet 世界的需求。

5）应用场景

WLAN 在教育、旅游、金融服务、医疗、库管、会展等领域均有广阔的应用前景。随着开放式办公的流行和手持设备的普及，人们对移动性访问的需求越来越多，WLAN 将会在办公和家庭等领域不断获得更广泛的应用。

无线生活开启无限精彩

3. WMAN

1）概念

WMAN 是指覆盖城市区域的无线网络，由城市主要区域或场所的若干 WLAN 热点通过光缆连接到 IP 城域网而形成。受无线传输技术的限制，现阶段在一个城市范围内并不存在远距离的无线传输网络。

2）特点

无线宽带接入技术从 20 世纪 90 年代开始迅速发展，但是一直以来没有统一的全球性标准。IEEE 802.16 工作组是为制定 WMAN 标准而专门成立的工作组，成立该工作组的目的是建立一个全球统一的无线宽带接入技术标准。为了促进这一目标的达成，几家世界知名企业于 2001 年 4 月发起并成立了 WiMAX 论坛。WiMAX 论坛的成立很快得到了无线设备厂商和网络运营商的关注，他们积极加入其中，很好地促进了 802.16 标准的发展和推广。

目前，对于许多家庭用户及商用客户而言，在数字用户线（DSL）服务范围之外都不能得到宽带有线基础设施的支持，但是依靠无线宽带接入技术更快的部署速度、更高的灵活性和更强的扩展能力，相关问题都将迎刃而解。因此，无线宽带接入技术标准可以为 WMAN 中的“最后一公里”连接提供缺少的一环。一个简单的 WMAN 宽带接入应用如图 1-14 所示。

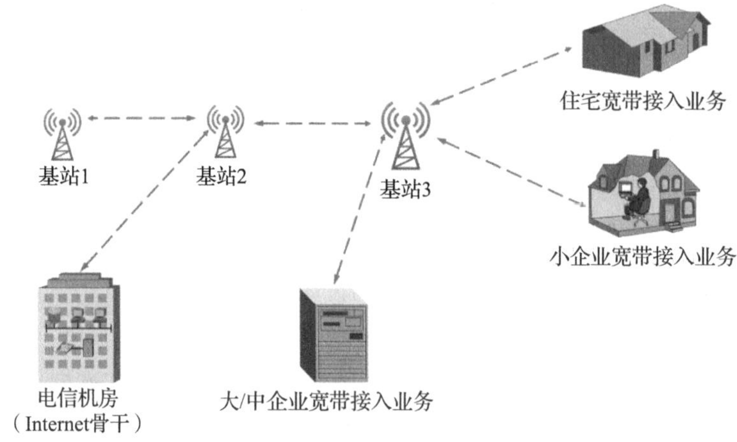

◎ 图 1-14　一个简单的 WMAN 宽带接入应用

为发展 802.16 标准对移动性的支持，IEEE 又发展出了 802.16e。与 802.16d 仅是一种同步无线接入技术不同，802.16e 是一种移动宽带接入技术，支持车速 120km/h，可以提供几十兆比特每秒的接入速率，并且覆盖范围可达几千米。

802.16 标准定义的 WMAN 具有如下特点。

（1）采用 OFDM 技术，能有效对抗多径干扰。

（2）采用自适应编码调制技术，实现了覆盖范围和传输速率的折中。

（3）提供面向连接的、具有完善服务质量保障的电信级服务。

（4）系统安全性较好。

（5）提供广域网接入、企业宽带接入、家庭"最后一公里"接入、热点覆盖等宽带接入业务。

4. WWAN

1）概念

WWAN 是跨省甚至国家的大范围无线接入网络。传统蜂窝移动通信网络的移动性高，但数据传输速率低，难以应对高速下载和实时多媒体业务应用的需要。而 WLAN 等无线宽带接入网络虽然拥有较高的数据传输速率，但其移动性低，只能用于游牧式的无线接入。IEEE 802.20 工作组致力于有效解决移动性与数据传输速率相矛盾的问题，使用户可以在高速移动环境中享受宽带接入服务。

2）结构

WWAN 的结构如图 1-15 所示，分为末端系统（两端的 WLAN 及用户）和通信系统（中间的有线广域网链路）两部分。无线用户在获取广域网资源的过程中，只在 WLAN 的小范围内（无线终端与 AP 或热点之间）真正实现了无线接入，而在城域网、广域网的大范围内进行数据传输采用的并不是无线方式，而是有线方式，即通过光缆传输。

3）特点

在标准制定的时间上，802.20 标准远远晚于 3G 标准，因此 802.20 标准可以充分发挥其后发优势，在物理层传输技术上以 OFDM 和 MIMO 为核心，充分挖掘时域、频域和空间域的资源，大大提高系统的频谱效率。在设计理念上，基于分组数据的纯 IP 架构在应对突发性数据业务时的性能也优于传统 3G 技术，另外其在实现部署的成本上也具有较大的优势。802.20 标准定义的 WWAN 有如下特点。

（1）全面支持实时和非实时业务，在空中接口中不存在电路域和分组域的区分。
（2）能保持持续的连通性。
（3）频率统一，可复用。
（4）支持小区间和扇区间的无缝切换，以及其他无线网络技术（802.16、802.11 等）的切换。
（5）融入了对服务质量的支持，与核心网级别的端到端服务质量相一致。

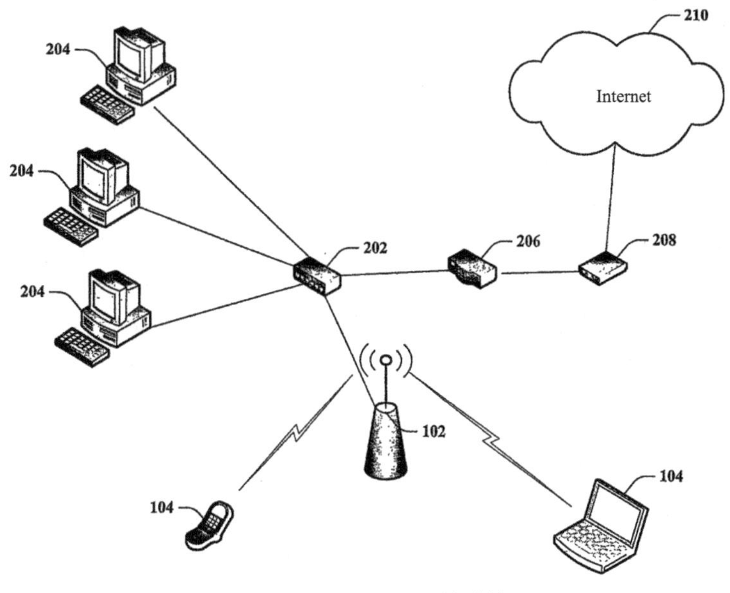

◎ 图 1-15　WWAN 的结构

1.2.3　无线局域网面临的挑战

学习提示

WLAN 发展至今，在标准快速迭代和需求场景爆炸式增长双重因素的推动下，已经由最初的“有线网络的补充”发展到如今的“全无线办公”，承载在网络上的业务也不再是“访问互联网”这样简单的消费需求。WLAN 已经成为支撑各行各业实现数字化转型，以及提升生产和工作效率的基础设施，其面临的挑战也变得更为艰巨，如图 1-16 所示。

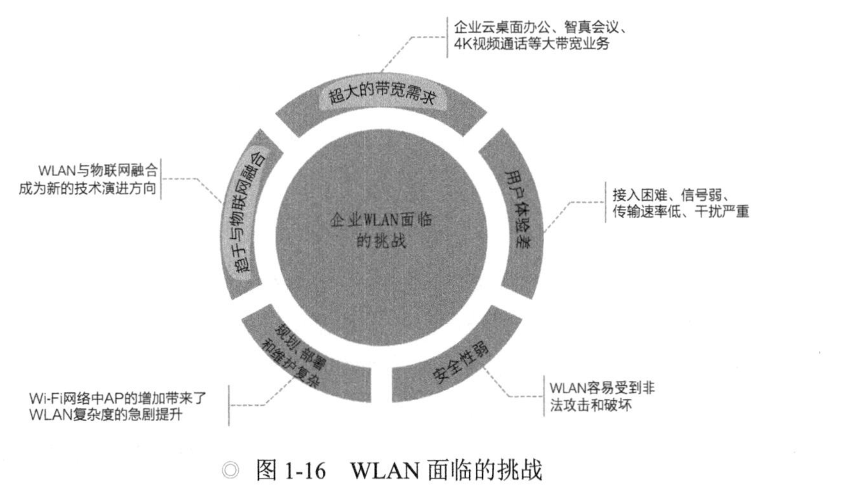

◎ 图 1-16　WLAN 面临的挑战

1. 超大的带宽需求

目前，各行各业都面临着数字化转型，以企业办公为例，数字化转型的一个重要方面就是移动化和云化。通过集成了即时通信、电子邮件、视频会议、待办审批等功能的一站式办公平台，越来越多的工作可以随时随地在移动端处理。移动化和云化可以摆脱地域束缚，实现协同办公、4K 视频通话等。传统业务单个用户的带宽都不超过 10Mbit/s，如何满足大带宽业务并发需求成为企业 WLAN 面临的一大挑战。

2. 用户体验差

在使用 WLAN 的过程中，除了对超大带宽的需求，还存在很多用户体验差的问题。例如，能够搜索到 WLAN 热点，但是连不上，即使连上了，打开网页的速度也很慢，特别是在移动的过程中。造成这种问题的原因有很多，如无线信道分配不合理，导致出现严重的同频干扰；信道功率配置不合理，导致部分区域信号弱、传输速率低；场地中存在一些干扰源，如微波炉等设备，影响无线信号的稳定性；接入用户数过多，使网络存在一些拥塞区域，导致传输速率低、接入困难。上述原因都会影响 WLAN 的用户体验，如何保证网络的流畅性也是一项难题。

3. 安全性弱

WLAN 采用无线电波传输数据的特殊性使无线信道成为违法分子攻击和破坏数据传输的重要目标。特别是进入全无线办公时代后，WLAN 取代了有线网络承载核心业务的传输，如果 WLAN 受到攻击，那么产生的破坏将是毁灭性的，产生的损失将是巨大的。截至 2017 年，手机银行业务量快速增长，其中手机银行个人用户已达 15.02 亿个。人们利用无线网络，可以在移动终端上随时随地对自己的关联账户进行在线查询、转账、理财等操作，免去了去银行办理业务的麻烦。但是用户在获得便利的同时，也要承担风险，如在使用手机银行的过程中遭到攻击、数据被窃取，将会造成直接的经济损失。特别是 2017 年下半年被媒体广泛报道的 KRACK 攻击，经过媒体的发酵，引发了用户对无线网络安全性的担心。

4. 规划、部署和维护复杂

有线网络只为固定区域的人群服务，区域内有多少个终端、需要配置多少个上网接口都是可以预知的。但在规划无线网络时，情况将变得极为复杂。试想一下，一个可容纳 50 个人的会议室，要求在实现 Wi-Fi 网络全覆盖的同时，还要支持实时视频会议。在传统网络方案中，网络管理员首先要准确预估覆盖区域的业务模型。其次要规划 Wi-Fi 网络，设置无线射频参数，避免 AP 间的同频干扰，并且要保证无线信号的覆盖率和质量。为了满足实时视频会议对带宽、时延、丢包率等指标的要求，还需要设置复杂的 QoS 参数。最后还要人工逐个设备配置命令行，如果出现配置错误，则需要逐条检查命令，费时费力。另外，由于无线设备的特殊性，一旦出现设备故障，就会影响一片区域用户的接入，因此需要实时监控 AP 和交换机的工作状态。但是，如果 AP 数量庞大，人工监测的工作量就会非常大。

5. 趋于与物联网融合

在 WLAN 迅猛发展的同时，物联网也在快速发展并被广泛应用。现在是万物互联的时代，在办公场景中，物联网可以用于资产管理，实现资产移动轨迹查看和自动盘点等功能；在学校中，物联网可用于学生的健康管理，实现学生自动考勤和学生体征监测；在医院中，物联网可以用于输液管理、药品管理和生命体征的实时监测等；在工厂中，物联网可以用于车间的实时互联，实现生产资源的精细化管控。WLAN 和物联网技术都在迅猛发展，业界也在不断探索二者融合的可

能性。一方面，独立部署物联网的成本较高，分别管理与维护 WLAN 和物联网也比较复杂；另一方面，物联网和 WLAN 有很多相似之处，包括物理层（PHY 层）的协议、使用的频段、部署和组网方式等，因此二者从共存到融合，最终到归一，是一个重要的技术演进方向。

【任务实施】

搭建 Wi-Fi 网络

（1）搭建 Wi-FI 网络。

Wi-Fi 网络拓扑结构图如图 1-17 所示。笔记本电脑可通过智能手机构建的 Wi-Fi 接入 Internet。

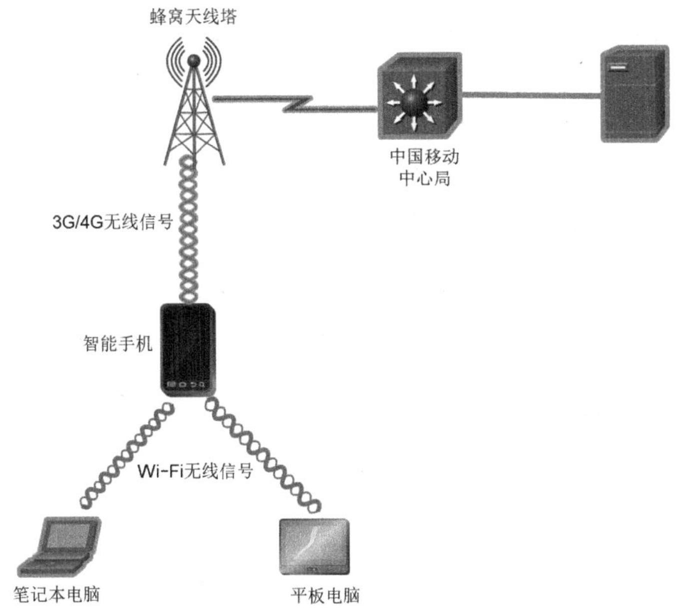

◎ 图 1-17　Wi-Fi 网络拓扑结构图

（2）WLAN 热点配置。

不同型号的智能手机，WLAN 热点配置的步骤有所不同，这里以在一款华为智能手机上配置 WLAN 热点为例说明操作过程。依次点击“设置”→“更多”→“移动网络共享”→“便携式 WLAN 热点”→“配置 WLAN 热点”→“网络名称”，将热点名称更改为 Android AP，以与其他热点区分开。

（3）配置接入安全密码。

为了提高热点网络的安全性，点击“加密类型”，选择 WPA2-PSK，密码自行设定，但至少需要设定 8 位密码。

（4）其他配置。

如果有其他要求，则可以点击“显示高级选项”，在该选项下可以配置 AP 的频段，有 2.4GHz 和 5GHz 两个选项，用户可以根据需求自行设定。广播信道一般设置为自动，最大连接数是指最多允许多少个用户连接。

【任务验收】

在笔记本电脑上打开无线网络连接界面，找到 Android AP 热点并连接，输入前面设定的密码。连接成功后，手机页面上会显示已连接设备。在笔记本电脑上打开浏览器，即可访问 Internet。

【任务小结】

本任务主要介绍了无线网络的基本概念和优势，以及几种无线网络的区别与联系，并通过搭建一个简单的无线网络体验其带来的无线移动效果。

【课后作业】

一、判断题

1．WWAN 是跨省甚至国家的大范围无线网络。（　　）

2．“无线城市”是指利用多种无线接入（3G、Wi-Fi、WiMAX 和 Mesh 组网等）技术，为整个城市提供随时随地的无线网络接入服务。（　　）

3．CMCC 是中国移动提供的城市无线网络。（　　）

4．无线局域网是指采用 802.11 无线局域网技术构建的网络。（　　）

二、选择题

1．在 WPAN 技术中，传输速率最高的是（　　）。

A．Infrared　　B．Bluetooth　　C．UWB　　D．RFID

2．下列关于 RFID 技术的说法中正确的是（　　）。

A．RFID 系统是一种简单的无线系统，由阅读器、电子标签和应用软件 3 个部分组成

B．阅读器根据使用的结构和技术不同可以分为读装置或读 / 写装置

C．电子标签是 RFID 系统的信息载体

D．阅读器是 RFID 系统的信息控制和处理中心

3．ZigBee 网络拓扑结构有（　　）。

A．星型　　B．树状　　C．网状　　D．环状

4．下列关于蓝牙技术的说法中正确的是（　　）。

A．运行在全球通行的、无须申请许可的 2.4GHz 频段

B．传输速率可达 432kbit/s、721kbit/s、1Mbit/s、2Mbit/s

C．在使用蓝牙鼠标时，蓝牙鼠标和接收器构成网络

D．各种蓝牙设备一般在 10m 内互相配对连接

三、简答题

1．Wi-Fi 和 WLAN 之间是什么关系？

2．5G 能取代 WLAN 吗？给出并解释你的观点。

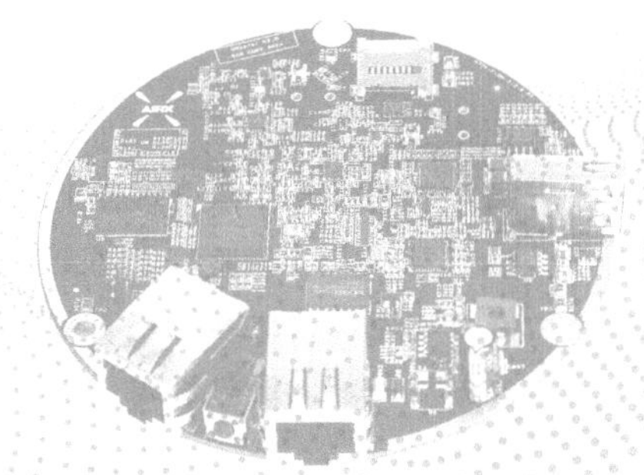

项目 2

无线传输技术选择

知识目标

（1）了解射频信号的相关概念。
（2）掌握 2.4GHz 频段和 5GHz 频段的定义，以及信道的选择和信道的聚合。
（3）了解射频信号的特性和数字信号的调制方式。
（4）掌握影响射频信号传播衰减的因素。
（5）掌握 OFDM、MIMO 等 WLAN 中物理层的关键传输技术。
（6）掌握射频信号传输路径上信号的度量方法。

能力目标

（1）能够使用无线信号分析工具。
（2）能够使用无线干扰信号测试工具。
（3）能够解释射频信号的传播特性和工作原理。

素质目标

（1）培养学生胸怀祖国、服务人民的爱国精神。
（2）培养学生追求真理、严谨治学的求实精神。
（3）引导学生自觉践行、大力弘扬科学家精神。

项目引例

科学家精神——林为干“中国微波之父”

如今，企业员工和雇主、学生和教职人员、政府机构职工和其所服务的对象、商超员工和购物者等都是移动的，其中许多人是“互联”的，这就要求无线网络能够满足人们在移动环境中的使用需求，如图 2-1 所示。由此可见，无线传输技术对 WLAN 和未来数字经济来说是极其重要的，对无线传输技术的探讨需要进一步深入。

为了能够通过无线方式发送数据，需要用到电磁波。任意两个无线终端之间只有占据一定的频段后才能进行数据传输。根据使用的频率水平，可以将电磁波划分为不同的频段，如微波、红外线等。目前，我们可以自由地使用专门为 WLAN 定义的 2.4GHz 频段和 5GHz 频段，不同国家有针对性地将这些频段划分为不同的信道。

射频信号有许多特性，如波长、振幅和相位等。射频信号可以穿越绝对真空或不同材质的介质。射频信号在传输路径上可能因自身特性造成信号衰减，如波束发散、多径现象和噪声干扰等，也可能因在传输路径上遇到障碍物而导致吸收、反射、散射、折射、衍射等造成信号衰减。如果在自由空间发送和传播射频信号后，要求在接收端成功接收并正确理解这些信号，就必须以足够的强度或能量进行发送，以保证射频信号能够完成整个传播过程。

◎ 图 2-1　移动环境中的无线网络应用

由于无线信道存在干扰，同时对属于 WLAN 频段的射频功率的限制极其严格，因此 WLAN 中经过无线信道传输的射频信号的 SNR 不可能很高，要在电磁波 SNR 较低的情况下取得较高的数据传输速率，需要增加无线信道的带宽。

在无线通信中，带宽是指满足信号传输等级要求的同时，可以达到的最低频率和最高频率之间的频率范围。带宽可以表征为网络带宽、数据带宽或数字带宽。频率是无线通信中的宝贵资源，必须合理地加以应用。调制技术可以增加射频信号的使用带宽，在模拟通信领域中，常见的调制技术有 AM（幅度调制）和 FM（频率调制）。在数字通信领域中有一套完全不同的标准，可分为正交振幅调制，如 QAM、64QAM、256QAM 和 1024QAM 等；扩频调制，如直接序列扩频（DSSS）、跳频扩频（FHSS）、OFDM，这些调制技术在 802.11 中非常流行。

一部科学史，其实也是一部科学家的精神史，没有挺得起腰杆的科学家精神，很难有站得住脚的科学成果。优良的作风和学风是做好科技工作的"生命线"。一代人有一代人的使命和担当，在我国无线传输领域有这样一位科学家，他曾解开电磁学的"哥德巴赫猜想"，是我国电磁场与微波技术学科的主要奠基人、新中国 50 年重大贡献科学家之一，他就是被誉为"中国微波之父"的林为干。正如素材"科学家精神——林为干'中国微波之父'"所讲述的那样：为干，有为人生，大干事业，无论是报国的拳拳之心、对科学研究的矢志不渝，还是滋兰树蕙的辛勤耕耘，林为干都坚守着最初的人生理想。

任务 2.1　认识无线传输技术

【任务描述】

无线网络使用无线传输技术传输数据，各种无线传输技术的主要区别在于其使用的电磁波频率不同。射频也是一种电磁波，WLAN 就是使用射频传输数据的。本任务主要介绍射频信号的基

本特性，频谱、频段、信道、载波和调制之间的关系，以及射频信号传播特性的应用和规避。

【任务要求】

本任务要求在观看动画、视频资源和理解基本概念的基础上，制作 PPT 并进行现场展示。

知识准备

2.1.1　无线射频信号

学习提示

在电磁学理论中，当交变电流通过导体时，导体的周围会产生交变的电磁场。电磁场由产生区域向外传播就形成了电磁波。当电磁波频率较低时，电磁波能量会被地表吸收，无法形成有效的传输；当电磁波频率较高时，电磁波可在空气中传播，并由大气层外沿的电离层反射，形成远距离传输。本节主要介绍与无线射频信号直接或间接相关的概念，了解这些知识有利于理解无线通信的工作方式。

1. 无线电波

无线电波传播动画

无线电波是一种能量传输形式，在传播过程中，电场和磁场在空间内是相互垂直的，同时两者都垂直于传播方向，如图 2-2 所示。

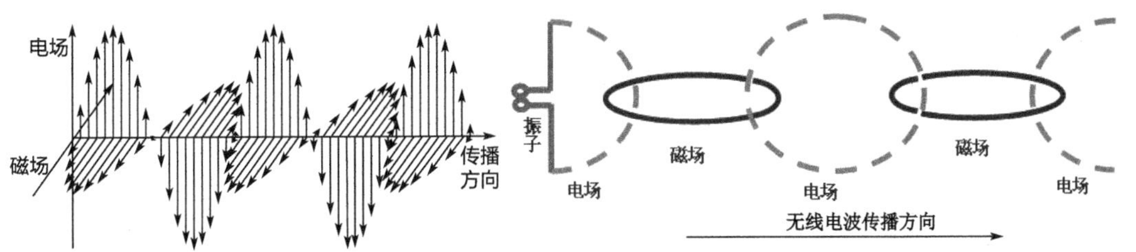

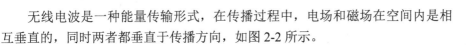

◎ 图 2-2　无线电波传播示意图

电磁波不以直线方式传播，而以天线为中心向所有方向扩展。这就类似于向一个平静的池塘中扔一颗鹅卵石，当鹅卵石落入池水后，水面就会出现圆圈运动，刚开始的水波很小，慢慢向外扩展，而且会被新水波替代。对于自由空间来说，电磁波是以三维方式向外扩展的。图 2-3 所示为简单的理想天线模型，该天线是导线的一个端点，此时产生的电磁波是以球状的方式向外扩展的，这些电磁波最终会到达接收端，当然也会沿其他方向传播。

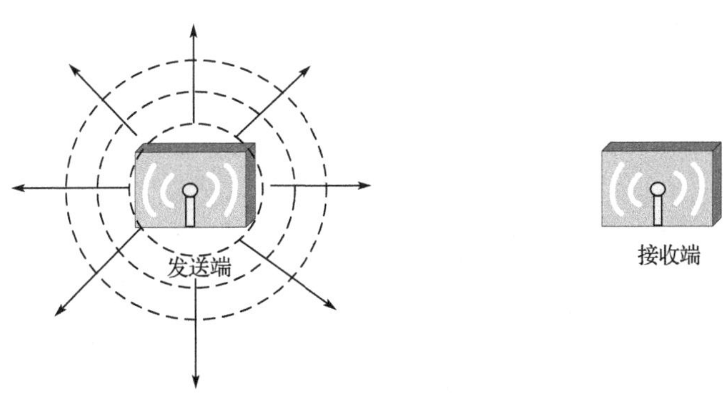

◎ 图 2-3　简单的理想天线模型

常见的电磁波包括无线电波、微波、红外线、可见光、紫外线、X 射线、γ 射线等，如图 2-4 所示。

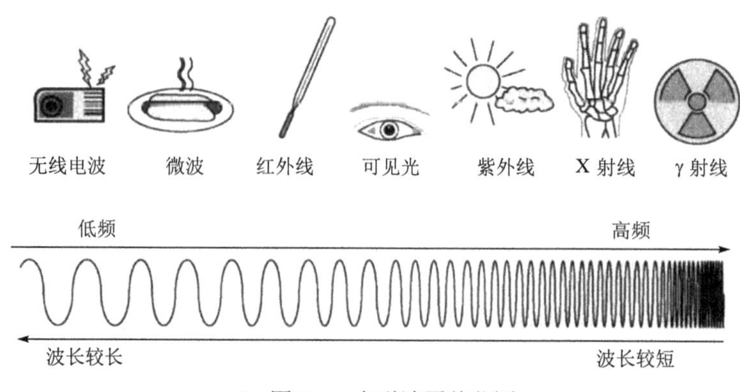

◎ 图 2-4　电磁波覆盖范围

2. 射频

关于射频并没有严格的定义，并且其没有统一的频率范围。本书将频率范围为 3Hz ～ 300GHz 且具有远距离传播能力的电磁波称为射频电波，简称射频或射电。射频信号以一种持续的模式从天线辐射出去，具有某些特性，如波长、振幅和相位。射频信号传播时会有多种行为，也称为传播行为，这部分内容将在 2.1.4 节进行讨论。下面讨论射频信号的特性。

波长和频率之间的关系动画

1）波长

波长 λ 是指相邻两个波峰或波谷之间的距离，如图 2-5 所示，简言之就是指射频信号行进一个周期的距离。

公式 $c=\lambda f$ 反映了波长和频率成反比。其中，λ 是无线电波的波长；c 是光速，为常量，约为 3×10^8m/s；f 是频率，单位是 Hz。调幅电台的射频频率远低于 WLAN 的射频频率，卫星的无线射频频率远高于 WLAN 的射频频率。

2）振幅

振幅 A 被定义为连续波产生的最大位移，如图 2-6 所示。射频信号的振幅对应电磁波的电场，可以被简单地称为信号的强度或功率，单位是 m 或 cm。例如，当波浪从大海袭向岸边时，大波浪的力量要比小波浪的力量强得多。发射器的工作原理就与其类似，只是发射器发射的是无线电波。无线电波越小，越不易被接收天线识别；无线电波越大，所产生的电信号越大，越容易被接收天线识别并接收。接收器正是根据振幅来区分无线电波的大小的。

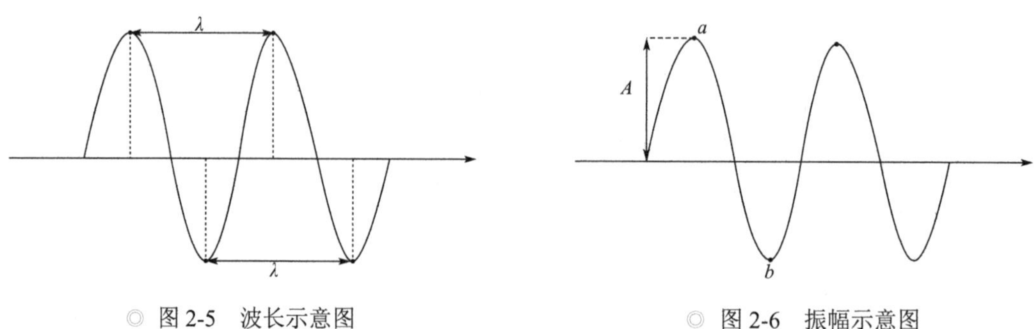

◎ 图 2-5　波长示意图　　◎ 图 2-6　振幅示意图

3）相位

相位是一个相对术语，它描述了两个相同频率波之间的关系，也涉及两路波形波峰与波谷之间的位置关系。相位可以根据距离、时间和角度进行测量。为测定相位，将波长划分为 360 份，每一份称为 1°。如果一个波在 0°点时开始传播，另一个波在 90°点时开始传播，则称二者的相位相差 90°。

同频相位之间关系动画

3. 频谱

不同的无线传输技术使用不同频率的无线电波，使用无线传输技术传输信号时电磁波的频率范围叫作无线电频谱，如图 2-7 所示。无线电频谱仅是电磁波频谱的一个组成部分，这里所说的电磁波频谱是指按电磁波的频率大小将它们排列而成的谱。

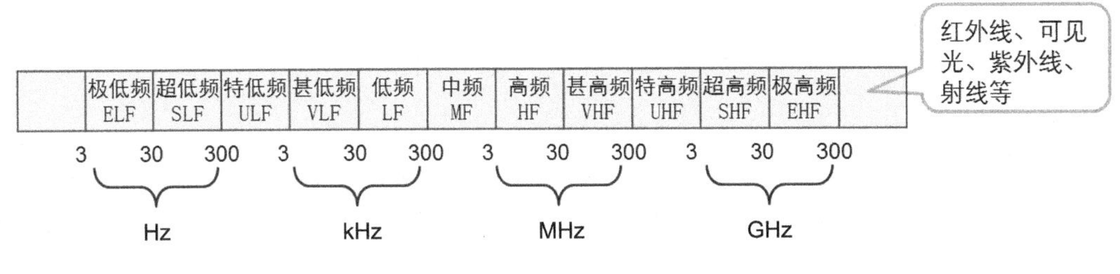

◎ 图 2-7 无线电频谱

4. 频段

所谓频段，是指分配给特定应用的频率范围。为了规范无线电波的使用，通常以频段来配置频率，使无线设备被设定在某个特定频段上使用。例如，无线电频谱中的 VHF 频段，其中 88 ～ 108MHz 频率范围内的无线电波主要用于调频广播。

5. 信道

根据各种应用的不同需求及无线电波的特性，先将频段划分给指定的技术应用，再根据该技术应用所需要的带宽对被划分给该技术应用的频段进行合理规划，也就是说，将该频段划分为若干个信道使用，如调频电台的频率间隔为 9kHz，包含约 20 000 个信道。

2.1.2 WLAN 传输频段

学习提示

无线电频谱是宝贵的不可再生资源，其主要通过核发许可证的方式进行分配，并受当地主管部门的严格控制。由于不同国家的主管部门不同，对频段使用的相关规定可能也不同，且不同频段的频率范围、带宽及支持的技术应用不同，因此在进行无线网络规划设计时需要考虑不同频段的特性。

2.1.1 节介绍了频段、信道的相关内容，本节将讨论 WLAN 使用电磁波频谱的哪一部分、可用带宽是多少、信道如何分配、用什么机制来控制使用的带宽、如何确保与同一频段的其他用户系统共存等一系列问题。

1. 信道 FCC 频段

世界上多数发达国家已经将无线电分成若干频段，通过许可和注册的方式将这些频段分配给特定的用途。由 FCC 管理的常用无线电频段如图 2-8 所示。

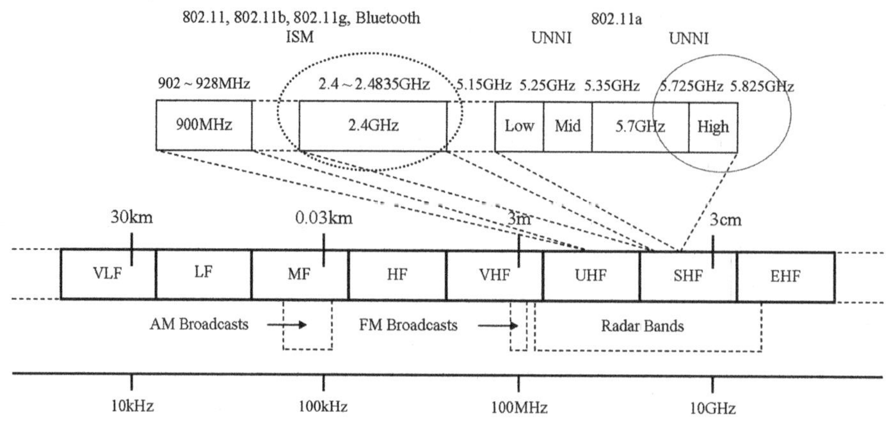

◎ 图 2-8　由 FCC 管理的常用无线电频段

2. ISM 频段

ISM 频段主要供工业、科学和医疗这 3 个领域的机构使用，但在各国的规定并不统一。ISM 频段是由 FCC 所定义的频段，并没有使用授权的限制，如图 2-9 所示。

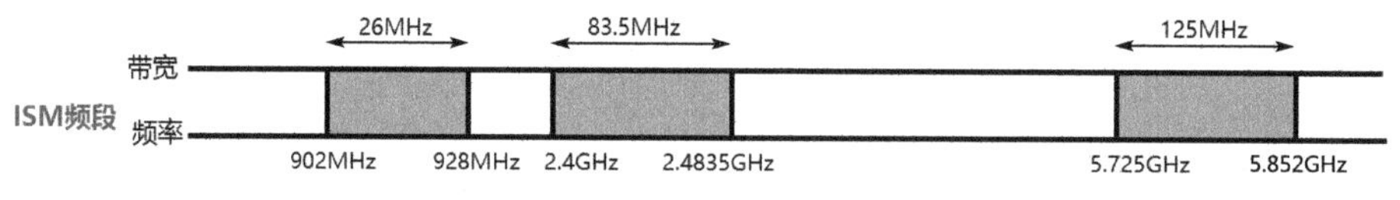

◎ 图 2-9　ISM 频段

1）工业频段

在美国，902 ～ 928MHz 频段为工业频段；在欧洲，900MHz 频段为工业频段，主要用于 GSM 通信业务。工业频段的引入避免了 2.4GHz 频段附近各种无线通信设备的相互干扰。

2）科学频段

2.4GHz 频段是各国共同的科学频段，频段范围为 2.4 ～ 2.4835GHz，WLAN、蓝牙、ZigBee 等无线网络均可工作在 2.4GHz 频段上。有趣的是，FCC 认为 2.4GHz 频段的用户主要是微波炉等设备，其次才是 WLAN 设备。

3）医疗频段

医疗频段范围定义为 5.725 ～ 5.852GHz。

2.4GHz 频段与 5GHz 频段的区别

3. WLAN 工作频段

WLAN 工作频段为 2.401 ～ 2.483GHz、5.15 ～ 5.35GHz 和 5.725 ～ 5.825GHz，如图 2-10 所示。显然，5.15 ～ 5.35GHz 频段并不完全和 ISM 频段兼容，这是专为 WLAN 开放的频段。其中，802.11b/g/n 工作于 2.4GHz 频段，802.11a/n/ac 工作于有更多信道的 5GHz 频段。

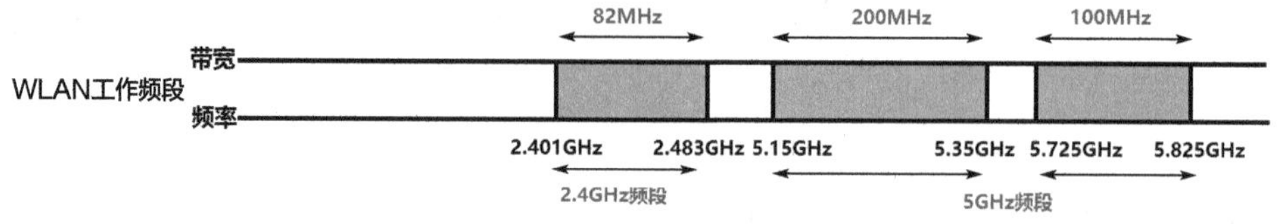

◎ 图 2-10　WLAN 工作频段

2.4GHz 无线网络技术广泛应用于家用及商用领域，2.4GHz 频段的整体频宽高于其他 ISM 频段，这就提高了整体数据传输速率，且允许系统共存、允许双向传输、抗干扰性强、传输距离远。随着越来越多的技术选择 2.4GHz 频段，该频段变得日益拥挤。

为此，采用 5GHz 频段可让 802.11a 具有冲突更少的优点。不过高载波频率也带来了一些负面影响，5GHz 频段几乎被限制在直线范围内使用，导致必须使用更多的 AP，这意味着 5GHz 频段不能传播得像 2.4GHz 频段那样远，因为它更容易被吸收。

信道在不同国家和地区的使用会根据各自法规的不同而有所差异，如图 2-11 所示，以 2.4GHz 频段的信道为例，其使用情况如下。

（1）在北美，仅允许信道 1 ～ 11 被使用。

（2）在欧洲，允许信道 1 ～ 13 被使用。

（3）在中国，允许信道 1 ～ 13 被使用。

信道	中心频率 /MHz	信道频段 /MHz	中国	北美（FCC）	欧洲（ETSI）
1	2412	2401～2423	○	○	○
2	2417	2406～2428	○	○	○
3	2422	2411～2433	○	○	○
…	…	…	…	…	…
11	2462	2451～2473	○	○	○
12	2467	2456～2478	○	×	○
13	2472	2461～2483	○	×	○

◎ 图 2-11　不同国家和地区在 2.4GHz 频段上使用不同的信道

4. 2.4GHz 频段

在 2.4GHz 频段上，IEEE 802.11 工作组定义每两个信道之间的中心频率都相隔 5MHz 的整数倍。中心频率和信道号之间的关系：中心频率 = 2407+5×n_{ch}（MHz），其中 n_{ch}=1, 2, …, 13。

802.11 标准允许在 2.4GHz 频段中使用 DSSS 或 OFDM 调制与编码方式。DSSS 要求每个信道带宽为 22MHz，OFDM 要求每个信道带宽为 20MHz，如图 2-12 所示。无论采用哪种调制方式，由于信道间距都只有 5MHz，因此相邻信道之间的信号传输必然存在重叠与干扰。

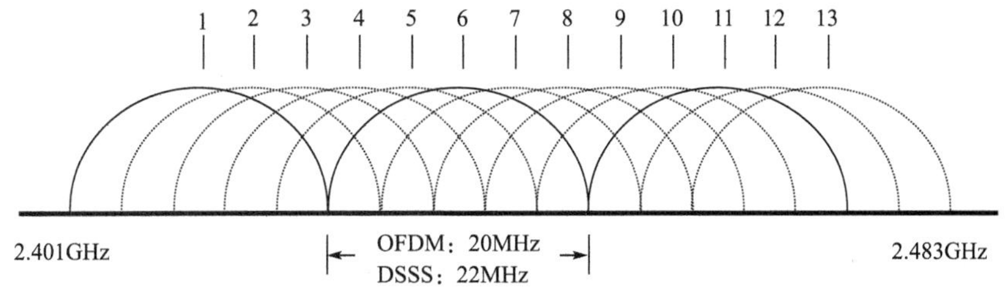

◎ 图 2-12　2.4GHz 频段信道带宽

如果两个 STA 使用相邻的信道，那么将会出现一个问题：它们的信号会互相渗透到对方的信道中，导致两个信道都受到破坏。解决方案是使用尽可能多彼此不重叠的信道。因此，只要合理地规划信道，就能实现无线的全覆盖，确保多个 AP 共存于同一区域。如图 2-13 所示，信道规划分布图中包含 3 个互不重叠的信道组，即信道组 1（信道 1、信道 6、信道 11）、信道组 2（信道 2、信道 7、信道 12）和信道组 3（信道 3、信道 8、信道 13）。

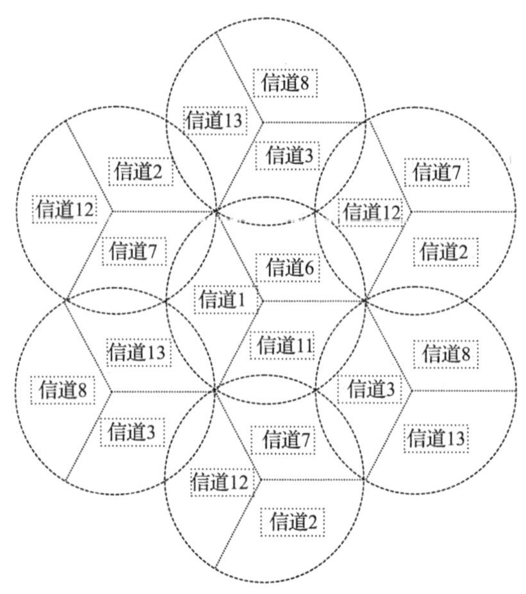

图 2-13 信道规划分布图

典型例题

下列（　　）信道组合项规定了 2.4GHz 频段中用于非重叠信道列表。

A. 1、2、3　　B. 1、5、10　　C. 1、6、11　　D. 1、7、14

解析：只有信道 1、信道 6 和信道 11 是非重叠信道。

答案：C

5. 5GHz 频段

根据 802.11a/n/ac 标准，IEEE 802.11 工作组定义 5GHz 频段信道的中心频率为 5GHz 以上，相隔 5MHz 的整数倍。中心频率和信道号之间的关系：中心频率 = $5000+5\times n_{ch}$（MHz），其中 $n_{ch}=0,1,2,\cdots,200$，共有 201 个信道。

FCC 最初分配了 3 个独立频段，即 U-NII-1（5.15 ～ 5.25GHz）、U-NII-2（5.25 ～ 5.35GHz）和 U-NII-3（5.725 ～ 5.825GHz），每个频段都包含 4 个 20MHz 信道。2004 年，FCC 又增加了一个扩展频段，即 U-NII-2e（5.470 ～ 5.725GHz），额外提供了 11 个 20MHz 信道。5GHz 频段分布如图 2-14 所示。需要注意的是，U-NII-1 频段和 U-NII-2 频段是连续的，U-NII-2e 扩展频段与 U-NII-3 频段不是连续的。

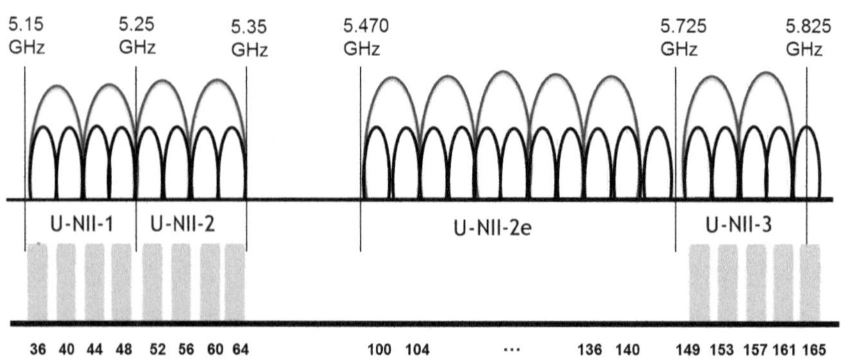

图 2-14 5GHz 频段分布

● 课堂讨论 ●

在图 2-14 中，为什么 U-NII-1 频段中的第一个信道号为 36，而不是 1？为什么相邻信道都间隔 4 个信道号？

U-NII 频段是 FCC 分配的，并没有实现全球统一，所以有些国家允许使用所有 4 个频段，有些国家仅允许使用其中的几个频段，有些国家甚至不允许使用这些频段。我国允许使用的频段为 5725 ～ 5850MHz（也称 5.8GHz 频段），可用带宽为 125MHz，划分了 5 个不重叠信道，每个信道带宽为 20MHz，如图 2-15 所示。

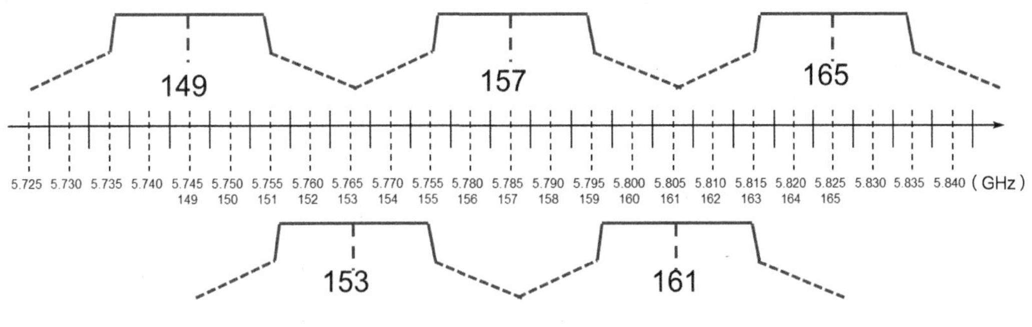

◎ 图 2-15　我国 5GHz 频段允许使用的信道

● 拓展提高 ●

素材“信道聚合技术”描述了信道聚合技术的概念和 5GHz 信道聚合组网设计模型，了解这些知识对理解 802.11n/ac/ax 协议是非常有益的。

信道聚合技术

2.1.3　射频信号承载数据

● 学习提示 ●

所有无线电通信都采用某种方式调制并传输数据。将所传输的无线电信号以一定方式调制，就可以对 AM/FM 无线电、蜂窝电话和卫星电视信号中的数据进行编码，并在接收端将调制后的信号解调出来，如图 2-16 所示。虽然普通人并不关心信号是如何调制的，但是要想成为一名优秀的无线网络工程师，必须深入了解两个设备通信的具体方式。

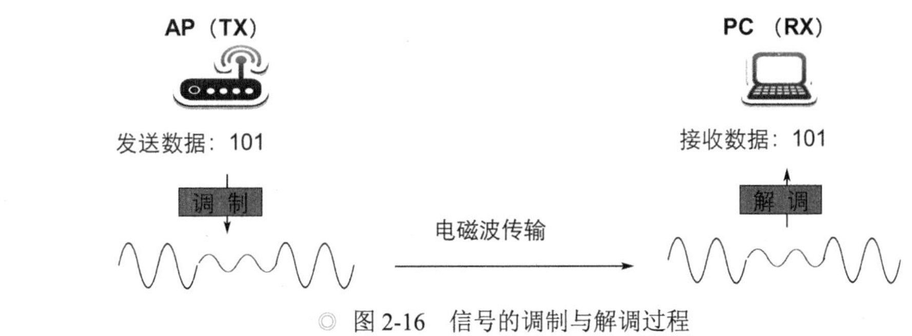

◎ 图 2-16　信号的调制与解调过程

1. 载波信号

载波信号的产生示意图如图 2-17 所示，信号在发射器部分产生，不带有任何信息，在接收器部分作为不变的信号出现。通常用射频信号来承载其他有用信号，这类射频信号就是载波信号。

例如，AM 和 FM 载波信号承载的是音频信号，TV 载波信号承载的是音频和视频信号，WLAN 载波信号承载的是数据。

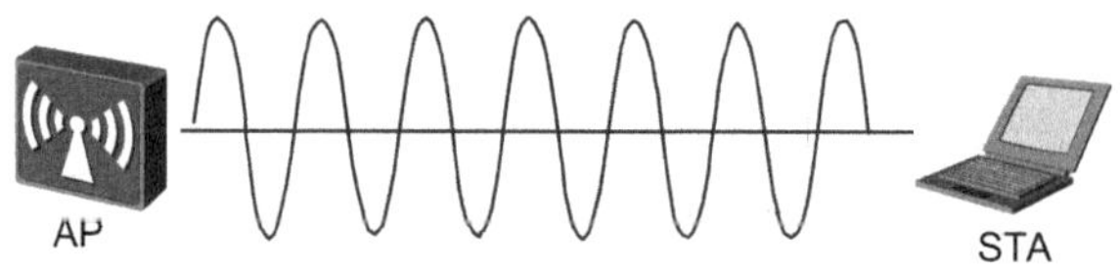

◎ 图 2-17　载波信号的产生示意图

电磁波频谱如图 2-18 所示。由于只有处于高频段的电磁波才具有较高的带宽，所以在利用无线电波进行数据传输时常用处于高频段的电磁波作为载波信号。X 射线和γ射线对生物有很大的杀伤性，不能作为载波信号，可用作载波信号的电磁波频率应在紫外线频段的频率以下。电磁波的频率越高，其传播特性越接近可见光，而可见光的直线传播特性会对 WLAN 的终端布置带来很大限制。因此，WLAN 常采用微波频段中的电磁波作为载波信号。

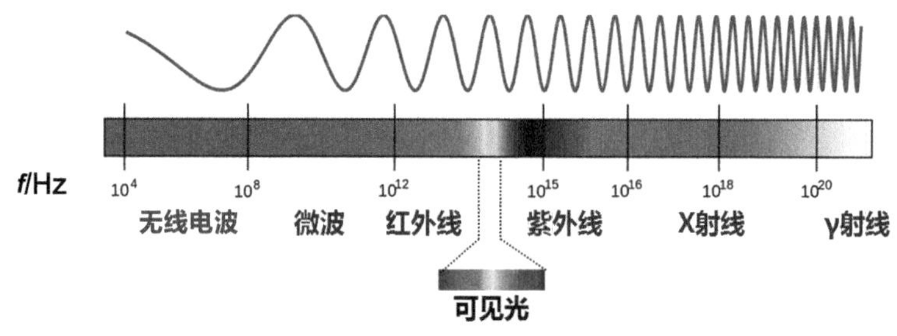

◎ 图 2-18　电磁波频谱

要将数据叠加到射频信号中，必须保留原始的载波信号频率，因此必须采用某种机制来改变载波信号的某些特性，以区分比特 0 和比特 1。需要注意的是，发射器使用了何种类型的机制，接收器也必须使用对应的机制，这样接收器才能正确理解接收到的数据。调整信号以产生载波信号的过程称为调制。调制信号的产生如图 2-19 所示，其中原始信号的时域波形为方波，频域波形为抽样函数波形；载波信号的时域波形为正弦波，频域波形为脉冲波。从频域特性上看，原始信号被搬移至以载波频率为中心的位置上，形成了调制信号波形。

载波是指被调制以传输信号的波形，一般为正弦波。一般要求正弦载波的频率远远高于调制信号的带宽，否则会发生混叠，导致传输信号失真。

可以这样理解，一般需要发送的数据频率是低频，如果按照本身的频率来传输信号，则不利于数据的接收和同步。使用载波传输信号，可以将数据的信号加载到载波信号上，接收端按照载波频率来接收数字信号，根据有意义的信号波幅与无意义的信号波幅不同，即可将需要的数字信号提取出来。

2. 数字信号的调制方式

发送端将无线电信号发送出去后必须对其进行调控，这样接收端才能正确地识别比特 0 和比特 1，这种对信号进行调控以表示不同数据的方法称为键控法，也称调制技术。根据所控制信号参量的不同，可将键控法分为 3 种：幅移键控、频移键控、相移键控。

1）幅移键控

幅移键控（Amplitude Shift Keying，ASK）是使高频载波信号的振幅随调制信号的瞬时变化而变化的调制方式，如图 2-20 所示。也就是说，先用调制信号来改变高频信号的振幅大小，使

调制信号的信息包含在高频信号之中，再通过天线把高频信号发射出去，这样调制信号也就传播出去了。此时在接收端把高频信号的振幅解读出来（解调）即可得到调制信号。

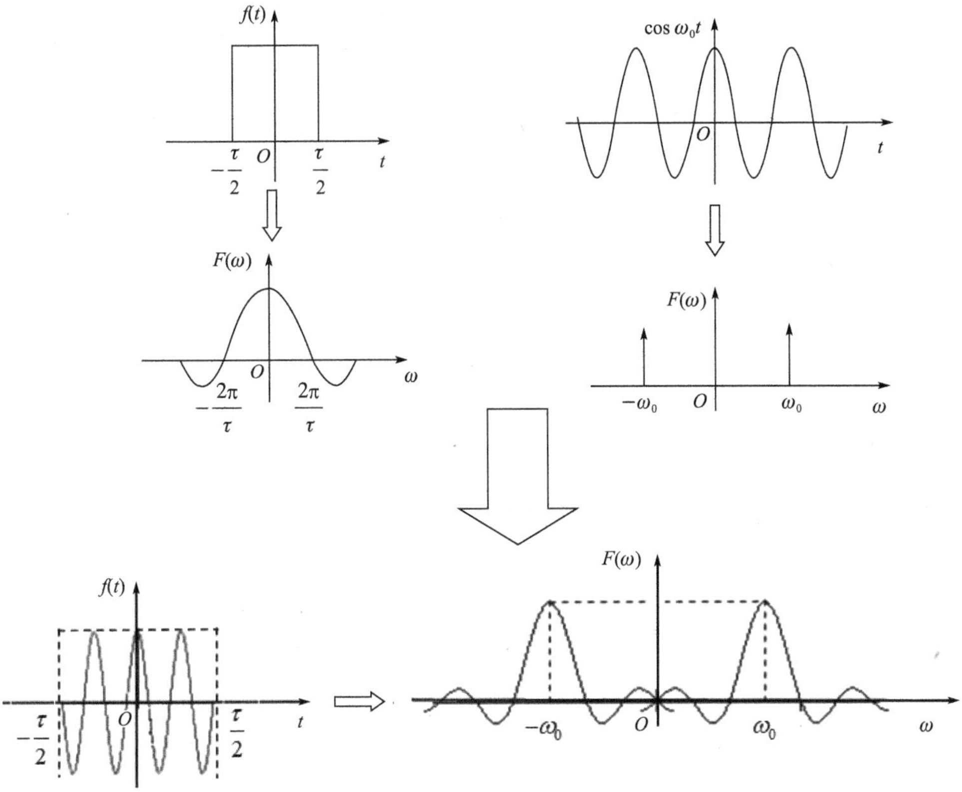

◎ 图 2-19　调制信号的产生

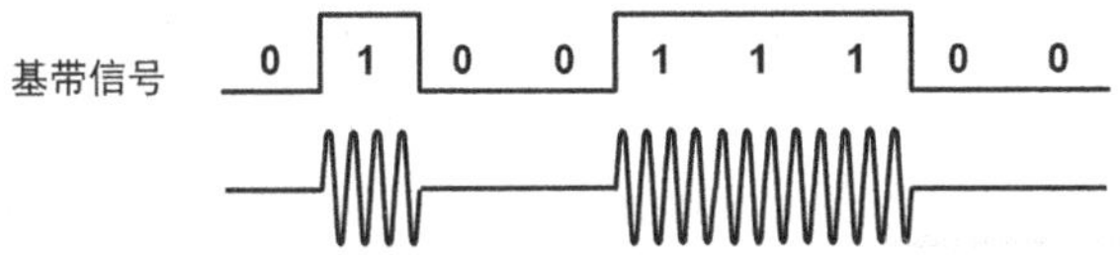

◎ 图 2-20　幅移键控

噪声或干扰通常会对信号的振幅造成影响，如果信号的振幅因噪声而改变，那么将导致接收端误判接收到的数据，因此采用幅移键控时必须谨慎。

2）频移键控

频移键控（Frequency Shift Keying，FSK）是使载波频率随调制信号的不同状态而改变的调制方式，如图 2-21 所示。已调波频率变化的大小由调制信号来决定，变化的周期由调制信号的频率决定。已调波信号的振幅保持不变。调频波的波形就像一个被压缩得不均匀的弹簧。

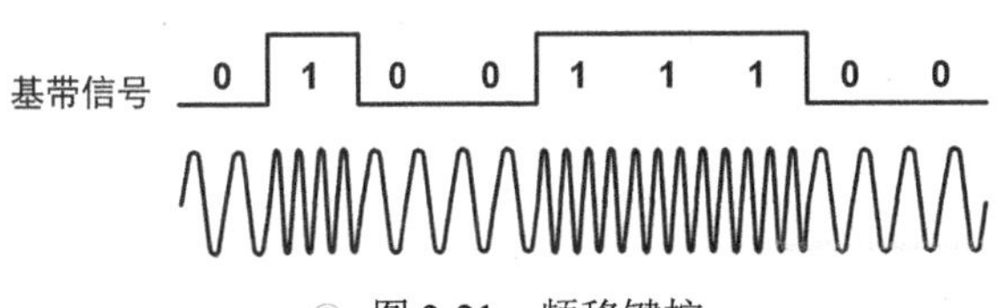

◎ 图 2-21　频移键控

由于人们对数据传输速率的要求越来越高，频移键控需要采用更昂贵的技术才能支持高速传输，因此频移键控并不适合在目前的无线通信中使用。

3）相移键控

相移键控（Phase Shift Keying，PSK）是使载波的相位随调制信号的不同状态而改变的调制方式，如图 2-22 所示。载波的初始相位随着基带数字信号变化而变化，如数字信号 1 对应相位 180°，数字信号 0 对应相位 0°。

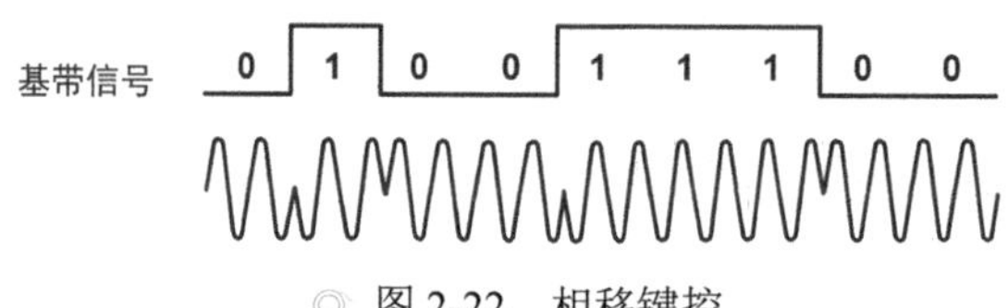

◎ 图 2-22　相移键控

3. 载波频率（中心频率）、调制、信道和频段之间的关系

发送端和接收端载波的频率是固定的，并在规定的范围内变化，这种范围被称为信道。信道通常用数字或索引（而非频率）表示，WLAN 信道是由当前使用的 802.11 标准决定的。载波频率（中心频率）、调制、信道和频段之间的关系如图 2-23 所示。

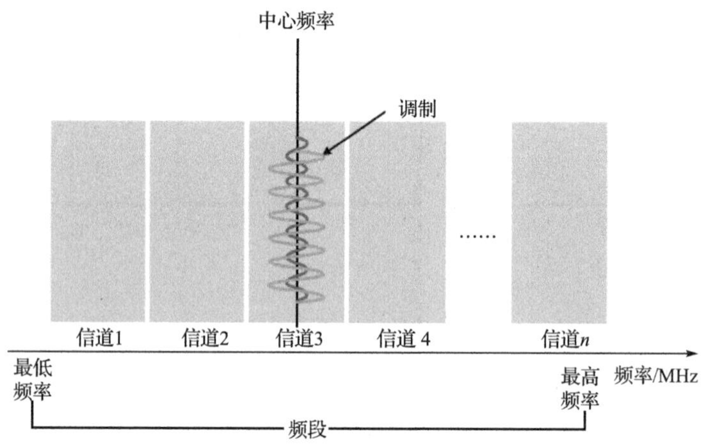

◎ 图 2-23　载波频率（中心频率）、调制、信道和频段之间的关系

典型例题

不同调制技术使载波信号形成不同种类的相位变化。请查阅相关资料，对下列调制技术对应的载波信号相位变化种类按从少到多进行排序。

A. 16-QAM　　B. QPSK　　C. BPSK　　D. 64-QAM

解析：BPSK 有 2 种可能的相位变化，QPSK 有 4 种可能的相位变化，16-QAM 有 16 种可能的相位 / 振幅变化，64-QAM 有 64 种可能的相位 / 振幅变化。

答案：C、B、A、D

2.1.4　射频信号传播行为

学习提示

前面已经学习了射频信号的许多特性，这对于理解射频信号离开天线后的传播行为非常重要。射频信号可以穿越绝对真空或不同材质的介质，射频波移动的方式会根据信号传输介质的

材质不同发生极大的变化。例如，石膏板墙对射频信号的影响与金属板墙或混凝土墙对射频信号的影响不同，其中涉及的射频信号传播行为正是导致射频信号发生变化的直接原因，包括吸收、反射、散射、折射、衍射等。

1. 吸收

吸收是指射频信号在传播过程中遇到吸收其能量的物体，导致信号衰减的现象，如图 2-24 所示。

吸收动画

吸收是最常见的射频信号传播行为。如果射频信号没有从物体上反射出去，也没有绕开或者穿透物体，那么射频信号就被百分之百吸收了。大部分物体都会吸收射频信号，只是吸收的程度不同。

砖墙和混凝土墙会吸收绝大部分的射频信号，而石膏板墙只会吸收很小部分的射频信号。材料的密度越高，吸收射频信号的能力越强，过低的射频信号强度将影响接收端接收。最常见的吸收情形是射频信号穿过含水量比较高的物体（如成人身体，由 55% ～ 65% 的水组成），由于水可以吸收信号能量，因此将导致信号衰减。用户密度是设计无线网络的重要参考因素，主要考虑吸收的影响和可用带宽。

交流思考

观察“吸收动画”中的吸收过程，请解释为什么礼堂中的无线信号在空旷和满座场合下会大相径庭。

2. 反射

反射是指射频信号在传播过程中遇到其他介质的分界面后改变传播方向又返回到原介质中的现象，如图 2-25 所示。

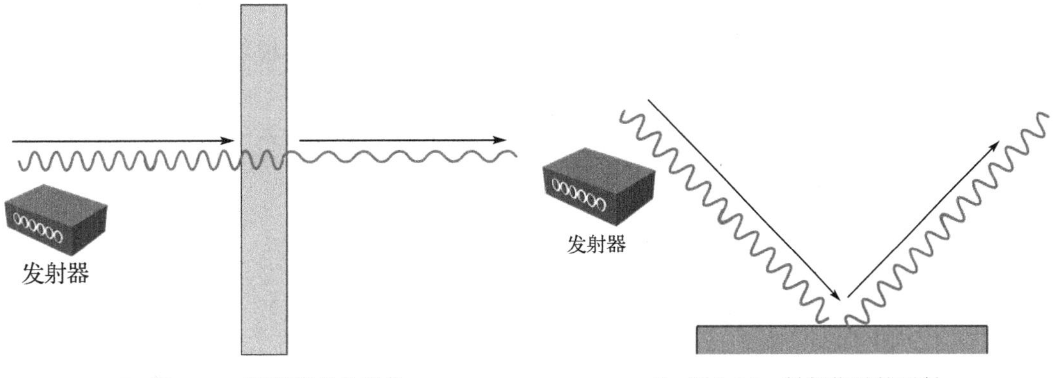

◎ 图 2-24　射频信号的吸收　　◎ 图 2-25　射频信号的反射

可以想象一下电灯的光线，光线从电灯发出向各个方向传播，在碰到房间中的物体后发生反射，一部分反射光回到电灯，另一部分反射光照射到房间的其他区域，使区域变亮。射频信号在室内遇到物体（如金属家具、文件柜和金属门等）时会发生反射，在室外遇到水面或大气层时也会发生反射。

反射的射频信号对原信号会造成一定的干扰，导致原信号失真，因此在射频信号的传播过程中最好不要有障碍物影响。

3. 散射

散射是指射频信号在传播过程中遇到粗糙、不均匀的物体或由非常小的颗粒组成的材料时偏离原来的方向而分散传播的现象，如图 2-26 所示。

散射容易被描述成多路反射，当射频信号的波长大于信号将要通过的介质的波长时，散射就会发生。散射通常分为以下两种类型。

（1）第一类散射是指当射频信号穿过介质时，个别电磁波被介质中的微小颗粒反射而发生的散射，大气中的烟雾和沙尘等会导致这类散射，这类散射对信号的质量和强度影响不大。

（2）第二类散射是指射频信号在入射到某些粗糙表面上时被反射到多个方向而发生的散射，铁丝网围栏、树叶和岩石地面等通常会引起这类散射，这类散射会导致主信号的质量下降，甚至破坏接收信号。

4. 折射

折射是指射频信号在传播过程中从一种介质斜射入另一种介质时传播方向发生改变的现象，如图 2-27 所示。

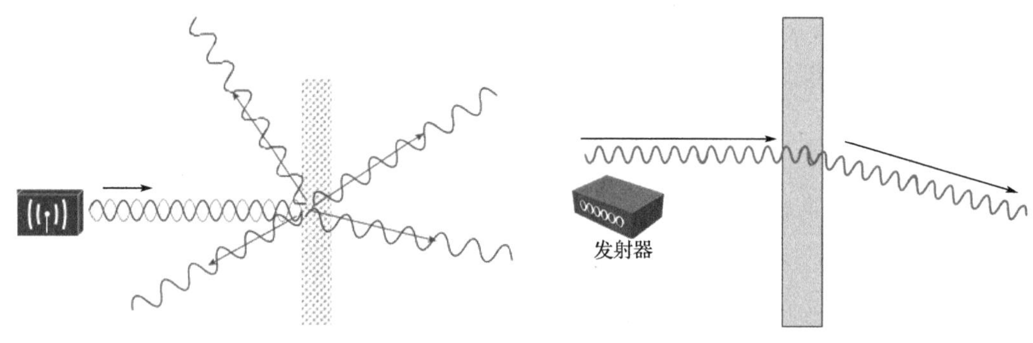

◎ 图 2-26 射频信号的散射

◎ 图 2-27 射频信号的折射

水蒸气、空气温度变化和空气压力变化是产生折射的 3 个重要原因。在室外，射频信号通常会偏向地球表面发生折射，但空气温度和空气压力的变化也可能导致射频信号向远离地球表面的方向发生折射，如图 2-28 所示。在长距离的室外无线桥接项目中，折射现象是需要关注的重点。另外，室内的玻璃和其他材料也会使射频信号发生折射。

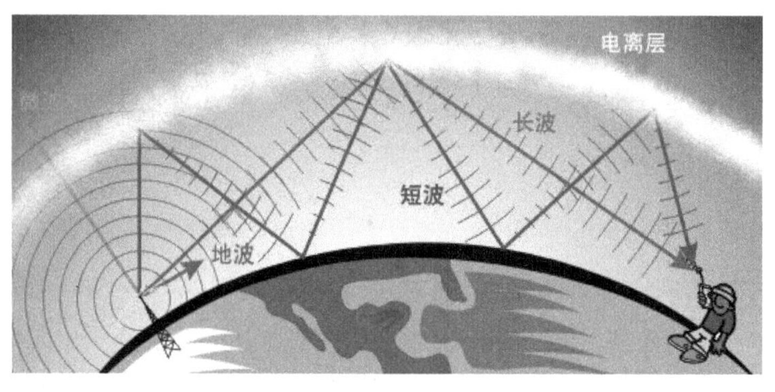

◎ 图 2-28 地球表面射频信号的折射

5. 衍射

衍射是指射频信号遇到障碍物时发生弯曲和扩展的现象，如图 2-29 所示。例如，当河水流过岩石时便会发生衍射现象。

衍射与障碍物的材质、形状、大小和射频信号的特性（如相位和振幅等）有关。衍射通常是射频信号被局部阻碍导致的，如射频发射器与接收器之间有建筑物。遇到障碍物的射频信号会沿

着障碍物弯曲并绕过此障碍物，此时的射频信号会沿着一条不同且更长的路径进行传输；没有遇到障碍物的射频信号则不会弯曲，仍然沿着原来较短的路径传输。

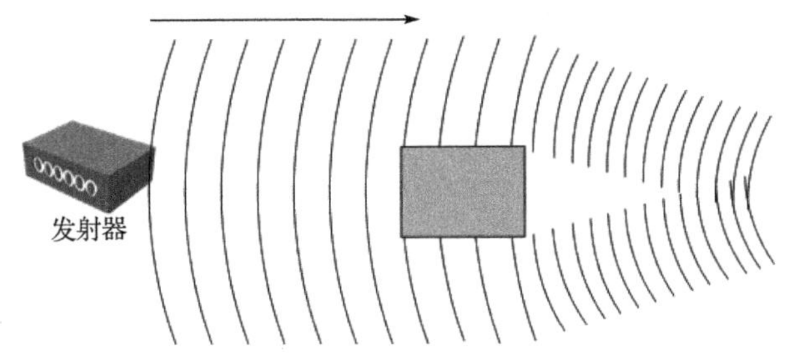

◎　图 2-29　射频信号的衍射

衍射导致射频信号能够绕过阻碍它传输的物体并完成自我修复，这种特征使得在发射器和接收器之间有建筑物的情况下，仍能保证射频信号的接收，但也可能导致信号失真。

位于障碍物正后方的区域称为射频阴影。衍射信号方向的变化，可能导致射频阴影成为覆盖死角或接收器只能接收到微弱信号，固定在柱子或者墙上的 AP 可能造成虚拟的射频盲点。因此，了解射频阴影的概念有助于无线网络设计人员正确选择天线的安装位置。

【任务实施】

（1）研究电磁波属性之间的关系，思考同时发送同频不同相的电磁波信号会对数据产生何种影响。

（2）研究电磁波频谱的分布规律，了解其主要划分为哪几个频段，以及 WLAN 使用了哪几个频段。

（3）归纳总结 2.4GHz 频段和 5GHz 频段的区别。

（4）研究电磁波是如何承载数字信号的。

（5）研究电磁波的传播特性及其对无线信号的影响。

【任务验收】

（1）正确描述电磁波属性之间的关系。

（2）正确描述电磁波频谱分布的范围和 WLAN 使用的 2 个频段。

（3）用表格比较 2.4GHz 频段和 5GHz 频段。

（4）画图表示频谱、频段、信道、载波和调制之间的关系。

（5）文档制作精良美观，内容紧扣主题，表述恰当，逻辑顺畅，整体风格统一。

（6）现场表述逻辑清晰，语言流畅，情绪饱满。

【任务小结】

本任务主要介绍无线传输技术的基础知识，包括无线射频信号、WLAN 传输频段、射频信号承载数据及射频信号传播行为。掌握这些基础知识和相关术语可以为后续的深入学习打下基础，也有助于日后顺利组建和维护 WLAN。

【课后作业】

一、判断题

1．无线信号能够通过空气进行传播。　（　　）

2. 电磁波的频段通常是指一个频率范围。（　　）

3. 正在使用的微波炉可能会对 WLAN 信号产生干扰。（　　）

4. 中国 WLAN 采用 2.4 ～ 2.4835GHz 频段。（　　）

5. WLAN 设备只能工作在 2.4GHz 频段。（　　）

6. 微波传播方式有反射、折射、绕射、散射及它们的合成。（　　）

二、选择题

1. 在 2.4GHz ISM 频段内有（　　）个无重叠信道。

A. 9　　B. 3　　C. 17　　D. 13

2. 下列有关 2×3 MIMO 系统的正确描述是（　　）。

A. 拥有 2 个无线电波段和 3 根天线的系统

B. 拥有 2 个发射器和 3 个接收器的系统

C. 拥有 2 个绑定信道和 3 个空间流的系统

D. 拥有 2 个接收器和 3 个发射器的系统

3. 造成自由空间路径损耗的主要原因是（　　）。

A. 传播　　B. 吸收　　C. 湿度水平　　D. 磁场衰减

4. 以下（　　）是在美国未经许可使用的频段。

A. 2.0MHz　　B. 2.4GHz　　C. 7.0GHz　　D. 6.8GHz

5. U-NII-1 频段是从下列的（　　）号信道开始的。

A. 0　　B. 1　　C. 24　　D. 36

6. U-NII-1 频段被用于下列的（　　）。

A. 2.4GHz WLAN　　B. 5GHz WLAN

C. 医疗　　D. 点对点链路

7. 在 2.4GHz 频段，FCC 将点对多点链路的 EIRP 最大值限制为（　　）。

A. 100mW　　B. 20dBm　　C. 50mW　　D. 36dBm

8. 无线电波的基本传播方式有多种，但不包括（　　）。

A. 空间直线传播　　B. 散射

C. 通过电力线传播　　D. 衍射（绕射）

9. 当使用 STA DRS 且以 11Mbit/s 接入速率工作的便携式计算机远离一个 AP 时，会发生（　　）情况。

A. 这台计算机漫游到另一个 AP　　B. 这台计算机失去连接

C. 该速率动态转移为 5.5Mbit/s　　D. 该速率增加，提供更高的吞吐量

10. 每个 2.4GHz 频段信道带宽是（　　）。

A. 22MHz　　B. 26MHz　　C. 24MHz　　D. 28MHz

11. 我国使用 2.4GHz 频段的信道数量是（　　）个。

A. 11　　B. 12　　C. 13　　D. 14

12. OFDM 支持的最大数据传输速率是 54Mbit/s，而 DSSS 支持的数据传输速率则要低得多。与 DSSS 相比，OFDM 采用（　　）技术来实现更高的数据传输速率。

A. 更宽的频段　　B. 更宽的 20MHz 信道带宽

C. 每个信道 48 个子载波　　D. 更高的码片速率

13. 假设某个 AP 被配置为向客户端提供如下数据传输速率（Mbit/s）：2、5.5、6、9、11、

12、18、24、36 和 48，那么应该采取（　　）策略来减小该 AP 的小区规模。

A. 启用 1Mbit/s 数据传输速率

B. 启用 54Mbit/s 数据传输速率

C. 禁用 36Mbit/s、48Mbit/s 数据传输速率

D. 禁用 2Mbit/s 数据传输速率

14. 下列信道（　　）规定了 2.4GHz 频段中用于 DSSS 的正确的非重叠信道列表。

A. 1、2、3　　B. 1、5、10　　C. 1、6、11　　D. 1、7、14

15. 当射频信号受到建筑物内的物体反射时，对接收器造成的可能影响是（　　）。

A. 菲涅耳损耗　　B. 多径干扰　　C. 交叉信道衰落　　D. 自由空间路径损耗

16. 下列（　　）是避免 2.4GHz 频段中邻频干扰的最佳策略。

A. 使用任何可用的信道

B. 利用 802.11n 的 40GHz 聚合信道

C. 从信道 1 开始，仅使用间隔 4 个信道号的信道

D. 从信道 1 开始，仅使用间隔 5 个信道号的信道

三、填空题

1. 802.11 标准使用的传输技术主要有 ________、________、________。

2. 干扰发生的时候可以采用调整 ________ 的方式来降低干扰。

3. 射频频段分为有许可证频段和无许可证频段，WLAN 标准中使用的两个射频频段是 ________ 许可证频段。

4. 5GHz ISM 频段有 ________ 个独立信道。

5. WLAN 是利用 ________ 技术取代双绞铜线所构成的局域网络。

四、设计题

为保证信道之间不相互干扰，2.4GHz 频段要求两个信道的中心频率间隔不能低于 22 MHz，推荐 1、6、11 这 3 个信道交错使用，请实现如图 2-30 所示的 2.4GHz 频段信道设计，并将信道号填写在圆圈内。

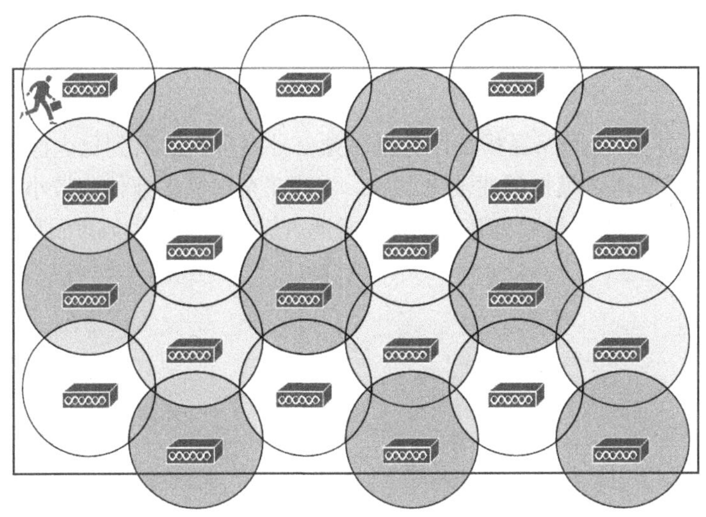

◎ 图 2-30　2.4GHz 频段信道设计

任务 2.2　使用 WirelessMon 软件测试信号强度

【任务描述】

本任务使用 WirelessMon 软件监控无线网络状态，显示无线客户端附近 AP 或基站的实时信息，列出无线信号强度，实时监测无线网络的数据传输速率和稳定性。

【任务要求】

本任务要求准备笔记本电脑（1 台，Windows 10 操作系统）并下载 WirelessMon 软件；学会 WirelessMon 软件的使用方法；测试周围无线信号的强度和工作信道；分析这些信号是否对自己使用的 WLAN 造成了干扰。

知识准备

2.2.1　射频信号传播衰减

学习提示

衰减是指射频信号在电缆或空气中传播时信号强度下降或振幅减小的现象。按照物理学规律，射频信号除会因为障碍物的吸收、反射、散射、折射和衍射等而衰减以外，还会因为传播过程中的各种因素而衰减，如图 2-31 所示。

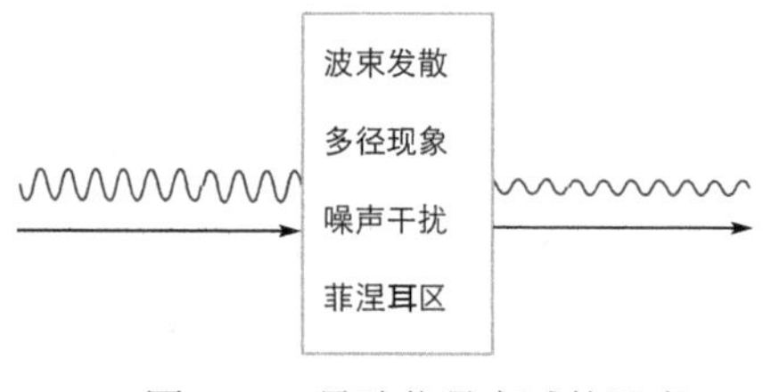

◎ 图 2-31　导致信号衰减的因素

1. 波束发散

波束发散也称为自由空间路径损耗，是指射频信号因自然扩展到更大区域而强度下降，如图 2-32 所示。可以用气球来模拟阐述波束发散：气球在充满氢气前体积较小，橡胶外模较厚；气球在充满氢气后体积变大，橡胶外膜会变得非常薄。射频信号因为波束发散而强度下降的原理就与此类似。

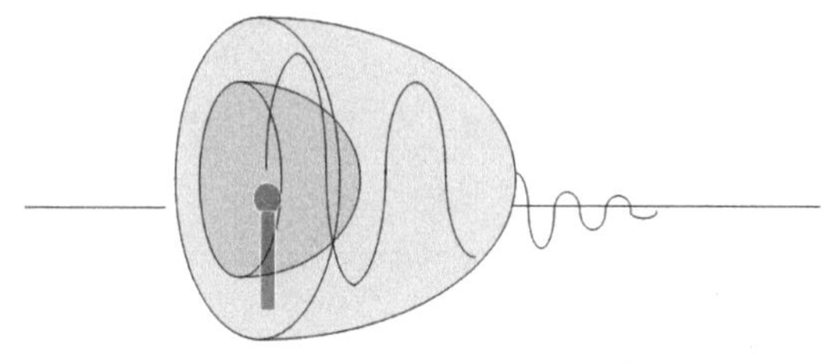

◎ 图 2-32　波束发散

波束发散为什么如此重要？所有的射频接收设备都有所谓的接收信号敏感等级，射频接收设备在某个固定的振幅阈值之上可以正确地接收并解释信号，如对某人耳语，必须确保声音可以被对方听到并理解。

如果要接收的信号振幅下降至射频接收设备敏感阈值以下，该设备就无法正确接收并解释信号。波束发散的概念也适合解释以下的情景：在乘轿车旅行的过程中收听调幅电台，当轿车驶离一定的距离后，就无法听清噪声背景下的音乐了。

背景噪声通常也称为本底噪声。为了能正确地接收并解释信号，信号应强于背景噪声。仍然以对某人耳语为例，尽管说话人的声音很大，可以被对方听到，但如果此时有救护车鸣笛呼啸而过，那么对方还是无法听清说话人所说的是什么。对于强度在射频接收设备敏感阈值之上的射频信号，射频接收设备可以区分信号和背景噪声。

因为波束发散的影响，室内 WLAN 和室外无线桥接链路设计都要确保射频信号不会衰减到无线射频模块的接收信号敏感等级以下。对于室内，可以通过现场勘测完成这个目标；对于室外，无线桥接链路设计需要进行链路预算。有关无线地勘方面的内容将在项目 7 中进行讨论，链路预算的内容将在 2.2.3 节中阐述。

2. 多径现象

多径现象是指两路或多路射频信号同时或相隔极短的时间到达接收端，如图 2-33 所示。

多径现象动画

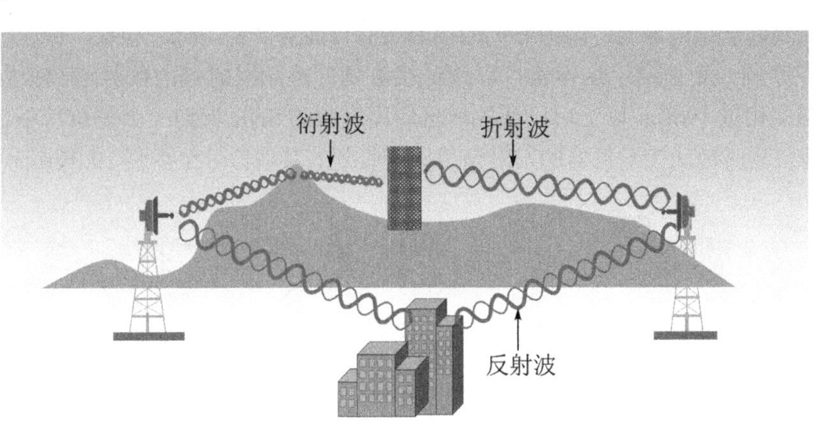

◎ 图 2-33　多径现象

波的自然扩展会使不同环境下的反射、衍射和折射等射频信号传播行为有区别地发生。在射频信号传播过程中，反射、衍射和折射等因素会导致存在时延不同、损耗各异的传输路径，因此会发生多径现象，其中反射是诱发多径现象的主要原因。在从射频信号的反射点到接收点的传输路径上，既有直射波又有反射波。在接收端，如果反射波的电场方向正好与直射波的电场方向相反，相位相差 180°，则反射波会减弱直射波的信号，对传播效果产生破坏作用；如果反射波的电场方向正好与直射波的电场方向相同，相位一样，则反射波会在直射波的基础上对信号进行增强。由此可见，射频信号的多径现象对信号的传输既有不利的一面，也有有利的一面，需要区别对待，根据情况合理避免或利用。

3. 噪声干扰

1）同频干扰

当两个或多个发射器使用同一个信道时会产生同频干扰。如图 2-34 所示，发射器 A 和发射器 B 都在 2.4GHz 频段内的信道 6 上发射射频信号，两个发射器的信号将完全重叠，整个 22MHz 信道带宽都将受到影响。如果两个发射器不同时发送信号，那么因为 WLAN 设备必须争用信道的空口时间，所以不会出现问题；如果在给定时间内没有发射器发射信号，那么其他发射器就可以使用该信道；如果两个发射器都忙着发送信号，那么信道将会非常拥塞，这两个发射器的信号也将互相干扰并导致数据损坏，致使无线设备必须重发丢失的数据，从而占用更多的空口时间，以此往复，不断循环。

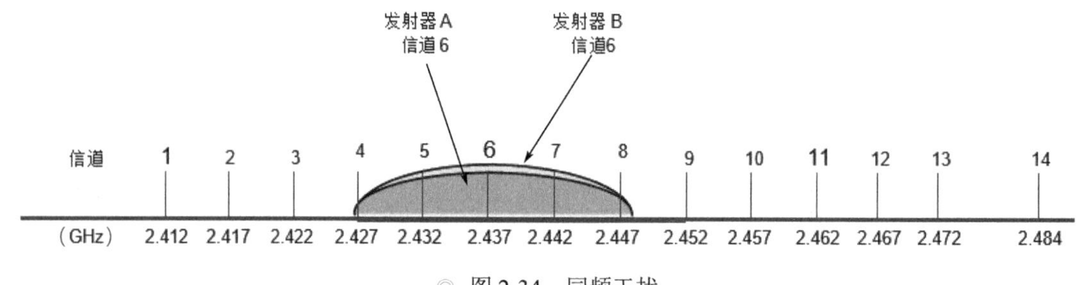

◎ 图 2-34　同频干扰

同频干扰是现实世界中不可避免的问题。2.4GHz 频段只能提供 3 个非重叠信道，如果某个建筑物或某个区域内有多个发射器，那么必然会存在多个发射器在同一个信道上发送信号的问题，该问题最好的解决办法就是在每个发射器选择信道时进行周密的规划，如永远都不要将两个邻近的发射器分配到同一个信道上，因为它们的信号极有可能会产生干扰。相反，应该仅允许相距较远的发射器共享同一个信道，这样就可以保证接收到的远端发射器的信号已经很弱。如图 2-35 所示，信号强度相差 19dBm 以上可以让发射器周围区域的 SNR 保持一个健康状态，因此在为特定发射器安排信道时应让该发射器的发射信号比接收到的其他信号至少强 19dBm。

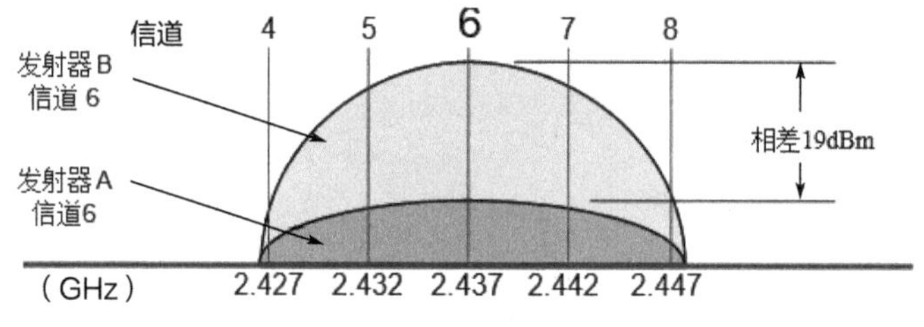

◎ 图 2-35　同频干扰的解决

2）邻频干扰

邻频干扰是指两个发射器被分配在两个不同的信道上，但这两个信道相距很近，以致发射信号出现重叠的现象。如图 2-36 所示，发射器 A 使用信道 6，发射器 B 使用信道 7，虽然这两个发射器的信号没有完全重叠，但它们之间的干扰足以破坏对方的信号。

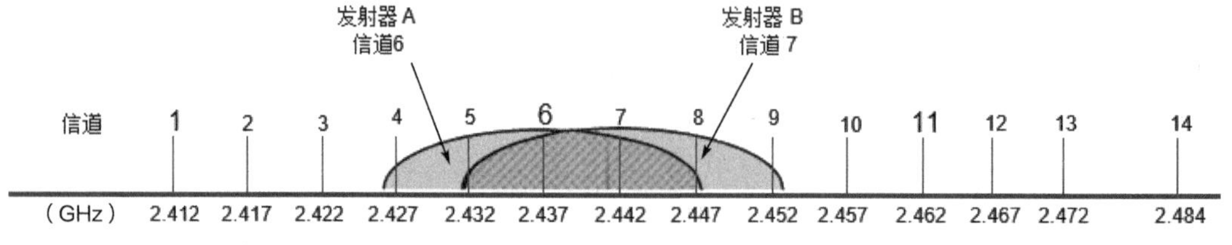

◎ 图 2-36　邻频干扰

为了解决这个问题，应将所有发射器都配置为使用 2.4GHz 频段中的 3 个非重叠信道，即信道 1、信道 6 和信道 11。对于 5GHz 频段来说，信道之间无明显重叠，因而不存在邻频干扰问题。

3）非 802.11 设备射频信号干扰

2.4GHz ISM 频段是免费频段，802.11 WLAN 设备与非 802.11 设备可能会共享相同的频率空间。在理想情况下，将这些设备配置到不同的非重叠信道即可，但在实际应用中，许多非 802.11 设备不会仅使用一个信道。如图 2-37 所示，发射器 A、发射器 B、发射器 C 分别使用信道 1、信道 6、信道 11，这是一个非常完美的应用场景，但是如果有人在使用微波炉加热午餐，那么辐射出 2.4GHz ISM 频段的射频信号将干扰绝大多数 802.11b/g 信道，直接导致 WLAN 信道几乎不能使用。

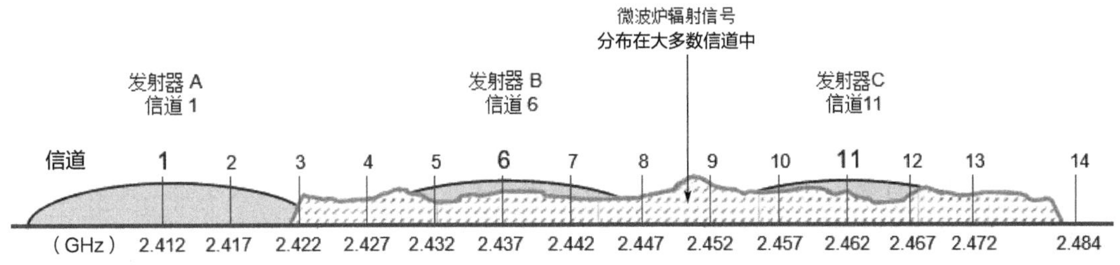

◎ 图 2-37　非 802.11 设备射频信号干扰

减少来自非 802.11 设备的干扰最有效的措施是消除干扰源。例如，使用具有全屏蔽射频能量功能的微波炉代替会辐射微波的老旧微波炉。

菲涅耳区计算工具

4. 菲涅耳区

在远距离传输时，弯曲的地球表面将成为射频信号传输的障碍物，当收、发天线之间的距离超过 2km 时将无法看到远端，如图 2-38 所示。

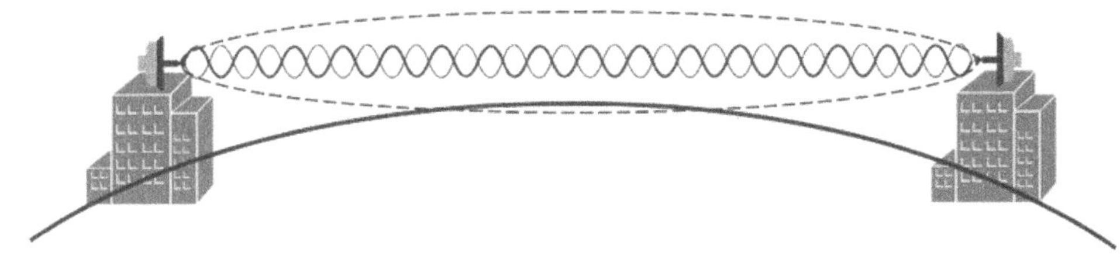

◎ 图 2-38　弯曲的地球表面成为射频信号传输的障碍物

尽管如此，射频信号通常沿着环绕地球的大气层方向以相同的曲度传播。在传播过程中，即使障碍物没有直接阻断信号，但狭窄的视线信号也可能受衍射的影响。因此，在环绕视线的椭球内也不能有障碍物，这个区域称为菲涅耳区，如图 2-39 所示。

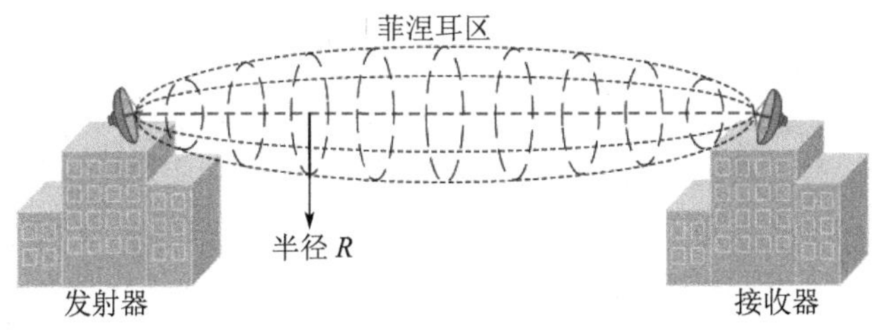

◎ 图 2-39　菲涅耳区

在传输路径的任何位置上都可以计算出菲涅耳区的半径 R。在实践中，物体到菲涅耳区的下边缘必须有一定的距离（R 的 50% ～ 60%）。

如图 2-40 所示，在信号的传输路径上有一座大楼，该大楼虽然没有阻断信号，但由于它位于菲涅耳区内，因此信号将受到负面影响。通常，应该增加视线系统的高度，使菲涅耳区的下边缘比所有障碍物都高。

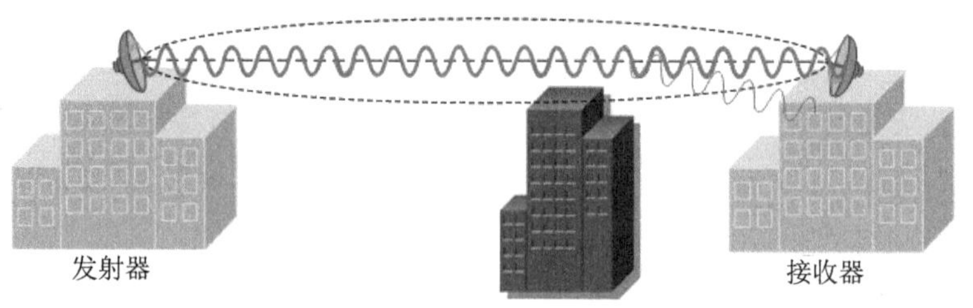

◎ 图 2-40　菲涅耳区内存在障碍物导致信号减弱

课堂讨论

利用菲涅耳区计算工具计算菲涅耳区的半径 R，并解释为什么当收、发天线之间的距离超过 2km 时将无法看到远端。

2.2.2　无线局域网传输技术

学习提示

两个无线终端之间只有占据一定的频段后才能进行数据传输。由于无线信道本身存在一定干扰，WLAN 频段的射频信号的发射功率又被严格限制，因此 WLAN 中经过无线信道传播的射频信号的 SNR 不可能很高，为了在射频信号 SNR 较低的情况下取得较高的数据传输速率，需要增加无线信道的带宽。

1. 物理层传输技术概述

802.11 WLAN 早期使用的传输技术有 FHSS 技术、DSSS 技术和红外传输技术，现在红外传输技术和 FHSS 技术已经用得非常少了。新一代的 802.11 WLAN 采用 OFDM 技术和 MIMO 技术，提高了频谱利用率和抗干扰能力。

2. FHSS 技术

为了使干扰信号每次仅影响少量信道，需要在整个频段范围内的频率上以连续“跳变”的方式发射信号，这就是 FHSS 技术，其工作原理如图 2-41 所示。为了保证接收器与发射器的同步，要求以固定间隔在信道之间进行跳变，同时必须事先确定好跳变的顺序，以保证接收器能够在任意时间跳变到正确的频率上。图 2-41 中的跳频从信道 12 开始，依次跳变到信道 16、信道 5、信道 10 等，并且在重复之前会依次跳变到预定义的所有跳频序列。

虽然 FHSS 技术在避免干扰方面拥有很多优势，但也存在以下局限性。

① 信道带宽窄，只有 1MHz，数据传输速率局限于 1Mbit/s 或 2Mbit/s。

② 如果区域内存在多个发射器，那么在相同信道上将会产生冲突和干扰。

因此，FHSS 技术逐渐走向没落，被其他更健壮、扩展性更好的扩频技术（如 DSSS 技术）取代。虽然目前已经基本不再使用 FHSS 技术，但是仍有必要知道该技术，并了解该技术在 WLAN 技术演进过程中的地位。

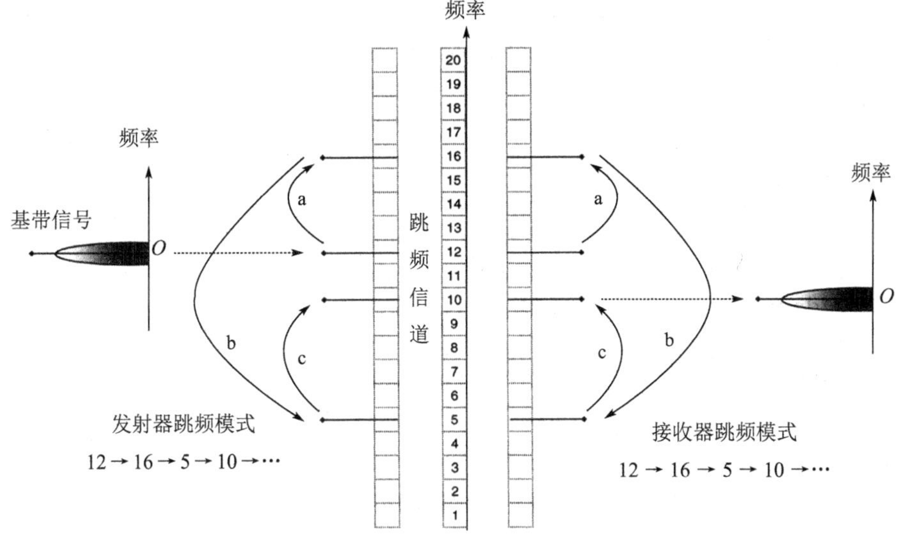

◎ 图 2-41　FHSS 技术的工作原理

3. DSSS 技术

1）扩频技术

扩频技术兼顾带宽和可靠性，目标是使用比系统所需要的带宽更宽的频段来减少噪声和干扰。扩频技术扩展了数据传输所用的带宽，总功率保持不变，降低了峰值功率，其工作原理如图2-42所示。

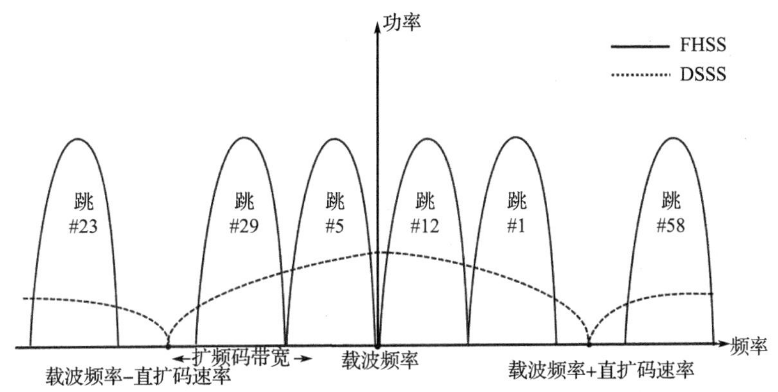

◎ 图 2-42　扩频技术的工作原理

2）DSSS 技术的概念

DSSS 技术通过精确的控制将射频能量分散至某个宽频段，其工作原理如图 2-43 所示。当无线电载波的变动被分散至较宽的频段时，接收器可以通过相关处理找出变动所在。

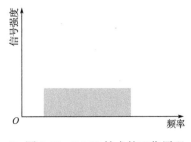

◎ 图 2-43　DSSS 技术的工作原理

DSSS技术采用了少量固定且宽频的信道，因而可以支持复杂调制方案并具有一定的扩展性。DSSS技术使用的信道带宽为22MHz，信道数量最多有14个，但只有3个信道之间不存在重叠现象，非重叠信道的常规使用情况如图 2-44 所示。

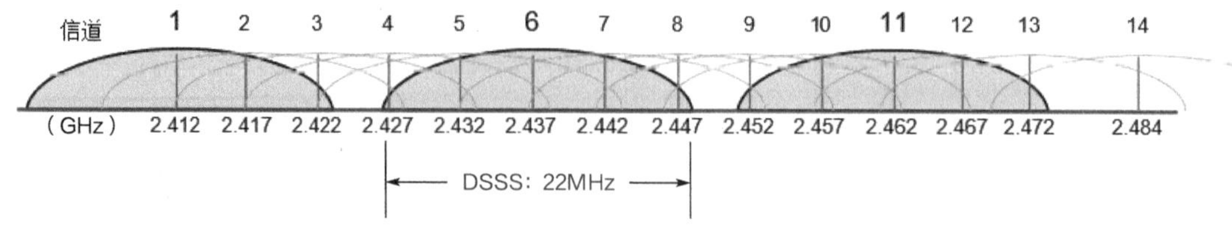

◎ 图 2-44　非重叠信道的常规使用情况

DSSS 技术将单个数据流的码片传输到一个宽度为 22MHz 的信道上，码片速率始终为 11M 码片 /s，经补码键控（CCK）编码后，每个符号包含 8 个码片，此时符号速率就为 1.375M 符号 /s。如果每个符号均基于 8 个原始数据比特，那么有效数据传输速率为 11Mbit/s。

4. OFDM 技术

OFDM 技术采用并行方式通过多个频率（这些频率都位于单个 20MHz 信道内）发送数据。

1）OFDM 技术的概念

OFDM 技术的工作原理如图 2-45 所示。OFDM 技术是一种多载波调制技术，而不是扩频技术，其主要思路是将信道分成若干正交子信道（频谱相互重叠，提高了信道利用率），将高速数字信号转换成并行的低速子数据流，调制到每个子信道上进行传输（提高了数据的吞吐量和传输速率）。OFDM 技术使用的子载波相互重叠但互不干扰，这是因为副载波的定义使其可以轻易区分彼此。能够区分副载波，关键在于它使用了一种复杂的数学关系，该数学关系被称为正交关系。在数学上，正交关系用来描述相互独立的项目。

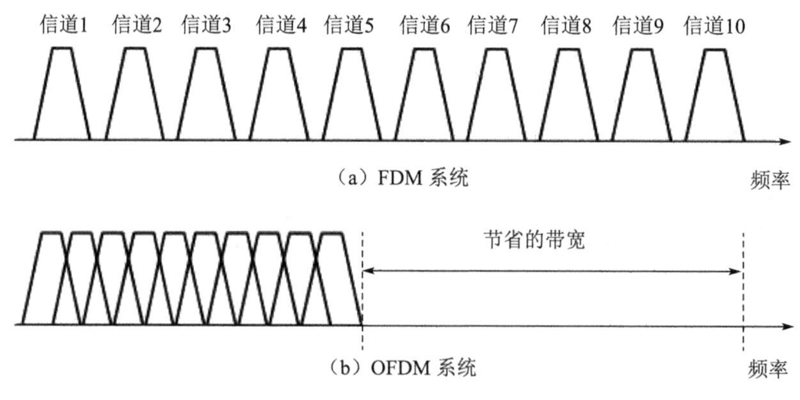

◎ 图 2-45　OFDM 技术的工作原理

OFDM 系统之所以能够运作，是因为所选用的副载波频率的波形丝毫不受其他副载波的影响。如图 2-46 所示，信号分为 3 个副载波（注意每个副载波的波峰，此时其他两个副载波的振幅均为 0），每个副载波的波峰均用于数据编码（如图 2-46 中上方标示的圆点）。这些副载波之间经过刻意设计，彼此之间保持正交关系。

2）OFDM 技术的操作

OFDM 技术的操作示例如图 2-47 所示。其中 5GHz 频段的每个信道带宽是 20MHz，OFDM 技术将每个信道划分为 52 个子信道，其中 4 个用作相位参考，所以真正能使用的有 48 个子信道。

我们可以看到，这些子载波的间距似乎很近，可能会出现重叠现象，事实也确实如此，但这些子载波之间却不会产生干扰，因为这些重叠部分都是对齐的，可以消除绝大多数潜在干扰。

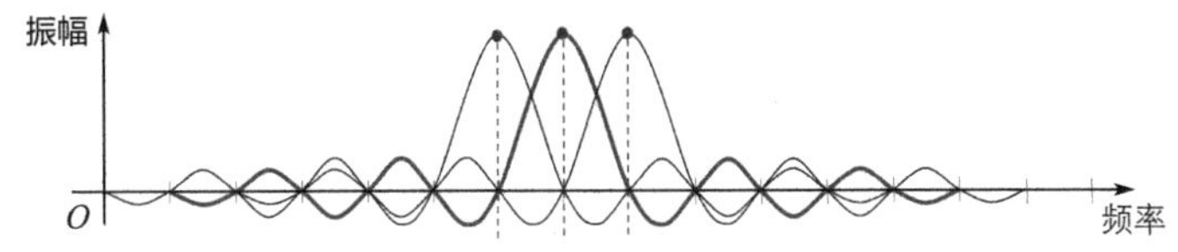

◎ 图 2-46　OFDM 技术的正交关系

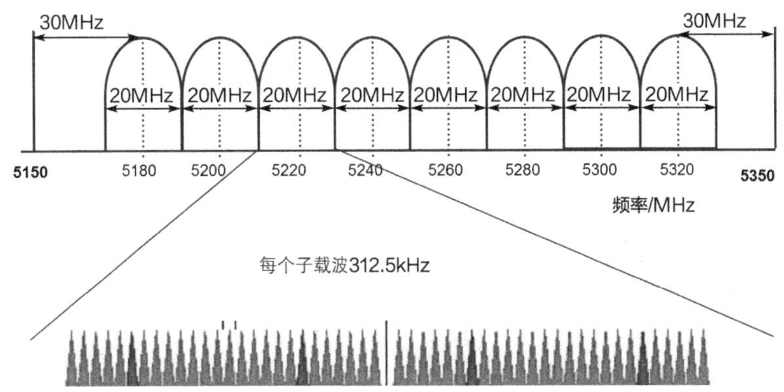

◎ 图 2-47　OFDM 技术的操作示例

典型例题

OFDM 技术支持的最高数据传输速率是 54Mbit/s，而 DSSS 技术支持的最高数据传输速率则要低得多。与 DSSS 技术相比，OFDM 技术采用了下列（　　）技术来实现更高的数据传输速率。

A. 更宽的频段　　B. 更宽的 20MHz 信道宽带　　C. 每个信道 48 个子载波

D. 更高的码片速率　　E. 每个频段中拥有更多的信道

解析：OFDM 技术在单个 20MHz 信道中使用 48 个子载波，从而能够并行传输数据比特。DSSS 技术只能在单个 22MHz 信道中使用 1 个主载波。

答案：C

5. MIMO 技术

1）MIMO 技术的概念

MIMO 技术动画

MIMO 技术是一种独特的技术，它使用多根发射天线和多根接收天线，如图 2-48 所示。该技术利用多根天线来抑制信道衰落，将多径传播变为有利因素，有效地使用随机衰落和多径时延扩展。在不增加频谱资源和天线发射功率的情况下，不仅可以利用 MIMO 信道提供的空间复用增益提高信道的容量，还可以利用 MIMO 信道提供的空间分集增益提高信道的可靠性。

2）MIMO 技术的工作原理

MIMO 系统有多个发射器和接收器、多根发射天线和接收天线，因此可以同时发送多个无线信号（一个信号称为一个空间流），每根发射天线都可以发射不同的射频信号。由于各天线的空间位置不同，因此每个射频信号都会通过略微不同的路径到达接收端，这叫作空间分集。接收端也有多根天线，每根天线有自己的接收器，每个接收器都对接收到的射频信号进行独立的解码。将各个接收器接收到的信号组合起来，并进行复杂的运算，其结果会比通过单根天线或者波束成形得到的信号好得多。MIMO 的工作原理如图 2-49 所示。

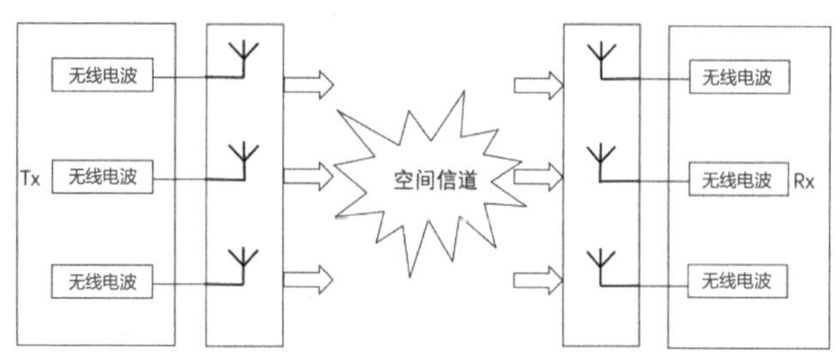

◎ 图 2-48 MIMO 示意图

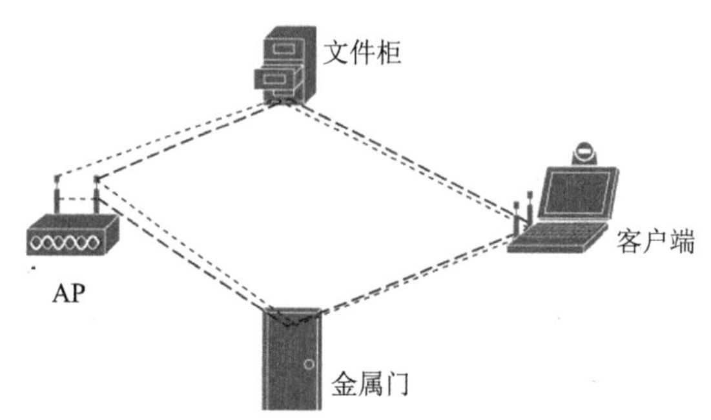

◎ 图 2-49 MIMO 技术的工作原理

3）MIMO 技术的优势

MIMO 系统由系统中发射器和接收器的数目来命名。例如，2×1 MIMO 系统表示系统中有 2 个发射器和 1 个接收器。每增加一个发射器或接收器都会提高系统 SNR，然而新增发射器或接收器导致的 SNR 增益值会快速递减。从 2×1 到 2×2 再到 3×2，SNR 增幅是非常明显的，但是从 3×3 之后，SNR 增幅则相对较小。多个发射器的应用体现了 MIMO 技术的第二个优势，即采用不同的空间信息流分别承载各自的信息，可以大大提高数据传输速率。

典型例题

下列有关 2×3 MIMO 系统的正确描述是（　　）。

A. 拥有 2 个无线电波段和 3 根天线的系统

B. 拥有 2 个发射器和 3 个接收器的系统

C. 拥有 2 个绑定信道和 3 个空间流的系统

D. 拥有 2 个接收器和 3 个发射器的系统

解析：该系统有 2 个发射器和 3 个接收器，采用 2×3 设计之后，系统支持的空间流数量将增加。

答案：B

6. 动态速率切换技术

在 WLAN 的实际部署过程中，可以使用不同技术来达到更高的数据传输速率。然而，一旦无线客户端远离 AP，无线客户端获得的数据传输速率就很低，不管使用哪种技术都是如此。现在的无线产品都具有一种被称为动态速率切换（Dynamic Rate Switch，DRS）的功能，以支持多个客户端以多种速率运行，如图 2-50 所示。例如，在 802.11b WLAN 中，当无线客户端远离 AP 时，数据传输速率从 11Mbit/s 切换到 5.5Mbit/s，甚至切换到 2Mbit/s 和 1Mbit/s。如果移动无线客户端再次靠近该 AP，那么数据传输速率又会恢复至 11Mbit/s，且这种速率切换无须断开连接。动态

速率切换过程同样适用于 802.11a/g/n 网络。

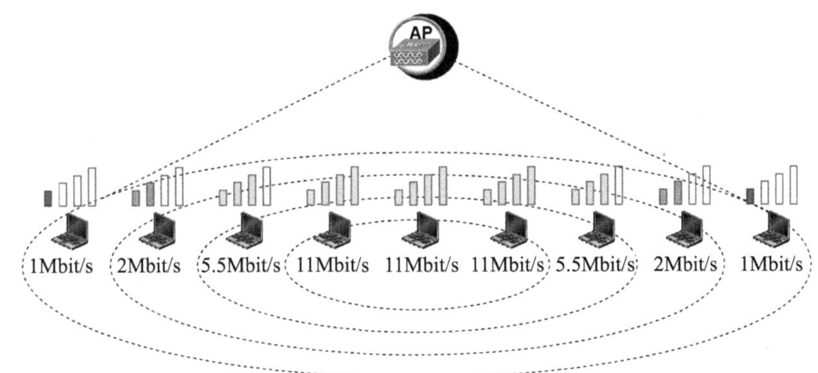

◎ 图 2-50　动态速率切换技术

2.2.3　射频信号的度量

功率 dBm+mW 转换表

学习提示

如果要在自由空间中发送和传播射频信号，并在接收端接收并正确理解这些信号，就必须以足够的强度或能量进行发送，以保证射频信号能够完成整个传播过程。这里所说的强度是以振幅来度量的，也就是信号波形的波峰与波谷之间的高度差，如图 2-51 所示。

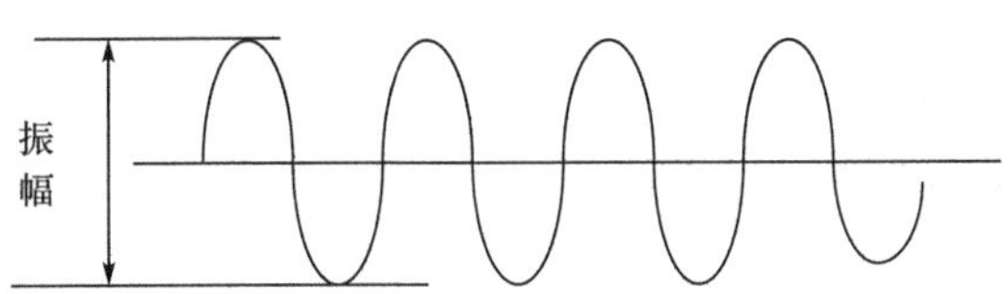

◎ 图 2-51　射频信号强度的度量

射频信号强度通常以功率来度量。在实际工程中经常会碰到 dB、dBm、dBi、dBd 等单位，如果不详细了解这些常用的单位，就会造成很大的麻烦，因此本节重点介绍无线网络中的功率单位及其关系。

1. 射频信号强度的度量

1）绝对功率度量

以瓦（W）或毫瓦（mW）来度量功率，称为绝对功率度量。换句话说，绝对功率表示的是射频信号中实际存在的能量值。由于发射功率通常是事先已知的，因此在发射器输出端进行测量是非常直观的。典型的 AM 无线电台广播功率为 50 000W，FM 无线电台广播功率为 16 000W。相比之下，WLAN 发射器的信号强度要小得多，通常为 0.001 ～ 0.1W。

2）相对功率度量

有时需要比较两个不同发射器的功率大小。如图 2-52 所示，假设设备 T1 的发射功率为 1mW，设备 T2 的发射功率为 10mW，通过简单的相减即可知道 T2 的发射功率比 T1 大 9mW，而且很容易可以看出，T2 的发射功率是 T1 的 10 倍。

从这个示例中可以看出，使用减法与除法得到的是不同的比较结果，那么究竟采用哪种比较方法更合适呢？绝对功率值可能会存在数量级的差异，如图 2-53 所示，T4 的发射功率是

0.000 01mW，T5 的发射功率是 10mW，两者相减得到的发射功率差为 9.999 99mW，T5 的发射功率是 T4 的 1 000 000 倍。

◎ 图 2-52　相对功率度量　　◎ 图 2-53　绝对功率度量

（1）dB 值。由于绝对功率的取值区间非常广，从极小的十进制小数到几百、几千，甚至更大，因此需要采取某种方法将这类指数范围转化为线性范围，对数函数正好可以实现该功能，即将绝对功率值的数量级部分（如 0.01、0.1、10、100、1000）取对数，使这些绝对功率值能够落入合理的取值区间。有两种表达方法：一种是减法，即 dB 值 $=10(\log_{10}P_2-\log_{10}P_1)$；另一种是除法，即 dB 值 $=10(\log_{10}P_2/P_1)$。两种方法得到的 dB 值完全相同。在工程领域中最常用的计算公式是除法形式的。

（2）dBm 值。在 dB 值计算公式中，被对比的功率电平是分子，基准功率电平是分母。对于 WLAN 来说，通常将基准功率取为 1mW，此时的功率计算单位为 dBm。除对比两个发射源以外，还必须关注射频信号从发射器到接收器的传播特性。一种更好的方式就是将信号传输路径上的每种绝对功率与同一个公共基准值进行对比，这样一来，只要关注信号传输路径上不同分段的绝对功率值变化即可。

如图 2-54 所示，基准功率为 100mW，将发射器和接收器的绝对功率值都转换为 dBm 值，相应的计算结果分别为 20dBm 和 −45dBm，则信号传输路径上的绝对损耗为 −65dB。需要注意的是，信号传输路径上的 dBm 值是可以相加的：发射器 dBm 值加上绝对损耗 dB 值即可得到接收信号的 dBm 值。

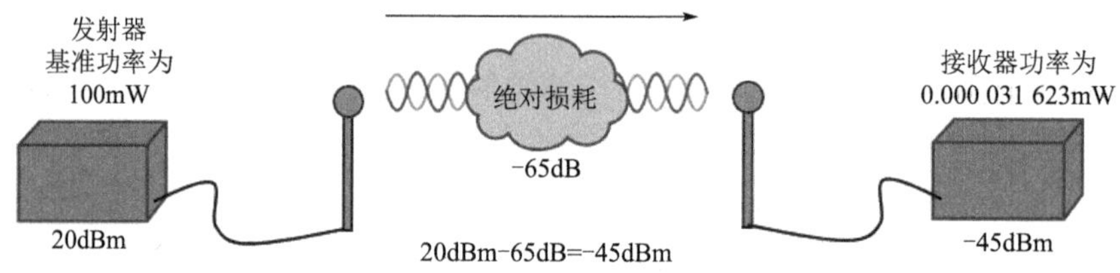

◎ 图 2-54　基准功率与绝对功率之间的关系

交流思考

假设在图 2-54 中，发射器与接收器之间的绝对损耗为 25.1dB，请根据“功率 dBm+mW 转换表”素材，计算接收器的功率。

2. 信号传输路径上功率变化的度量

到目前为止，本项目始终将发射器与天线视为一个组件。由于许多 AP 都内置了天线，因此该假设也基本符合实际情况。事实上，发射器、天线和连接发射器与天线的电缆都是独立组件，如图 2-55 所示，这些组件不仅可以传播射频信号，还会对射频信号的绝对功率产生影响。

1）增益的概念

增益是指天线接收射频信号并沿着特定方向将其发射出去的能力，如图 2-56 所示。天线连

接到发射器上后，就可以为发射器产生的射频信号提供一定的增益，与发射器独自产生的信号相比，可以有效增加信号的 dB 值。

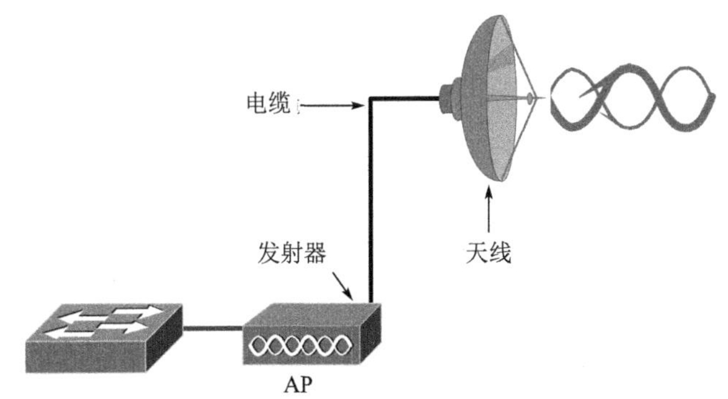

◎ 图 2-55　无线网络发射系统组件

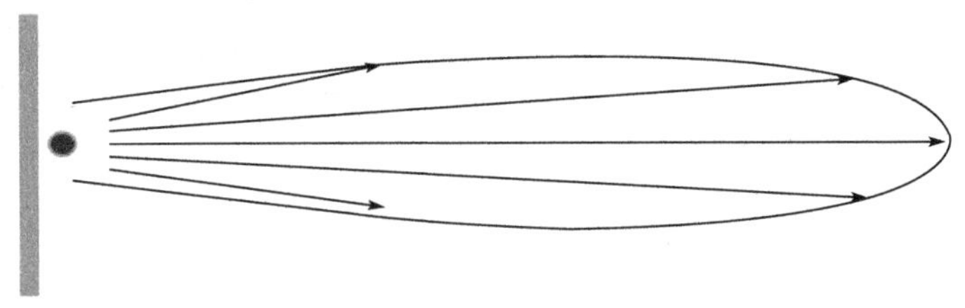

◎ 图 2-56　天线的增益示意图

2）增益的度量

天线本身无法单独产生任何绝对功率，换句话说，天线如果不连接在发射器上，就不会输出任何信号功率，因此无法以 dBm 值来度量天线的增益，只能通过与基准天线的性能进行比对计算出天线的 dB 值。

通常来说，基准天线是一种各向同性天线，因而其增益以 dBi 值来表示。如果各向同性天线与其自身相比，其增益就是 $10\log_{10}1$=0dBi。如果球体是由橡胶做成的，就可以在不同的位置按压该球体来改变其形状。球体发生形变后，会在另一个方向进行扩展。

实际上，各向同性天线并不存在，因为各向同性天线是一个无限小的点，在所有方向上的射频辐射功率均相同，没有任何物理天线能够做到这一点。但可以利用各向同性天线的特性，将其作为度量实际天线增益的通用标准。

3）EIRP 的度量

由于连接发射器与天线的电缆具有一定的固有物理特性，因此总会存在一定的信号损耗。各电缆厂商对于自己生产的各种电缆都会提供每米电缆产生的 dB 损耗值。

知道了发射器的功率电平、电缆长度和天线的增益之后，即可计算从天线发射出去的实际功率电平，通常将该功率电平称为有效全向辐射功率（Effective Isotropic Radiated Power，EIRP），以 dBm 为单位。

EIRP 是一个非常重要的参数，大多数国家的政府机构都要求监管该参数。EIRP 反映了设备辐射信号的强度，接收设备接收到的信号强度与该参数有密切关系。一般的无线电认证法规规定的都是 EIRP 的限值，而不是发射功率的限值。

在这样的情况下，系统将无法发射功率大于最大可允许 EIRP 的信号。EIRP 的计算方法很简单，只要将发射器的功率电平加上天线的增益，再减去电缆的损耗即可，如图 2-57 所示。

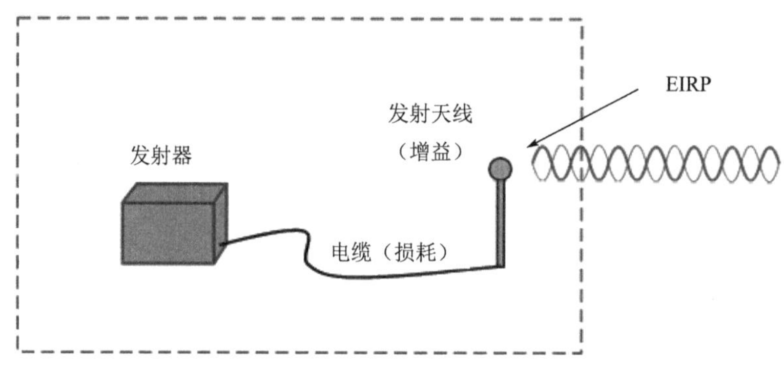

◎ 图 2-57　EIRP 的度量

假设发射器配置的功率电平为 10dBm（10mW），天线的增益为 8dBi，连接发射器与天线的电缆的损耗为 5dB，那么该系统的 EIRP=10dBm+8dBi-5dB=13dBm。由此推出其计算公式为 EIRP=*P*（发射器的功率电平）+*G*（天线的增益）-*A*（电缆的损耗）。

4）dBi 值与 dBd 值之间的关系

可以看出，EIRP 是由 dBm 值、dBi 值（相对于各向同性天线的 dB 值）和 dB 值组合而成的，虽然这些功率单位看起来各不相同，但其实这些单位都属于 dB 领域，完全可以直接运算。唯一例外的是，如果天线的增益度量单位是 dBd，就表示基准天线是偶极天线，而不再是各向同性天线。偶极天线是一种简单的、实际存在的天线，其增益为 2.17dBi。因此，如果天线的增益以 dBd 值来表示，则只要将该 dBd 值加上 2.17dBi 即可得到该天线增益的 dBi 值，即 dBi 值 =dBd 值 +2.17dBi。显然，0dBd = 2.17dBi，所以 12dBi 等效于 (12-2.17)dBd，如图 2-58 所示。

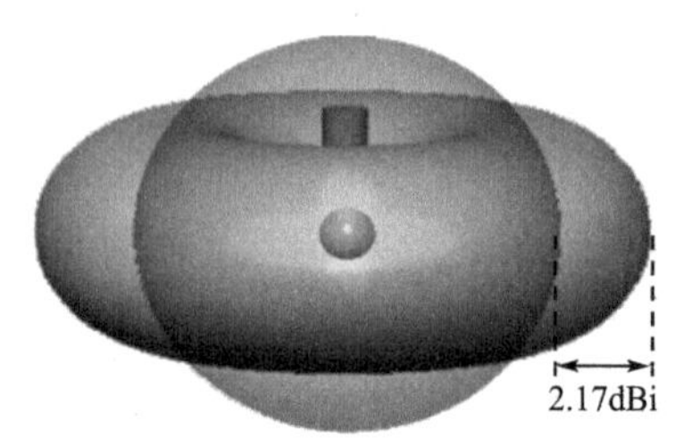

◎ 图 2-58　dBi 值与 dBd 值之间的关系

5）链路预算

有关功率的认识不应该止步于 EIRP，还应该了解整个信号传输路径上的功率情况，以确保所发射的信号能够以足够大的功率有效到达接收器并被接收器正确理解，这就是链路预算（Link Budget）。

可以将信号传输路径上所有分段的增益 dB 值与损耗 dB 值都加在一起，并以此确定接收器的功率电平，如图 2-59 所示。由图 2-59 可知，发射器发射出来的信号功率电平为 20dBm，发射天线的 EIRP 为 22dBm（20dBm-2dB+4dBi），则信号到达接收器时的功率电平为 -45dBm。

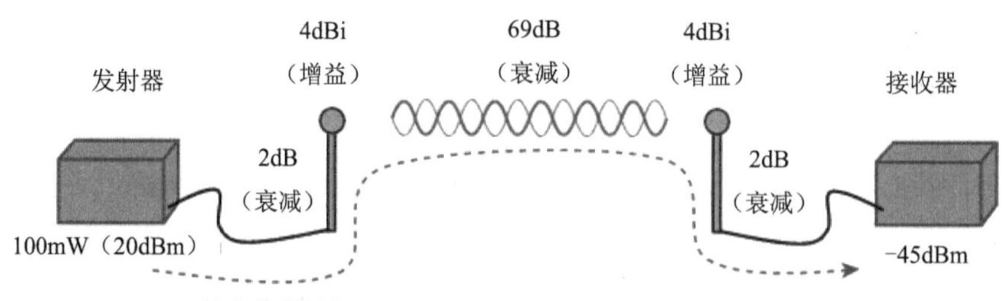

◎ 图 2-59　信号传输路径上功率的度量

6）功率限制规定

在实际应用中，度量设备制造商生产的各类天线都带有连接器，因此用户无法依赖 FCC 限制条件和连接器来限制无线设备的 EIRP，必须自己加以控制。

2.4GHz 频段既可以用于室内，也可以用于室外，要求发射器的功率电平控制在 30dB 以内，EIRP 控制在 36dB 以内（假设天线的增益为 6dBi）。但是在点对点链路上可以利用 1 ∶ 1 规则进行调整，在点对多点链路上可以利用 3 ∶ 1 规则进行调整，存在一定的灵活性。

5GHz 频段内的发射器必须遵守表 2-1 中列出的 FCC 限制条件，对于每个 U-NII 频段来说，可以利用 1 ∶ 1 规则进行调整。

表 2-1　FCC 关于发射器和 EIRP 的限制条件

频　段	适 用 范 围	发射器的功率电平最大值	EIRP 最大值 /dBm
U-NII-1	仅室内	17dBm（50mW）	23
U-NII-2	室内、室外均可	24dBm（250mW）	30
U-NII-2e	室内、室外均可	24dBm（250mW）	30
U-NII-3	室内、室外均可	30dBm（1W）	36

ESTI 允许调整发射器的功率电平和天线的增益，只要不超过 EIRP 最大值即可，如表 2-2 所示。

表 2-2　ESTI 关于 EIRP 的限制条件

频　段	适 用 范 围	EIRP 最大值 /dBm
2.4GHz ISM	室内、室外均可	20
U-NII-1	仅室内	23
U-NII-2	仅室内	23
U-NII-2e	室内、室外均可	30
U-NII-3	授权的	N/A

注：N/A 表示目前尚未对 U-NII-3 的 EIRP 最大值进行规定。

3. 接收端功率的度量

在使用 WLAN 设备时，离开发射天线的信号 EIRP 通常为 1 ～ 100mW，也就是 0 ～ 20dB，但是当信号到达接收器之后，其功率电平会大大减小，无限接近 0 ～ 1mW，也就是接收信号的强度为 -100 ～ 0dB（甚至更低）。在信号传输路径上的接收端，希望接收器在预定频率上接收到相应的信号，而且该信号应该拥有足够大的功率以包含有用数据。

1）接收灵敏度

接收灵敏度是指接收器可以成功接收所需要的射频信号功率的等级。接收器的接收灵敏度越高，可以成功接收的功率电平越小。在 WLAN 设备中，接收灵敏度通常被定义为一个与网络速度相关的函数。Wi-Fi 供应商通常指定其产品的接收灵敏度阈值为不同的数据传输速率，如表 2-3 所示。通常，数据传输速率越高，对接收信号强度的要求越高。不同的数据传输速率使用不同的调制技术和编码方式，越高的数据传输速率使用的调制技术和编码方式越容易使数据传输遭到破坏。

表 2-3　不同数据传输速率对应的接收灵敏度

数据传输速率 /（Mbit/s）	接收灵敏度 /dBm
54	-50
48	-55

续表

数据传输速率 /（Mbit/s）	接收灵敏度 /dBm
36	-61
24	-74
18	-70
12	-75
9	-80
6	-86

2）接收信号强度指示

802.11-2007 修订案将接收信号强度指示（Received Signal Strength Indicator，RSSI）定义为 802.11 射频模块测量信号强度的相关指标。RSSI 的取值范围为 0 ～ 255。WLAN 硬件制造商用 RSSI 值作为 802.11 射频模块接收信号强度的相对测量值。RSSI 值通常被映射为接收灵敏度阈值（单位是 dBm）。例如，一个供应商产品的 RSSI 值等于 30 表示其接收信号强度为 -30dBm，RSSI 值等于 0 表示其接收信号强度为 -110dBm，如表 2-4 所示。另一个供应商产品的 RSSI 值等于 255 表示其接收信号强度为 -30dBm，RSSI 值等于 0 表示其接收信号强度为 -100dBm。

表 2-4　RSSI 值对应的接收灵敏度阈值

RSSI 值	接收灵敏度阈值 /dBm	信 号 强 度	SNR/dB	信 号 质 量
30	-30	100%	70	100%
25	-41	90%	60	100%
20	-52	80%	43	90%
21	-52	80%	40	80%
15	-63	60%	33	50%
10	-75	40%	25	35%
5	-89	10%	10	5%
0	-110	0	0	0

3）接收灵敏度与 RSSI 值之间的关系

假设发射器发射的信号以足够大的功率到达接收器，那么 RSSI 值究竟多大才够呢？每个接收器都有一个接收灵敏度阈值或级别，用来区分可识别 / 可用信号与不可识别信号。只要接收信号的功率电平大于该接收灵敏度阈值，就有机会从接收信号中正确识别出其所携带的数据。接收端信号强度随时间变化的情况如图 2-60 所示，其中接收器的接收灵敏度阈值为 -82dBm，强度低于此阈值的信号无法被识别。

4）接收信号强度与底噪之间的关系

RSSI 值仅关注期望信号，而不关注接收到的其他信号，在相同频率上接收到的其他非期望信号都被称为噪声，通常将噪声级别或噪声的信号强度称为底噪。

只要底噪远小于所要侦听的信号强度，就能很容易地忽略这些噪声。例如，两个人可以在图书馆很轻松地进行轻声交谈，这是因为图书馆内基本没有噪声，但是想要在嘈杂的体育馆内轻声交谈，无疑是不可能的。

接收射频信号与此类似，只要接收信号强度比底噪大得多，就能正确接收并理解期望信号。

信号与噪声之比为信噪比（Signal-to-Noise Ratio，SNR），单位为 dB，SNR 越大越好。

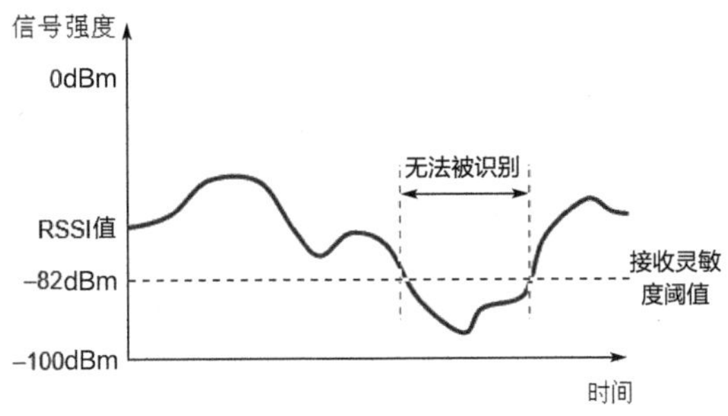

◎ 图 2-60　接收端信号强度随时间变化的情况

接收信号强度与底噪之间的关系如图 2-61 所示。RSSI 值在 -54dBm 左右，图 2-61 中左侧的底噪是 -90dBm，SNR=-54dBm-(-90dBm)=36dB；图 2-61 中右侧的底噪逐渐增大到了 -65dBm，SNR 也随之减小至 11dB，由于信号强度与噪声非常接近，所以此时的信号基本不能使用。

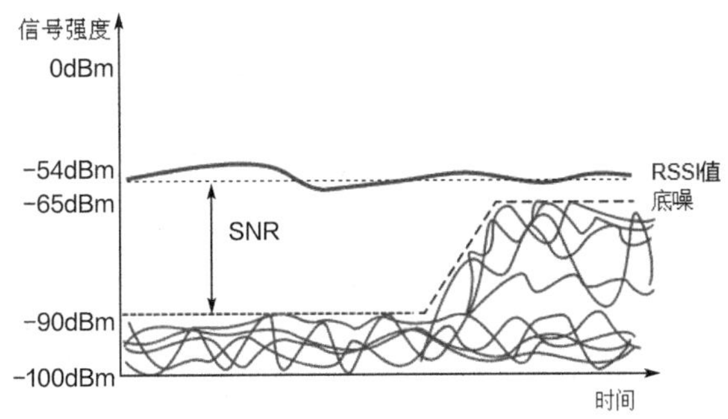

◎ 图 2-61　接收信号强度与底噪之间的关系

典型例题

假设某接收器接收到远程发射器发送来的射频信号，那么下列（　　）选项表示接收到的信号质量最佳，所有示例值均列在括号中。

A. 小 SNR（10dBm），小 RSSI 值（-75dBm）

B. 大 SNR（30dBm），小 RSSI 值（-75dBm）

C. 小 SNR（10dBm），大 RSSI 值（-35dBm）

D. 大 SNR（30dBm），小 RSSI 值（-30dBm）

解析：SNR 越大越好，表明接收到的信号强度远大于底噪，因而 30dBm 的 SNR 比 10dBm 的 SNR 能够更好地隔离信号与噪声。与此类似，RSSI 值越大意味着信号强度越大，RSSI 的取值范围为 0（最大）~ 100（最小）。

答案：D

【任务实施】

（1）安装 WirelessMon 软件。

WirelessMon 软件运行后的默认工作界面中是概要信息，如图 2-62 所示。从图 2-62 中可以看到无线网卡所能搜索到的所有 Wi-Fi 信号及其相关信息。此处显示的 Wi-Fi 信号名称，即 SSID 是 TP-LINK_5G_8EB6，其工作在 5GHz 频段的信道 157，当前的状态是“已连接”，信号强度

是 -50dBm。

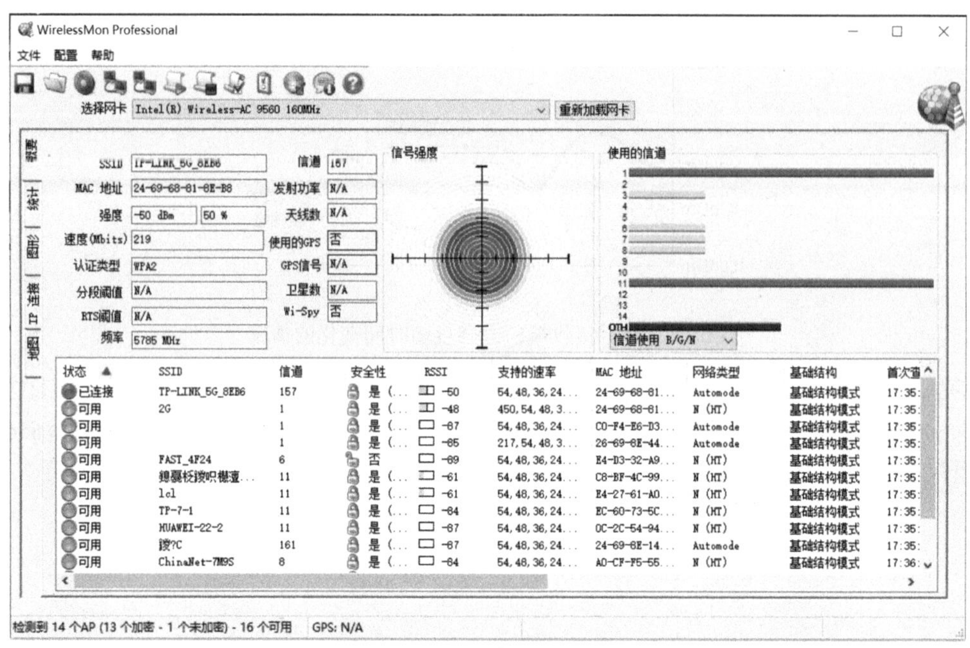

◎ 图 2-62　WirelessMon 软件运行后的默认工作界面（中文界面）

WirelessMon 软件的英文版工作界面如图 2-63 所示，相关信息含义与图 2-62 基本对应。

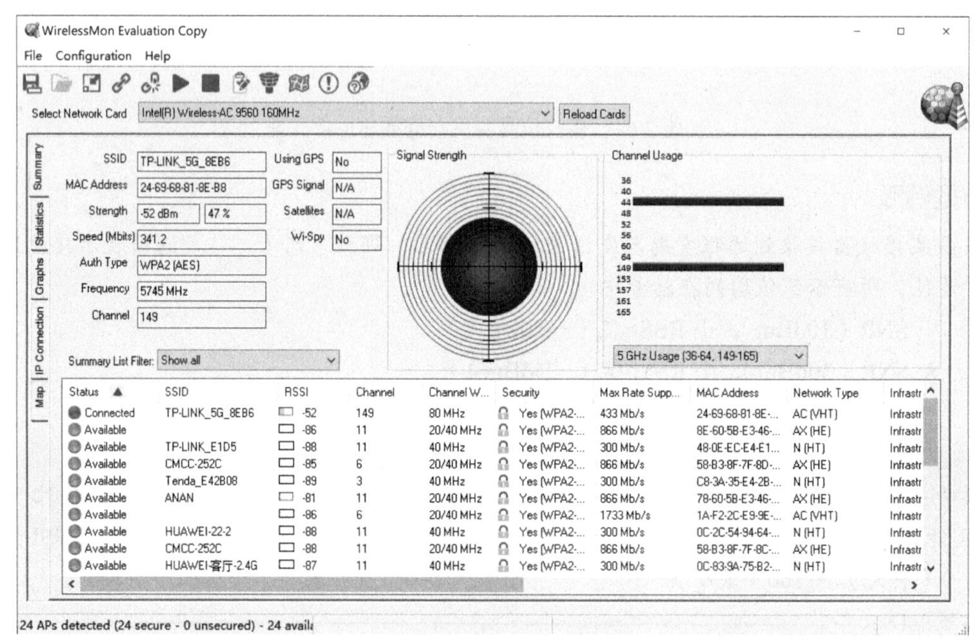

◎ 图 2-63　WirelessMon 软件的英文版工作界面

（2）WirelessMon 软件的基本使用。

单击图 2-62 左侧的“统计”标签，进入如图 2-64 所示的无线网络数据传输统计信息界面。从图 2-64 中可以知道，有一些统计数据是和有线网络中相同的，但也有一些统计数据是没有接触过的，如“RTS 成功次数”，在后续的课程学习过程中会接触到这些概念。

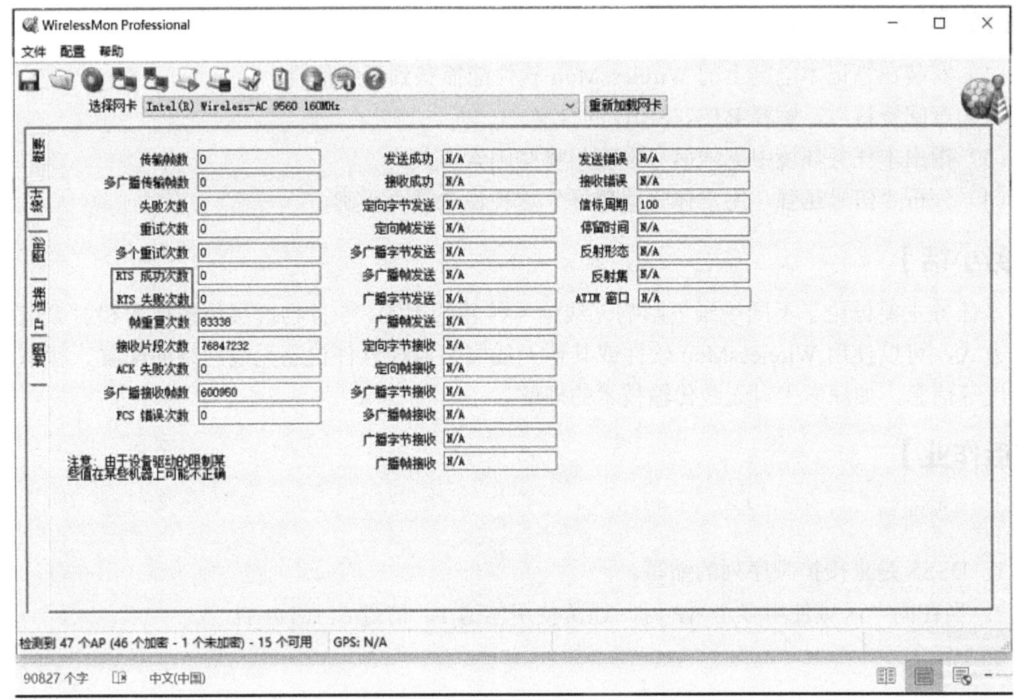

◎ 图 2-64　无线网络数据传输统计信息界面

单击图 2-62 左侧的“图形”标签，进入如图 2-65 所示的无线信号强度监测界面，在“选择图形”下拉列表中选择“信号强度 (%) 与时间”选项。

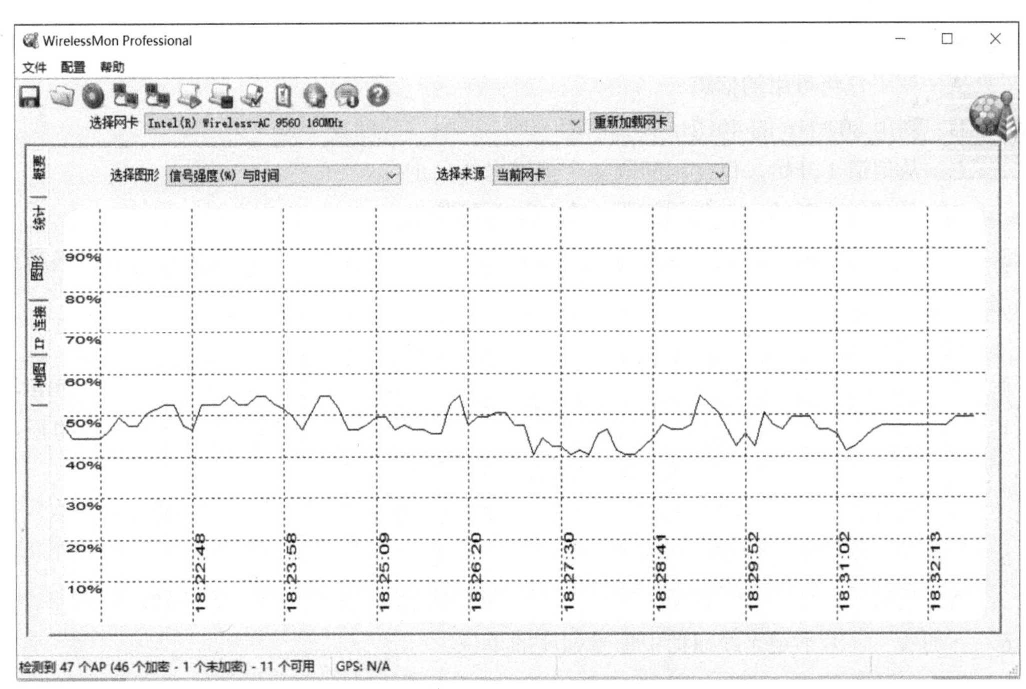

◎ 图 2-65　无线信号强度监测界面

在这一步，先把笔记本电脑放在无线路由器的旁边，然后将其移动到一个较远的房间内并关上房门，最后将其放回无线路由器旁边，观察无线信号强度的变化。

【任务验收】

（1）安装在笔记本电脑上的 WirelessMon 软件能捕获到无线信号。

（2）查阅资料后，解释 RTS、SSID 的含义。

（3）指出本任务环境中无线信号强度与哪些因素有关。

（4）分析“信号越强，用户体验就越好”这种说法是否正确。

【任务小结】

本任务主要讨论了不同场景下影响无线信号传输的因素、5 种物理层传输技术和射频信号的度量方式，可以使用 WirelessMon 软件或其他无线网络监控软件检测无线网络的配置、状态、信号强度等信息，加深学生对无线传输技术的理解。

【课后作业】

一、判断题

1. DSSS 是直接扩频序列的缩写。 （　　）

2. 当在同一区域使用多个 AP 时，通常使用信道 1、信道 6、信道 11。 （　　）

二、选择题

1. 假设办公室中有一个无线路由器甲，工作在 2.4GHz 频段信道 1 上，后来相邻办公室中又安装了一个无线路由器乙，发现在无线路由器甲信道 1 上有信号，因而选择信道 2，下列（　　）可能会对无线网络的运行造成不利影响。

A. 同频干扰　　B. 邻频干扰　　C. 宽频干扰　　D. SNR 过大

2. 下列（　　）是避免 2.4GHz 频段中邻频干扰的最佳策略。

A. 使用任何可用的信道

B. 利用 802.11n 的 40GHz 聚合信道

C. 从信道 1 开始，仅使用间隔 4 个信道号的信道

D. 从信道 1 开始，仅使用间隔 5 个信道号的信道

3. 下列（　　）调制方式可以支持 1Mbit/s、2Mbit/s、5.5Mbit/s 和 11Mbit/s 等几种典型数据传输速率。

A. OFDM　　B. FHSS　　C. DSSS　　D. QAM

4. 考虑发射器和接收器相隔一定距离的应用场景，发射器的绝对功率电平为 20dBm，用一根电缆将发射器连接到天线上，接收器也通过一根电缆与天线相连，假设每根电缆的损耗为 2dB，发射天线与接收天线的增益为 5dBi，那么 EIRP 为（　　）。

A. 20dBm　　B. 23dBm　　C. 26dBm　　D. 34dBm

5. 射频信号穿越建筑物墙壁时会出现（　　）现象。

A. 反射　　B. 折射　　C. 衍射　　D. 吸收

6. 下列（　　）不是无线通信中信号强度的单位。

A. W（瓦）　　B. mW（毫瓦）

C. dBm（分贝毫瓦）　　D. dB（分贝）

7. 下列（　　）不是 WLAN 使用的调制技术。

A. OFDM　　B. MIMO　　C. FM　　D. DSSS

8．下列（　　）是不会产生 2.4GHz 电磁波的设备。

A．蓝牙手机　　B．微波炉　　C．传统固定电话　　D．AP

三、填空题

1．OFDM 的中文全称为 ________，是一种无线网络环境下的高速数据传输技术。

2．中国 5.8GHz WLAN 的工作频率范围是 5.725 ～ 5.850GHz，它可以提供 ________ 个互不干扰的信道，每个信道的带宽为 ________。

3．为了保证相邻 AP 的覆盖不产生干扰，要求它们的信道间隔至少为 25MHz，互不干扰的信道有 ________ 个。

四、简答题

1．物理层传输的关键技术有哪些？

2．影响电磁波信号衰减的主要因素有哪些？

3．射频信号的度量方式有哪几种？它们之间有何关系？

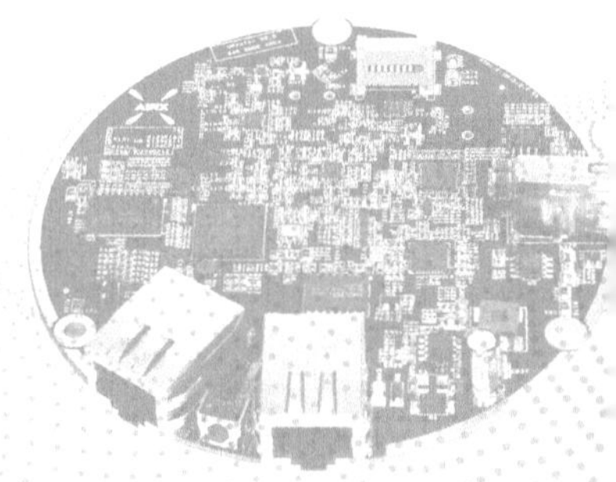

项目 3

无线局域网信道的共享与竞争

知识目标

（1）了解 802.11a/b/g 协议的特点。

（2）掌握 802.11n/ac 协议提高无线传输性能的技术措施。

（3）掌握 WLAN 的基本组成元素。

（4）了解 WLAN 的 MAC 方法和 MAC 帧格式。

（5）掌握接入 WLAN 的工作过程。

能力目标

（1）能够根据 WLAN 应用场景规划合适的 802.11 协议。

（2）能够根据具体情况采取合适的技术措施提高无线传输性能。

素质目标

（1）激发学生的民族自豪感和历史使命感。

（2）激励学生秉承光荣传统，积极投身通信产业，立志科技报国。

（3）引导学生自我感悟，从了解到认同，从认同到信仰，从信仰到践行。

项目引例

中国掌握 5G 标准的话语权

物理空间中传输的电磁波是基于频率调制后的电磁波。电磁波的自身特性决定了它总是采用半双工工作方式，不能让所有无线终端一直传播电磁波。如果物理空间中噪声很强，则很难确定其是冲突还是在 2.4GHz 频段或 5GHz 频段内传输的其他信号。因此，WLAN 中确实需要一种控制调制后的电磁波进行通信的机制，以便在 WLAN 中将数字信息插入。在 WLAN 中使用的是载波侦听多路访问 / 冲突避免（CSMA/CA）方法，而不是有线局域网中使用的 MAC 方法，即 CSMA/CD 方法，虽然只有一个字母的差别，但其工作原理却截然不同。

为了能在 WLAN 中规范使用这些基于频率调制后的电磁波实现无线通信，并充分考虑和兼顾 WLAN 产品的互联互通，IEEE 的 802.11 系列标准、ETSI 的 HiperLAN1/HiperLAN2 标准提供了这一技术支持。其中，802.11 系列标准是 WLAN 的主流标准，先后定义了一系列设备之间通过无线方式进行通信的相关机制，包括射频信号、调制、编码、频段、信道、数据传输速率等要素。人们在购买 WLAN 设备时，常常会在产品的规范列表中发现 802.11a/b/g/n/ac 等修订版本标准名称，

这些标准的持续改进使得 WLAN 的性能越来越强，如图 3-1 所示。

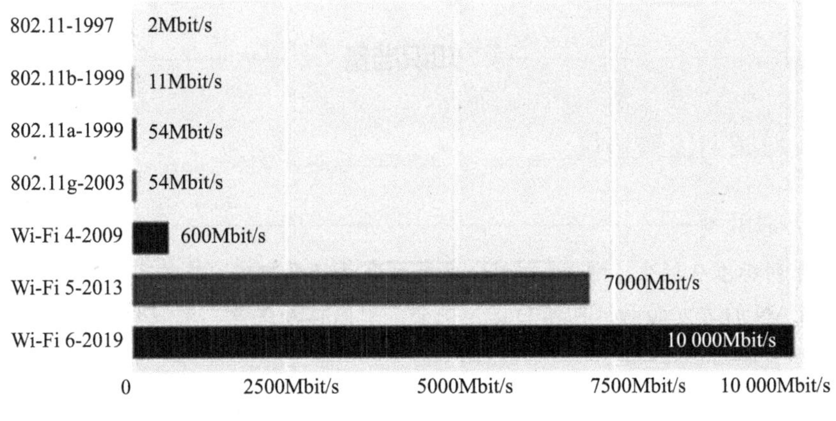

◎ 图 3-1　IEEE 的 802.11 系列标准数据传输速率的演进

802.11-2007 修订案中同时定义了 WLAN 的基本组成元素：BSS、IBSS、ESS 等。由于 WLAN 使用无线传输介质，必须通过一定手段使无线终端感知它的存在，同时无线传输介质是开放的，所有在其覆盖范围之内的用户都能侦听到信号，因此需要加强 WLAN 的安全性与保密性。为此，802.11 协议规定了 STA 与 AP 之间的接入、认证和关联过程。

标准制定权不是简单的利益之争，从根本上说是行业话语权之争。我国移动通信产业已走过“1G 空白、2G 跟随、3G 突破、4G 并跑、5G 引领”的发展历程，取得了举世瞩目的成就，成为制定 5G 标准最多的国家，在世界上拥有绝对的话语权，其中华为当属最大的功臣。华为的成功经验都蕴藏在文化里。任正非曾说，“华为的企业文化是建立在中华优秀传统文化的基础上的。”正如《华为基本法》里所说的，“资源是会枯竭的，唯有文化才会生生不息”。如今的中国人一提及中国的 5G，就会有一种自豪感。以前中国展示给世人的历来都是一个制造大国的形象，为什么在 5G 技术上中国就突然领先了呢？通过分析不难发现，辉煌成就背后离不开中国共产党的坚强领导、社会主义制度优越性的充分发挥和一代又一代无线通信人的艰苦奋斗。无线通信也面临一些问题，如 5G 系统的能耗问题等，这些问题已成为社会关注的焦点，青年学生应该为无线通信“碳达峰、碳中和”目标的实现贡献力量。

任务 3.1　计算 802.11g/n/ac 的数据传输速率

【任务描述】

由 IEEE 制定的 802.11 系列标准是目前使用最广泛的 WLAN 标准，对 WLAN 的发展起到了重要的推动作用。本任务将首次引入众多相关名词术语（可暂时不用深究），查询相关标准数据，计算 802.11g/n/ac 的数据传输速率，厘清每个标准的技术要点和继承关系，总结影响无线数据传输速率的因素。

【任务要求】

条件：802.11g 的理想最大数据传输速率为 54Mbit/s；802.11n 的数据传输速率为 58.5Mbit/s、65Mbit/s、135Mbit/s、150Mbit/s、300Mbit/s、450Mbit/s 和 600Mbit/s；802.11ac 的数据传输速率

为 1.3Gbit/s 和 6.93Gbit/s。分析影响 WLAN 数据传输速率的因素，列表比较 802.11g/n/ac 的数据传输速率计算过程。

知识准备

3.1.1 无线局域网传输协议

学习提示

802.11 系列标准从诞生、增强、扩展，发展到高吞吐量标准、非常高吞吐量标准、高效标准，内容涉及 WLAN 的方方面面，包括 QoS、安全、射频信号度量、无线管理、更有效的移动性和大幅提高吞吐量等内容。

1. 802.11 系列标准

802.11 系列标准定义了设备之间通过无线方式进行通信的相关机制，包括射频信号、调制、编码、频段、信道、数据传输速率等要素。

802.11 系列标准的持续改进使得 WLAN 的性能越来越强，下面将依次介绍 802.11 系列标准，如表 3-1 所示。为了区别这些标准，本节将沿用它们的原始修订版本名称。

表 3-1 802.11 系列标准

标准名称	802.11b	802.11a	802.11g	802.11n	802.11ac Wave1	802.11ac Wave2
标准发布时间	1999 年	1999 年	2003 年	2009 年	2013 年	2016 年
可用频宽 /MHz	83.5	300	83.5	83.5/300	300	300
非重叠信道 / 个	3	5	3	3+5	5	5
信道带宽 /MHz	22	20	22	20/40	20/40/80	20/40/80/160/80+80
最高数据传输速率	11Mbit/s	54Mbit/s	54Mbit/s	600Mbit/s	1.3Gbit/s	6.933Gbit/s
受干扰概率	高	低	高	低	低	低
编码方式	CCK/DSSS	OFDM	CCK/OFDM	OFDM	OFDM	OFDM
编码效率	—	1/2、2/3、3/4	1/2、2/3、3/4	1/2、2/3、3/4、5/6	1/2、2/3、3/4、5/6	1/2、2/3、3/4、5/6
天线结构	1×1 SISO	1×1 SISO	1×1 SISO	4×4 MIMO	3×3 MIMO	8×8 MU-MIMO
兼容性	与 802.11g 可互通	与 802.11b/g 不能互通	与 802.11b 可互通	向下兼容 802.11a/b/g	向下兼容 802.11a/n	向下兼容 802.11a/n

1）802.11a

1999 年，802.11a 标准制定完成，该标准规定 WLAN 工作频段为 5.15 ～ 5.825GHz，数据传输速率可达 54Mbit/s。

2）802.11b

1999 年 9 月，802.11b 标准发布，该标准规定 WLAN 工作频段为 2.4 ～ 2.4835GHz，数据传输速率可达 11Mbit/s。

3）802.11g

802.11g 标准是对 802.11b 标准的提速（最高数据传输速率从 802.11b 的 11Mbit/s 提高到 54Mbit/s）。

4）802.11n

802.11n 标准使用 2.4GHz 频段和 5GHz 频段，802.11n 标准的核心是 MIMO 技术和 OFDM 技术，数据传输速率为 300Mbit/s，最高可达 600Mbit/s。

5）802.11ac

802.11ac 标准的核心技术主要基于 802.11a 标准和 802.11n 标准，继续工作在 5GHz 频段。为了支持更高的数据传输速率，802.11ac 物理层引入了更多关键技术，如更大的信道带宽、更高阶的调制技术和编码方式及更多的空间流。

2. 802.11a/b/g 之间的兼容性问题

一般情况下，开发时间靠后的产品性能要优于开发时间靠前的产品性能，但是从上面的介绍中不难发现，高性能的 802.11a 出现的时间要早于低性能的 802.11b，这与产品开发逻辑是相背离的。产生这一问题的主要原因是，让所有 WLAN 产品都支持 802.11a 和 5GHz 频段需要投资新的硬件，这对用户来说是极其不利的，所以会出现一个过渡的 802.11b。另外 802.11g 的吞吐量也明显高于 802.11b，选用 802.11g 可以实现更高的数据传输速率，但有时却无法做到，主要原因与标准之间的兼容性有关。

802.11a 设备（在 5GHz 频段上使用 OFDM 技术）无法与 802.11b 设备和 802.11g 设备（在 2.4GHz 频段上使用 DSSS 技术和 OFDM 技术）直接通信，但它们可以共存于同一物理空间，如图 3-2 所示。

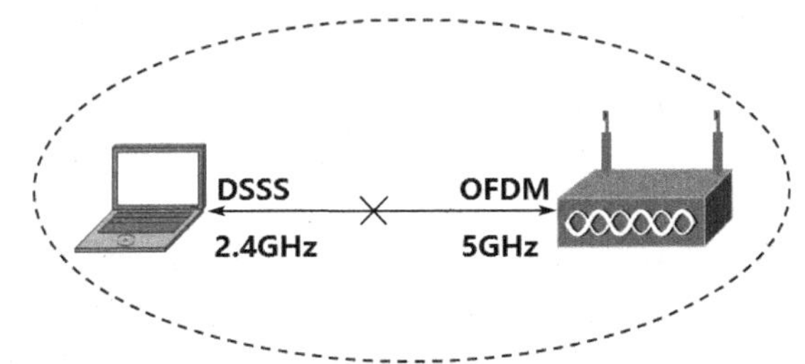

◎ 图 3-2　802.11a 设备无法与 802.11b 设备和 802.11g 设备直接通信

从前面的学习内容中已经知道，DSSS 技术使用 22MHz 的信道带宽，OFDM 技术使用 20MHz 的信道带宽，所以 802.11a 设备和 802.11g 设备使用 20MHz 的信道带宽。2001 年，FCC 允许在 2.4GHz 频段上使用 OFDM 技术，因此 IEEE 802.11 工作组在 2003 年制定了 802.11g 增强标准，定义了两种强制的物理层规范：ERP-DSSS/CCK 和 ERP-OFDM。由于 802.11g 是对 802.11b 的增强，故 802.11g 设备与 802.11b 设备使用相同的信道带宽 22MHz。

因此，从技术角度看，制定 802.11g 增强标准的主要目的是提高数据传输速率，仍然保持与 802.11b 的向后兼容性，即使用 802.11g 和 OFDM 技术的设备能够降级并理解 802.11b DSSS 数据。反之则不成立，即 802.11b 只能使用 DSSS 技术，无法理解任何 OFDM 数据。换句话说，这两种技术可以共存，但不能直接互通。鉴于此，802.11g 增强标准也定义了保护机制，防止 802.11b 设备和 802.11g 设备同时传输数据，以确保两种技术不会相互干扰。

3. 无线设备兼容性优化技术

如前所述，802.11a 和 802.11b 工作在不同的频段，采用不同的调制方式，当一个采用了 802.11b 的无线终端进入一个 802.11a 的覆盖区域时，将无法和 AP 建立连接。这种不同物理层标准导致的网络兼容性问题可以通过双频多模技术解决，如图 3-3 所示。

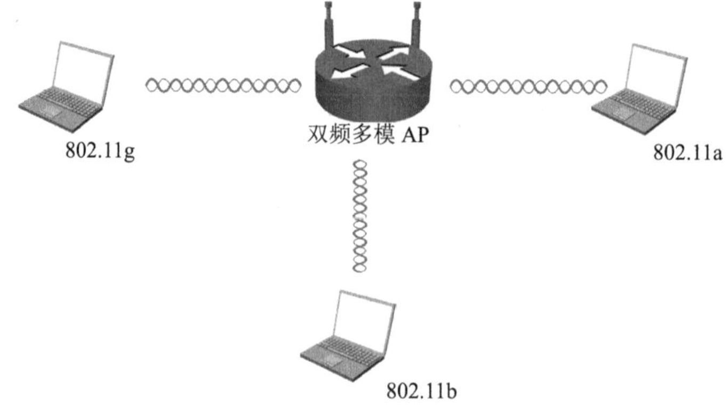

◎ 图 3-3 双频多模 WLAN 结构示意图

双频是指同时支持 2.4GHz 频段和 5.8GHz 频段。双模是指同时支持 802.11b 和 802.11a 两种模式；三模是指同时支持 802.11b、802.11a、802.11g 三种模式，即 AP 运行在两个频段，同时支持 802.11a/b/g 的 WLAN 自适应技术，就像有线网络的“10/100（Mbit/s）自适应”一样。

4. 802.11n 标准概述

802.11n 具有高达 600Mbit/s 的数据传输速率，能够提供对带宽敏感应用的支持。为了达到更高的数据传输速率，802.11n 结合了多种技术，包括 MIMO、20MHz 和 40MHz 信道聚合、支持双频段（2.4GHz 频段和 5GHz 频段）等。其中，MIMO 技术能够在不增加带宽的情况下成倍提高通信系统的容量和频谱利用率，是无线移动通信领域智能天线技术的重大突破。MIMO 系统可以创造多个并行空间信道，解决带宽共享的问题。

802.11n 支持的天线数量可以达到 3×3 个，是 802.11g 支持的天线数量的 3 倍。802.11n 设备能够在包含 802.11g 设备和 802.11b 设备的混合模式下运行，并且具有向下的兼容性。在一个 802.11n 无线网络中，接入用户可以包括 802.11b、802.11g 和 802.11n 的用户，所有用户都用自己的标准同时与 AP 进行通信。也就是说，在连接过程中，所有类型的传输可以实现共存，从而能够更好地保障用户的投资。由此可见，802.11n 拥有比 802.11g 更好的兼容性。802.11n 具有以下特点。

（1）提高数据传输速率。802.11n 可以将 WLAN 的数据传输速率提高至 108Mbit/s，甚至 600Mbit/s，即在理想状态下，802.11n 提供的数据传输速率要比 802.11g 高 10 倍。

（2）扩大覆盖范围。802.11n 采用智能天线技术，多组独立天线组成天线阵列系统，动态地调整波束的覆盖方向（也就是支持波束成形技术），可减少其他噪声信号的干扰，保证用户可以接收到稳定的信号，覆盖范围可扩大至数平方千米。这使得原来需要多个 802.11g 设备才能覆盖的地方，现在只需要一个 802.11n 设备即可覆盖，不仅大大增强了移动性，还减少了原来多个 802.11g 设备交叉覆盖导致出现的信号盲区。

（3）全面兼容各标准。802.11n 通过采用软件无线电技术，解决了不同标准采用不同的工作频段、不同的调制方式所造成的系统间难以互通及移动性差等问题。这样不仅保障了与以往的标准 802.11a、802.11b、802.11g 的兼容，还实现了与 WWAN 的结合，极大地保护了用户的投资。软件无线电技术使得 WLAN 的兼容性得到极大改善，将根本改变网络结构，实现 WLAN 与 WWAN 的融合，同时还能容纳各种标准、协议，提供更为开放的接口，最终大大提高网络的灵活性。

5. 802.11ac 标准概述

2009 年发布的 802.11n 标准使 WLAN 的数据传输速率突破百兆比特每秒，强劲地推动了 WLAN 的发展。2013 年推出的 802.11ac Wave1 标准及 2016 年推出的 802.11ac Wave2 标准使得

WLAN 的数据传输速率进入了千兆时代，给终端用户带来了更佳的应用体验。802.11ac 的核心技术源于 802.11a，仅工作在 5GHz 频段，有更多的信道可以使用，减少了 WLAN 设备间的相互干扰，从而提高了 WLAN 的稳定性。

802.11ac Wave1 提供 80MHz 带宽和 3 个空间流，使物理数据传输速率达到了 1.3Gbit/s，相较 802.11n，性能提升了 3 倍。802.11ac Wave2 在发送波束成形（Transmit Beamforming）的基础上，引入多用户多输入多输出（Multi-User Multiple Input Multiple Output，MU-MIMO）技术，使采用该技术的产品能够同时与多个用户设备进行通信，从而提高了网络性能。802.11ac Wave2 具有以下特点。

（1）支持 MU-MIMO 技术。

802.11n 及 802.11ac Wave1 支持 SU-MIMO（Single-User Multiple Input Multiple Output，单用户多输入多输出）技术，即一个 AP 同一时刻只能和一个无线终端通信。而 802.11ac Wave2 支持 MU-MIMO 技术，即一个 AP 同一时刻能够和多个无线终端通信，提高了通信效率。

（2）支持 160MHz 的信道带宽，提供更高的性能。

802.11ac Wave1 最大支持 80MHz 的信道带宽，而 802.11ac Wave2 最大支持 160MHz 的信道带宽（连续的 160MHz，或者由 2 个非连续的 80MHz 组成）。

（3）提供更多的空间流。

通常空间流越多，独立处理数据的路数就越多，数据传输速率也就越高。802.11ac Wave1 在一般情况下最多支持 3 个空间流，而 802.11ac Wave2 最多可以支持 8 个空间流。

802.11n 与 802.11ac 的区别如图 3-4 所示。

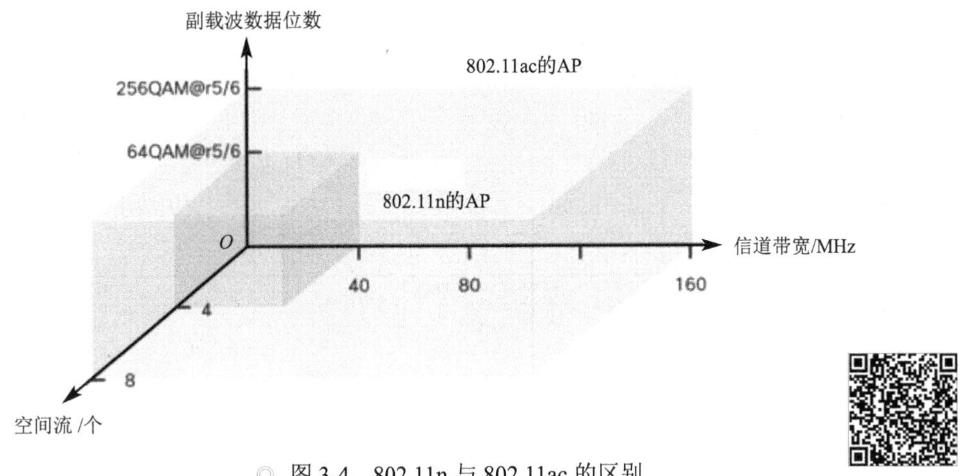

◎ 图 3-4 802.11n 与 802.11ac 的区别

802.11 吞吐量分析

拓展提高

请根据“802.11 吞吐量分析”素材提示，填写 802.11n 吞吐量分析中的相关指标。

6. 波束成形技术的应用

波束成形（Beamforming）技术是一种通用信号处理技术，用于控制射频信号传播的方向和射频信号的接收，其基本原理是发射端对数据先加权再发送，形成窄的发射波束，将能量对准目标用户，从而提高目标用户的解调 SNR，如图 3-5 所示。

波束成形技术

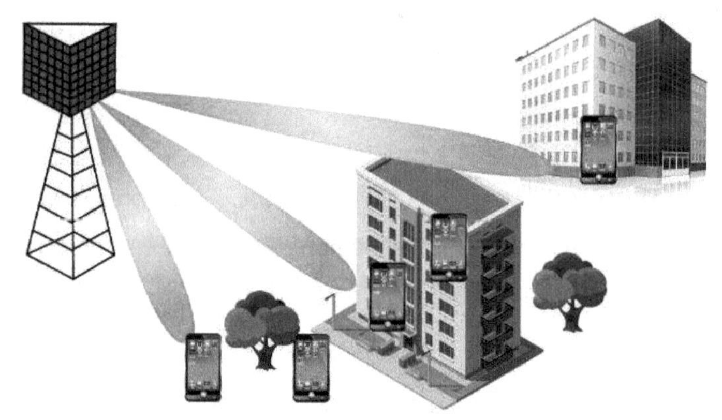

◎ 图 3-5 波束成形基本原理

波束成形技术是 WLAN 802.11n 标准的可选部分，思科的家用无线路由器提供了对这一技术的支持。应用波束成形技术在数据传输速率提高方面有直接效果。下面介绍在 Packet Tracer 7.3 中如何使用这一技术。搭建如图 3-6 所示的网络，无须进行任何配置，客户端 PC 就能连上无线路由器，此时将光标移至 PC 上，就能看见 PC 连上无线路由器的最佳数据传输速率为 1300Mbit/s，如图 3-7 所示。这个数据传输速率是比较高的，还能不能进一步提高呢？

◎ 图 3-6 波束成形技术验证网络拓扑结构图

```
Port          Link   IP Address          IPv6 Address                    MAC Address
Wireless0     Up     192.168.0.100/24    <not set>                       0030.A34B.E98D
Bluetooth     Down   <not set>           <not set>                       0001.42D6.3AC5

Gateway: 192.168.0.1
DNS Server:  <not set>
Line Number:  <not set>

Wireless Best Data Rate: 1300 Mbit/s
Wireless Signal Strength: 80%

Custom Device Model: Wireless PC

Physical Location: Intercity, Home City, Corporate Office
```

◎ 图 3-7 默认情况下的数据传输速率

打开无线路由器配置界面，首先依次单击 GUI → Wireless（无线）→ Advanced Wireless Settings（高级无线设置）；然后将滚动条向下拉，选中 Beamforming（波束成形）中的 Enable 选项；最后将滚动条拉至最下端，单击“保存”按钮使配置生效。

再次将光标移至 PC 上，发现 PC 连上无线路由器的最佳数据传输速率为 3900Mbit/s，如图 3-8 所示，是之前的 3 倍。由此可以看出，波束成形技术在提高数据传输速率方面效果非常明显，可以极大地提升无线用户的应用体验。

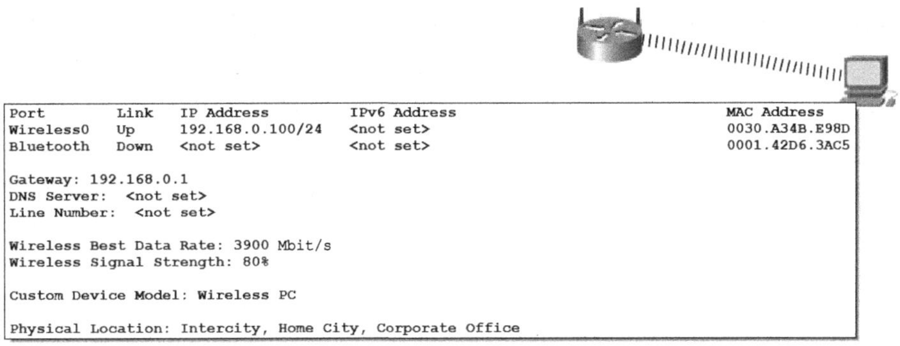

```
Port         Link   IP Address          IPv6 Address                          MAC Address
Wireless0    Up     192.168.0.100/24    <not set>                             0030.A34B.E98D
Bluetooth    Down   <not set>           <not set>                             0001.42D6.3AC5

Gateway: 192.168.0.1
DNS Server:   <not set>
Line Number:   <not set>

Wireless Best Data Rate: 3900 Mbit/s
Wireless Signal Strength: 80%

Custom Device Model: Wireless PC

Physical Location: Intercity, Home City, Corporate Office
```

◎ 图 3-8　波束成形技术的应用效果

3.1.2　无线局域网的基本组成元素

在本节的学习过程中会接触到 BSS、IBSS、Infrastructure BSS、ESS 等术语，它们被称为 WLAN 的基本组成元素。理解和掌握这些术语对后续学习 WLAN 的 MAC 子层管理、漫游等内容是极其重要的。

1. BSS

WLAN 的最小构成单位是 BSS（Basic Service Set，基本服务集），相当于一个无线单元，如图 3-9 所示。BSS 所覆盖的地理范围被称为基本服务区（Basic Service Area，BSA），BSA 内的成员 STA 之间可以保持相互通信，只要无线接口接收到的信号强度在 RSSI 阈值之上，就能确保 STA 在 BSA 内移动而不会失去与 BSS 的连接。由于周围的环境经常会发生变化，因此 BSA 的尺寸和形状并不总是固定不变的。每个 BSS 都有一个 BSSID（Basic Service Set Identifier，基本服务集标识符），它是每个 BSS 的二层标识符，实际上就是 AP 无线射频卡的 MAC 地址，用来标识 AP 所管理的 BSS。BSSID 位于大多数 802.11 无线帧的帧头，用于实现 BSS 中的 802.11 无线帧转发。同时，BSSID 还在漫游过程中起着重要作用。一个 BSS 就是一个冲突域，属于同一 BSS 的设备共享一个无线信道。

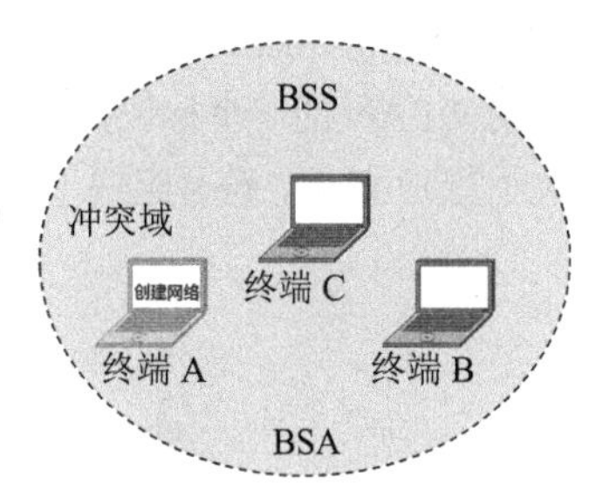

◎ 图 3-9　BSS 示意图

典型例题

BSS 是一个（　　）。

A. 冲突域

B. 广播域

C. 由 AP 互联多个冲突域形成的 MAC 帧传输范围

D. 由 AP 互联多个广播域形成的 MAC 帧传输范围

解析：任何时候，只允许 BSS 中一个节点发送数据，一旦 BSS 中两个以上节点同时发送数据，就会发生冲突，这是冲突域的基本特征。

答案：A

2. IBSS

完全由 STA 组成的 BSS 称为 IBSS（Independent BSS，独立基本服务集），如图 3-10 所示，由两个 STA 组成的 IBSS 就是最简单的 802.11 网络。

通常情况下，IBSS是由少数几个STA为了特定目的而组成的暂时性网络。例如，在会议开始时，参会人相互形成一个IBSS以便传输数据，当会议结束时IBSS随即瓦解。正因为持续时间不长、规模小且组成目的特殊，IBSS网络有时被称为Ad-Hoc网络。Ad-Hoc是拉丁文，意为“为眼前的情况而不考虑更广泛的应用”。另外，由于IBSS中的通信过程具有点对点特性，因此IBSS网络也被称为点对点网络。

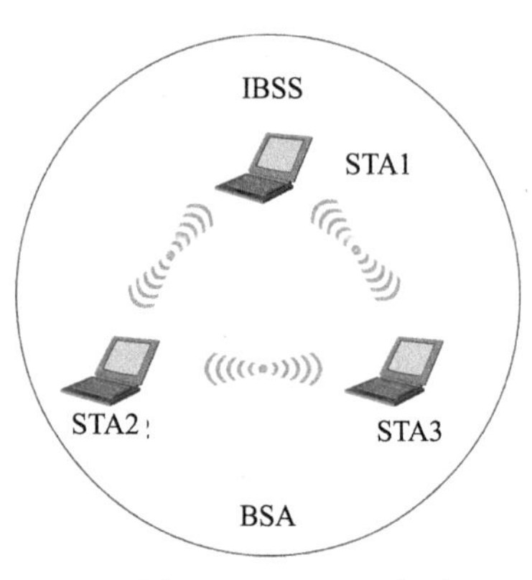

◎ 图3-10 IBSS示意图

实际的IBSS是由一个终端创建、其他终端加入形成的。为确保IBSS通信成功，所有客户端必须使用同一信道收发数据，所有客户端必须共享同一个BSSID。需要注意的是，每个IBSS都会产生一个BSSID。前面介绍过，BSSID定义为AP无线射频卡的MAC地址。那么对于不存在AP的IBSS拓扑结构而言，如何确定它的BSSID呢？在这种情况下，第一个启动IBSS的客户端将以MAC地址的格式随机产生一个BSSID，它是一种虚拟的二层MAC地址，用于标识IBSS的身份。

3. Infrastructure BSS

由于对工作在ISM频段的电磁波能量有严格限制，因此从一个终端发射的电磁波的传播范围不可能很大，这就限制了IBSS的应用。为此，可以使用AP来扩展无线网络的覆盖范围，把BSS中由单个AP及若干STA所构成的网络称为Infrastructure BSS（基础架构基本服务集），如图3-11所示。

在Infrastructure BSS内，STA必须匹配AP的SSID（Service Set ID，服务集标识符）。SSID是区别WLAN的一个标识，用来建立和维持连接，可供用户进行配置。SSID由最多32个字母（区分大小写）、数字、符号组成，配置在所有AP及STA的无线网卡中。无线网络中的SSID如图3-12所示。

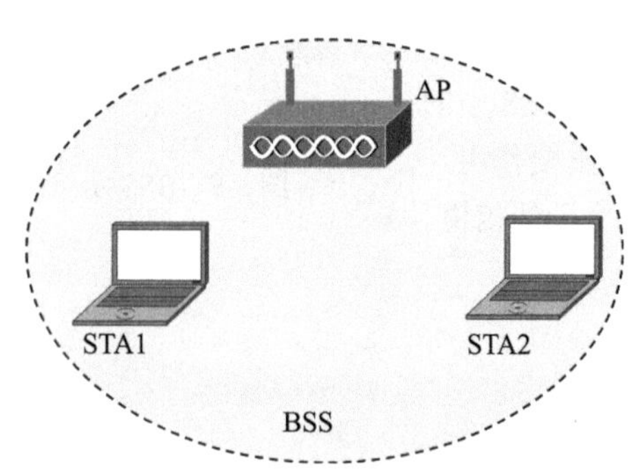

◎ 图3-11 Infrastructure BSS示意图

◎ 图3-12 无线网络中的SSID

需要注意的是，大部分AP具备隐藏SSID的能力，隐藏后的SSID只对合法终端用户可见。虽然802.11-2007修订案并没有定义SSID隐藏，但许多管理员仍然将SSID隐藏来作为一种简单的安全手段使用。

另外，SSID与BSSID是有区别的。SSID是一个用户可配置的WLAN逻辑名，而BSSID是硬件厂商提供给AP无线射频卡的MAC地址。早期的802.11芯片只能创建单一BSS，即为用户提供一个逻辑网络。随着WLAN用户数目的增加，单一逻辑网络无法满足不同类型用户的需求。多SSID技术可以将一个WLAN分为几个子网络，每个子网络都需要独立的身份验证，只有通过

身份验证的用户才能进入相应的子网络，这样可以防止未被授权的用户进入本网络。相应地，AP 会被分配不同的 BSSID 来对应这些 SSID。

如图 3-13 所示，AP 上配置了两个逻辑网络，也就是两个 SSID。其中，“Internal”供内部员工使用，“Guest”供访客使用。在此 AP 中，各 SSID 被分别关联至不同的虚拟局域网（VLAN），而不同的 VLAN 有不同的访问权限。这样就用一个 AP 实现了不同用户的无线接入。

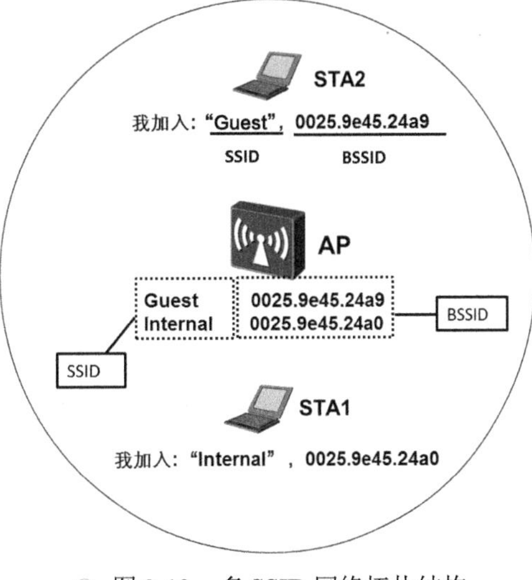

◎ 图 3-13　多 SSID 网络拓扑结构

典型例题

下列（　　）是 IBSS 中终端发送 MAC 帧需要携带 BSSID 的理由。

A. BSSID 是 IBSS 的标识符

B. BSSID 是创建无线临时网络的终端的 MAC 地址

C. BSSID 是源端的 MAC 地址

D. BSSID 是目的端的 MAC 地址

解析：只有属于相同 IBSS 的两个终端之间才允许传输数据，每个终端用 BSSID 标识自己所属的 IBSS。

答案：A

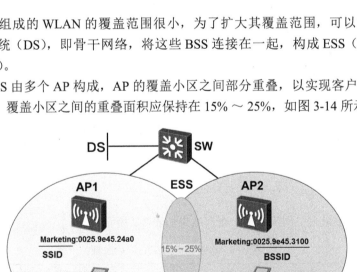

4. ESS

由单个 BSS 组成的 WLAN 的覆盖范围很小，为了扩大其覆盖范围，可以构建多个 BSS，并通过分布式系统（DS），即骨干网络，将这些 BSS 连接在一起，构成 ESS（Extended Service Set，扩展服务集）。

最常见的 ESS 由多个 AP 构成，AP 的覆盖小区之间部分重叠，以实现客户端的无缝漫游。大部分厂商建议，覆盖小区之间的重叠面积应保持在 15% ～ 25%，如图 3-14 所示。

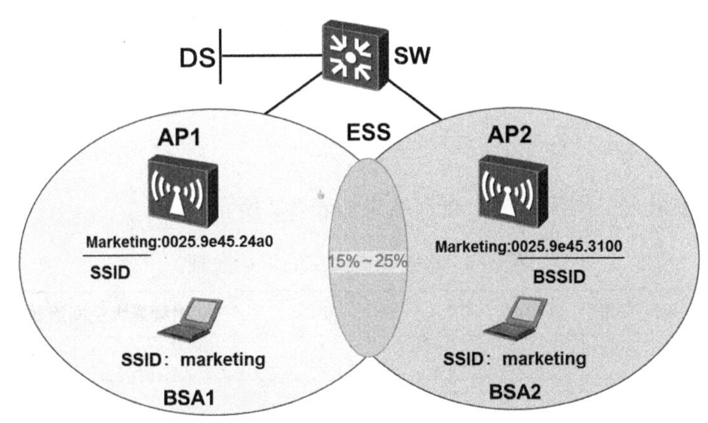

◎ 图 3-14　ESS（无线信号部分重叠）网络拓扑结构图

ESS 的第二种部署方式是，AP 的覆盖小区不存在任何重叠，如图 3-15 所示。在这种部署中，客户端离开 AP1 所在的 BSA 时将暂时失去连接，并在进入 AP2 的覆盖范围后重新建立连接。这种客户端在非重叠小区之间移动的方式被称为漫游。

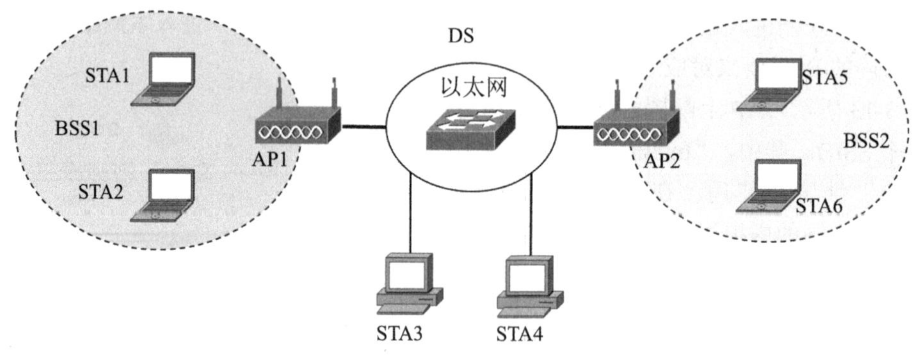

◎ 图 3-15　ESS（无线信号无重叠）网络拓扑结构图

ESS 的第三种部署方式是，多个 AP 的覆盖小区完全重合，如图 3-16 所示，目的是增加覆盖区域的容量，但不同 AP 必须配置在不同的信道上。

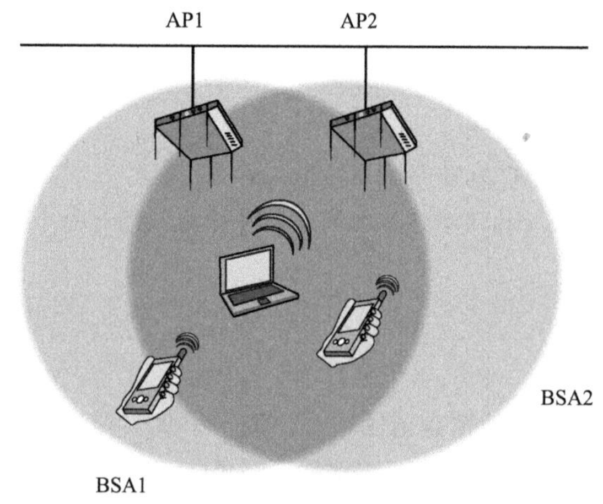

◎ 图 3-16　ESS 的应用

一般而言，ESS 是若干 AP 和与之建立关联的 STA 的集合，ESS 内的每个 AP 都组成一个独立的 BSS，在大部分情况下所有 AP 共享同一个 ESSID（Extended SSID，扩展服务集标识符），ESSID 本质上就是 SSID。同一 ESS 中的多个 AP 可具有不同的 SSID，但如果要求 ESS 支持漫游，则 ESS 中的所有 AP 必须共享同一个 ESSID。

【任务实施】

（1）查询单射频最大空间流数量，查询结果如表 3-2 所示。

表 3-2　单射频最大空间流数量表

标　准	单射频最大空间流数量 / 个
802.11a/g	1
802.11n	4
802.11ac（IEEE）	8
802.11ac Wave1（WFA）	3
802.11ac Wave2（WFA）	4
802.11ax	8

（2）查询有效子载波数量，查询结果如表 3-3 所示。

表 3-3　子载波参数表

子载波参数		802.11n	802.11ac	802.11ax
最小子载波带宽 /kHz		312.5	312.5	78.125
有效子载波数量 / 个	HT20	52	52	234
	HT40	108	108	468
	HT80	—	234	980
	HT160	—	2×234	2×980

（3）查询调制阶数，查询结果如表 3-4 所示。

表 3-4　调制阶数表

标　　准	最高阶调制	比特数 / 符号
802.11a/g	64-QAM	6
802.11n	64-QAM	6
802.11ac	256-QAM	8
802.11ax	1024-QAM	10

（4）查询编码效率，查询结果如表 3-5 所示。

表 3-5　编码效率表

调制编码策略	调 制 方 式	编 码 效 率			
		802.11a/g	802.11n	802.11ac	802.11ax
MCS0	BPSK	1/2	1/2	1/2	1/2
MCS1	QPSK	1/2	1/2	1/2	1/2
MCS2	OPSK	3/4	3/4	3/4	3/4
MCS3	16-QAM	1/2	1/2	1/2	1/2
MCS4	16-QAM	3/4	3/4	3/4	3/4
MCS5	64-QAM	2/3	2/3	2/3	2/3
MCS6	64-QAM	3/4	3/4	3/4	3/4
MCS7	64-QAM	5/6	5/6	5/6	5/6
VMCS8	256-QAM	—	—	3/4	3/4
VMCS9	256-QAM	—	—	5/6	5/6
VMCS10	1024-QAM	—	—	—	3/4

（5）查询 OFDM 符号长度与间隔长度，查询结果如表 3-6 所示。

表 3-6　OFDM 符号长度与间隔长度表

符号长度与间隔长度	802.11ac 之前	802.11ax
符号长度	3.2μs	12.8μs
短间隔长度	0.4μs	—

续表

符号长度与间隔长度	802.11ac 之前	802.11ax
间隔长度	0.8μs	0.8μs
2 × 间隔长度	—	1.6μs
4 × 间隔长度	—	3.2μs

（6）Wi-Fi 峰值速率 = 空间流数量 × 有效子载波数量 × 调制阶数 × 编码效率 /(符号长度 + 间隔长度)。

（7）列表并进行计算。

【任务验收】

（1）计算公式中各项参数正确。

（2）计算结果与给定条件的值一致。

【任务小结】

空间流数量相当于多层交通，有效子载波数量相当于每层公路上的多条车道，调制阶数相当于公路上货车的车厢容积，编码效率相当于给货物增加了包装，OFDM 符号长度与间隔长度相当于货车在公路上的通行时长再加上发车间隔，如图 3-17 所示。

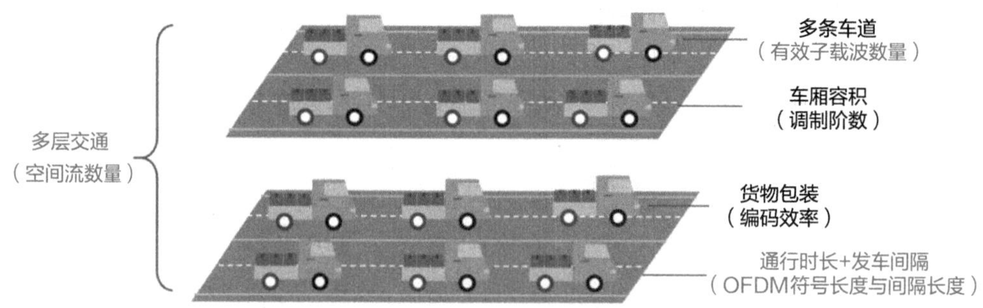

◎ 图 3-17　Wi-Fi 峰值速率计算公式因子类比

【课后作业】

一、判断题

1．WLAN 发展史上真正引起革命性变革的第一个里程碑是 1997 年 802.11 标准的出台。（　　）

2．802.11 系列标准仅局限于对 MAC 层与 PHY 层的描述。（　　）

3．无线网络协议 802.11 是一个二层协议。（　　）

二、选择题

1．（　　）定义了 WLAN 的运行和操作。

A．802.1　　B．802.2　　C．802.3　　D．802.11

2．（　　）可以使用发射器和接收器上的多个空间流。

A．802.11n　　B．802.11b　　C．802.11g　　D．802.11

3．802.11n 使用（　　）技术来支持多天线。

A．MIMO　　B．MAO

C．多重扫描天线输出　　D．空间编码

4．802.11g 支持的最大数据传输速率是（　　）。

A．22Mbit/s　　B．48Mbit/s　　C．54Mbit/s　　D．90Mbit/s

5．802.11b、802.11a 和 802.11n 的最大理论数据传输速率依次为（　　）。

A．11Mbit/s、54Mbit/s、600Mbit/s　　B．54Mbit/s、54Mbit/s、150Mbit/s

C．1Mbit/s、11Mbit/s、54Mbit/s　　D．1Mbit/s、20Mbit/s、40Mbit/s

6．（　　）无线网络技术标准工作在 5.8GHz 频段。

A．802.11i　　B．802.11b　　C．802.11g　　D．802.11n

7．以下采用 OFDM 技术的 802.11 协议是（　　）。

A．802.11g　　B．802.11i　　C．802.11e　　D．802.11b

8．（　　）技术不是 802.11n 所使用的关键技术。

A．OFDM　　B．信道捆绑　　C．MU-MIMO　　D．Short GI

三、填空题

1．802.11 的 MAC 帧中有 ________ 个地址域，有 ________ 种地址类型。

2．802.11 定义了 WLAN 的物理层和 ________。

3．802.11b 能提供的最大物理接入速率为 ________，802.11g 能提供的最大物理接入速率为 ________，802.11n（2×2）能提供的最大物理接入速率为 ________。

4．802.11b/g 每个信道占用的频宽为 ________MHz，802.11n 每个信道占用的频宽为 ________ MHz。

5．802.11n 使用 ________ 和 ________ 技术达到 600Mbit/s 的数据传输速率。

6．在 WLAN 中，802.11 是由 IEEE 提出的协议簇，包括 ________、________、________、________、________。

7．802.11g 与 802.11________ 兼容。

8．802.11a 标准采用了与原始标准相同的核心协议，工作频率为 ________，使用 ________ 个 OFDM 副载波，最大原始数据传输速率为 ________。

四、简答题

1．802.11a 和 802.11g 使用了相同的数据传输速率和调制技术，但为什么这两种标准不兼容？它们可以共存吗？

2．802.11b 和 802.11g 能够兼容的原因是什么？两者兼容的缺点是什么？

任务 3.2　分析无线传输介质的访问控制过程

【任务描述】

本任务计算无线终端发送数据的延迟时间，如图 3-18 所示。假定终端 A 和终端 B 从开始检测信道到检测到信道空闲的时间间隔为 T_1，每个终端发送数据的时间长度为 T_2，发送 ACK 帧的时间长度为 T_3，退避时间的每个时隙为 T_4。（1）求出终端 B 从开始检测信道到开始通过信道发送数据的时间间隔 T；（2）说明该时间间隔不存在上限的原因。

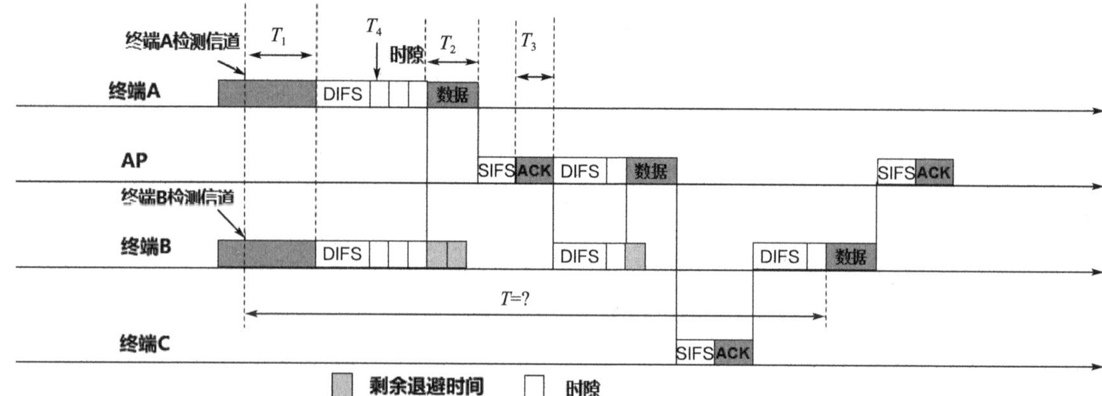

◎ 图 3-18　从终端 A 发送数据到终端 B 开始发送数据的时间间隔

【任务要求】

本任务要求熟悉以下内容。

（1）CSMA/CA 的工作流程。

（2）CSMA/CA 与 CSMA/CD 的区别。

（3）随机退避原理。

（4）IFS 相关概念。

（5）RTS/CTS 机制的作用。

知识准备

3.2.1　无线局域网的 MAC

学习提示

802.11 的数据链路层分为两个子层：逻辑链路控制（LLC）层和介质访问控制（MAC）层。使用与 802.2 完全相同的 LLC 层和 48 位 MAC 地址，使无线网络和有线网络之间的桥接非常方便。MAC 层又分为 MAC 子层和 MAC 管理子层。MAC 技术作为数据链路层的构建技术，决定了 802.11 的吞吐量、网络延时等特性。

MAC 是描述各种不同媒体访问方法的通用术语。早期的大型主机使用轮询方法，按顺序检查每个终端是否有数据要处理，之后令牌传送和竞争的方法也被用于媒体访问。以太网中采用 CSMA/CD 方法，该方法是否适用于 WLAN 环境呢？下面就如何接入受控的无线传输媒体问题进行讨论。

1. 802.11 网络中不能使用 CSMA/CD 方法

以太网中所有的节点共享传输介质，采用 CSMA/CD 方法，检测和避免当两个或两个以上的网络设备同时需要进行数据传输时产生的冲突。

在 802.11 WLAN 协议中，冲突检测存在一定的问题。首先，要检测冲突，设备必须能够一边接收信号一边发送信号，而这在 WLAN 中是无法办到的。其次，有线环境的基本假设是介质真正的共享，任何一个设备发送信号，有线介质的所有设备都能侦听到该信号，而在无线网络环境中存在隐藏 STA 问题，并不能检测到真正的空闲。最后，无线电波是通过天线发送出去的，

自己无法监测到，因此冲突检测实际上是无法做到的。

以上原因导致 802.11 网络中不能采用 CSMA/CD 方法进行冲突检测，但可以采用 CSMA/CA 方法进行冲突避免。载波侦听用来检测传输介质是否繁忙，多路访问用来确保每个无线终端都可以进行公平的介质访问（但每次只能有一个无线终端传输），冲突避免意味着在指定时间内只有一个无线终端可以得到介质访问能力，希望借此避免冲突。

2. 冲突检测

前面提到 802.11 无线终端由于无法同时发送和接收信号，因此无法检测冲突。如果无法检测冲突，那么如何知道冲突是否发生呢？答案其实很简单，如图 3-19 所示，802.11 无线终端每传输一个单播帧，接收端会回复一个 ACK 帧来确认该帧已经被正确接收。

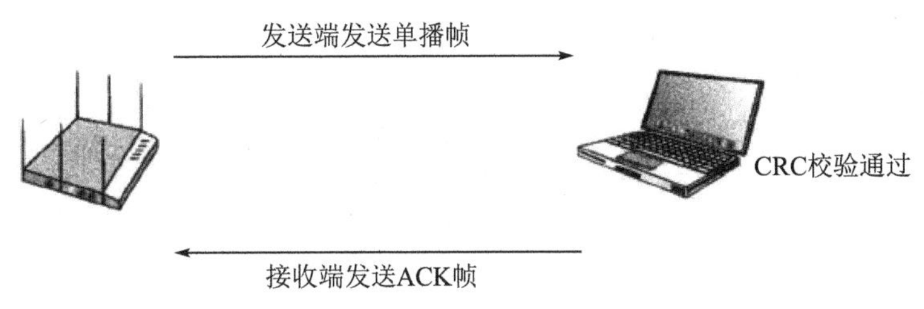

◎ 图 3-19　WLAN 冲突检测

大多数 802.11 单播帧必须得到确认，但广播帧和多播帧并不要求确认。如果单播帧遭到损坏，那么 CRC 校验将会失败，接收端也不会回复 ACK 帧。如果发送端没有接收到 ACK 帧，即单播帧未得到确认，该帧就不得不重传。

有的读者可能认为，这个过程并没有确定是否发生冲突。实际上，如果发送端没有接收到 ACK 帧，就假设冲突发生了。此时，ACK 帧被认为是无线帧成功交付的证据，如果没有确认传输成功的证据，发送端就假定传输失败，然后重传。

3. CSMA/CA 的工作流程

1）MAC 子层的主要功能

CSMA/CA 的工作流程动画

MAC 子层的主要功能是通过 MAC 帧来保障无线传输介质上数据的可靠传输，有两种访问控制功能可实现公平访问共享的无线传输介质：一种是分布协调功能（Distributed Coordination Function，DCF），在每个节点使用 CSMA 的分布式接入算法，让各个 STA 通过争用信道来获取发送权，向上层提供争用服务；另一种是点协调功能（Point Coordination Function，PCF），使用集中控制的接入算法，向上层提供无竞争的服务，用类似于探测（Probe）的方法把发送数据权轮流交给各个 STA，从而避免冲突的发生，如图 3-20 所示。

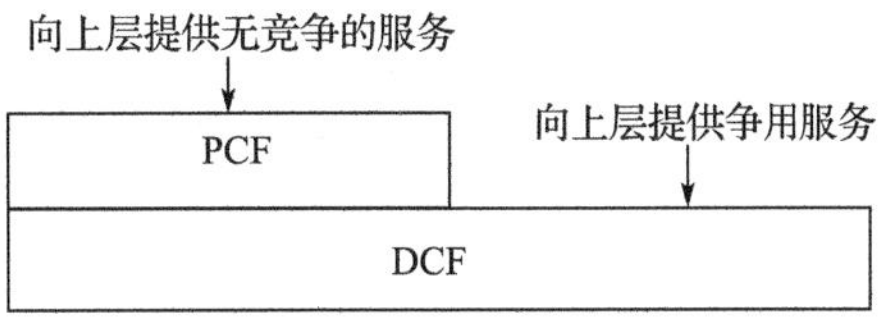

◎ 图 3-20　MAC 子层

2）不同类型的 IFS

为了尽量避免冲突发生，不同类型的报文可以通过采用不同帧间隔（IFS）的时长来区分访问介质的优先级，最终的效果是控制报文比数据报文优先获得介质发送权，AP 比主机优先获得介质发送权。不同类型的 IFS 用途如下。

（1）SIFS（Short IFS）：用于优先级最高的、时间敏感的控制报文（如请求发送报文 RTS，允许发送报文 CTS、ACK）。

（2）PIFS（PCF IFS）：用于 AP 发送报文。

（3）DIFS（DCF IFS）：用于一般的主机发送报文。

CSMA/CA 的工作原理动画

它们之间时间间隔的关系为 SIFS<PIFS<DIFS。

3）CSMA/CA 的工作原理

为了确保每次只有一个无线终端在传输数据，而其他无线终端处于侦听状态，必须在节点上使用 CSMA/CA 协议。这种协议实际上是无线终端在发送数据之前对无线信道进行预约的协议。下面以一个具体实例来说明基于 DCF 的数据传输过程。在如图 3-21 所示的无线网络数据传输拓扑结构图中，假定终端 A 需要向终端 C 发送数据，终端 B 需要向 AP 发送数据。

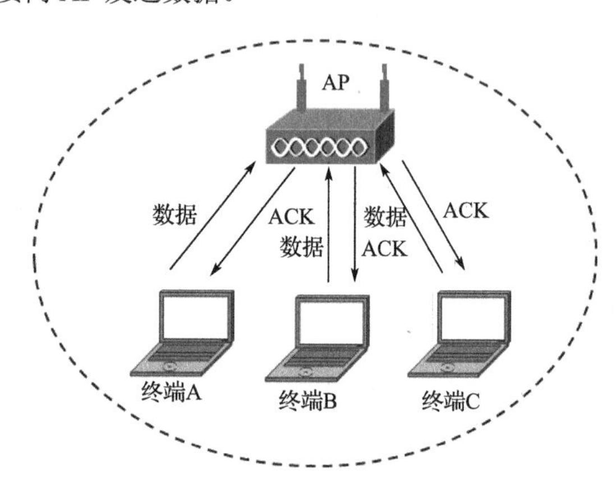

◎ 图 3-21　无线网络数据传输拓扑结构图

课堂讨论

在图 3-21 中，终端 A 向 AP 发送数据后，为什么 AP 向终端 A 发送 ACK 帧？这主要解决 STA 存在的什么问题？

基于 DCF 的数据传输过程如图 3-22 所示。

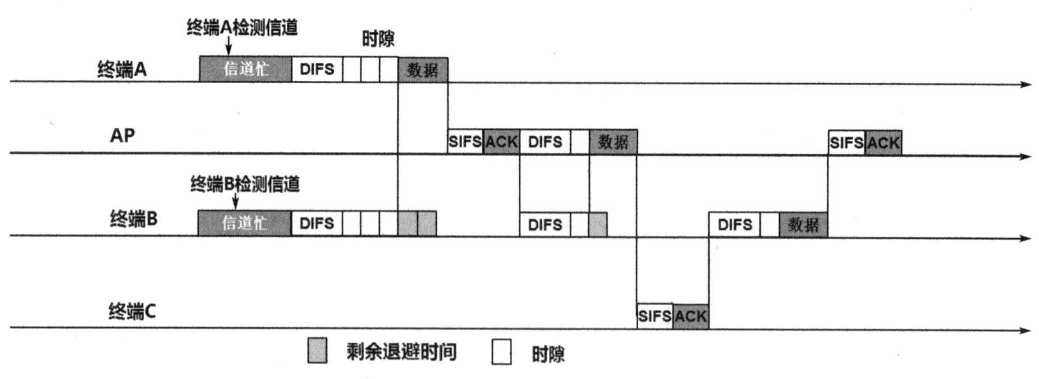

◎ 图 3-22　基于 DCF 的数据传输过程

（1）信道检测。终端 A 和终端 B 检测信道，若发现信道处于忙状态，则必须延迟发送数据，直到检测到一个长达 DIFS 的介质空闲期之后，启动随机访问退避规程，各自随机选择退避时间。终端 A 选择的退避时间为 3 个时隙，终端 B 选择的退避时间为 5 个时隙。

（2）终端 A 向 AP 发送数据。在信道空闲并持续 DIFS 后，终端 A 和终端 B 开始进入退避时间。终端 A 先结束退避时间，由于终端 A 至终端 C 的传输路径是终端 A → AP →终端 C，因此

终端 A 在结束退避时间后，开始向 AP 发送数据帧，导致信道由空闲状态转变为忙状态，使终端 B 停止退避时间定时器，此时终端 B 还剩余 2 个时隙的退避时间。为了体现公平性，终端 B 在下一次争用信道的过程中将使用剩余的退避时间，而不再重新选择新的退避时间。

（3）AP 向终端 C 发送数据。AP 接收到终端 A 发送给它的数据帧，经过 SIFS（确保控制帧优先发送），向终端 A 发送确认应答 ACK 帧。同时，AP 也需要经过信道争用，将终端 A 发送给它的数据帧发送给终端 C。因为 AP 不是第一次发送 MAC 帧，所以自动随机选择退避时间，并在信道持续空闲 DIFS 后，进入退避时间。假定 AP 选择的退避时间是 1 个时隙，由于终端 B 剩余的退避时间是 2 个时隙，因此 AP 先结束退避时间，向终端 C 发送数据。

终端 C 在接收到 AP 发送给它的数据帧后，经过 SIFS，向 AP 发送 ACK 帧。终端 B 在信道持续空闲 DIFS 后，进入退避时间，并经过 1 个时隙的退避时间后，向 AP 发送数据帧。AP 接收到终端 B 发送给它的数据帧后，经过 SIFS，向终端 B 发送 ACK 帧。

如果终端 A 和终端 B 选择的退避时间相等，假定都是 3 个时隙，则终端 A 和终端 B 同时发送数据。由于冲突的发生，AP 接收不到正确的数据帧，不可能向终端 A 或终端 B 发送 ACK 帧，因此终端 A 或终端 B 的重传定时器溢出。终端 A 和终端 B 分别增大争用窗口，并重新在增大后的争用窗口内随机选择退避时间。争用窗口分别增大一倍后，终端 A 和终端 B 随机选择的退避时间会以相等的概率降低。

在同一 WLAN 内，当某个终端发送 MAC 帧时，其他终端都侦听并接收该 MAC 帧，用该 MAC 帧的持续时间字段值更新自己的网络分配向量（NAV），但只有 MAC 地址和该 MAC 帧接收端地址相同的终端才可以继续处理该 MAC 帧，其他终端将丢弃该 MAC 帧。

4）CSMA/CD 与 CSMA/CA 的区别

CSMA/CD 与 CSMA/CA 虽然只有一个字母之差，但两者有本质上的区别，具体体现在以下几个方面。

CSMA/CA 与 CSMA/CD 的区别动画

（1）CA 是冲突避免，CD 是冲突检测。

（2）载波检测方式不同：CSMA/CD 利用电压的变化进行载波检测，CSMA/CA 采用能量检测、载波检测和能量载波混合检测 3 种方法进行载波检测。载波检测由物理载波检测和虚拟载波检测构成。物理载波检测在物理层对接收天线的有效信号进行检测，虚拟载波检测在 MAC 子层完成，这一过程体现在 NAV 的更新中。

（3）对于传输距离、空旷程度的影响和隐藏终端问题，CSMA/CA 协议的信道利用率低于 CSMA/CD 协议的信道利用率。

802.11 数据帧格式分析

4. MAC 帧格式

WLAN 中所有无线节点都必须按照规定的 MAC 帧结构发送帧和接收帧。通用数据帧格式如图 3-23 所示，各个字段按给定顺序出现在帧结构中。

2B	2B	6B	6B	6B	2B	6B	0～2312B	4B
Frame Control	Duration/ID	Address1	Address2	Address3	Sequence Control	Address4	Frame Body	FCS
帧控制域	持续时间 / 关联标识符	地址域			序列控制域	地址域	帧体	校验域
MAC 首部								

◎ 图 3-23　通用数据帧格式

MAC 帧通常由以下 3 个部分组成。

（1）MAC 首部。MAC 首部最大为 34B（802.11n 的 MAC 帧首部最大为 36B），MAC 帧的复

杂性主要体现在 MAC 首部。

（2）帧体。帧体是帧的数据部分，为可变长度，最大长度为 2312B（802.11n 的帧体最大长度为 7955B）。

（3）校验域。校验域是位于帧尾部的校验序列，共 4B，使用 32bit 的循环冗余校验方式。

需要注意的是，并不是所有类型的帧中都必须出现这些字段。

1）帧控制域字段

帧控制域字段长 2B，由多个子字段组成，格式如表 3-7 所示。

表 3-7　帧控制域字段格式

协议版本	类型	子类型	To DS	From DS	多段标识	重传标识	功率管理	更多数据	WEP 标识	顺序
2bit	2bit	4bit	1bit	1bit	1bit	1bit	1bit	1bit	1bit	1bit

（1）协议版本子字段。协议版本子字段长度为 2bit，目前已经发布的 802.11 系列协议均相互兼容，因此协议版本子字段被设置为“00”。当未来协议的新修订版本与原版本之间完全不兼容时才会修改此子字段。

（2）类型和子类型子字段。802.11 MAC 帧按照功能的不同可分为数据帧（10）、控制帧（01）和管理帧（00）三大类。

- 数据帧。大部分 802.11 数据帧都携带来自高层协议的数据，常常出于数据保密的要求被加密。有些数据帧不携带任何数据，它们的存在是为了在 BSS 内进行特殊的 MAC。数据帧子类型共有 15 种。
- 控制帧。控制帧是协助发送数据帧的控制报文，如 RTS、CTS、ACK 等。802.11 定义了 9 种控制帧子类型。
- 管理帧。802.11 管理帧负责 STA 和 AP 之间的交互、认证（Authentication）、关联（Association）等管理工作，如信标（Beacon）、探测、认证、关联等。有线网络不需要管理帧，它可以通过物理连接电缆或断开电缆实现这些功能。无线终端必须先找到与其兼容的 WLAN（假设它们被允许连接），然后进行 WLAN 认证，最后与 WLAN 关联。802.11 及其修订案中定义了 14 种管理帧子类型。

（3）To DS 和 From DS 子字段。DS 代表分布式系统，即骨干网络，To DS 和 From DS 子字段各占 1bit，组合起来共有 4 种含义，如表 3-8 所示。

表 3-8　To DS 和 From DS 子字段组合含义

To DS	From DS	含　义
0	0	在一个 IBSS 中，从一个 STA 直接发往另一个 STA 的相关管理与控制帧
0	1	一个离开 DS 或由 AP 中端口接入实体所发送的数据帧
1	0	一个发往 DS 或与 AP 相关联的 STA 发往 AP 中端口接入实体的数据帧
1	1	该帧从一个 AP 发送到另一个 AP

（4）多段标识子字段。多段标识子字段长度为 1bit，其被设置为“1”时表示当前的这个帧属于一个帧的多个分片之一，但不是最后一个分片。

2）持续时间 / 关联标识符字段

持续时间 / 关联标识符字段占 2B。最高位为“0”时该字段表示持续时间，这样除最高位以

外还有 15bit 来表示持续时间，因此持续时间不能超过 $2^{15}-1=32\ 767$，单位为 ms，其被用于更新 NAV。

3）序列控制域字段

序列控制域字段用于解决接收端 MAC 帧重复接收的问题。

4）地址域字段

802.11 网络节点按照功能和位置可分为 4 类：源端、发送端、接收端和目的端。与之对应的 4 类地址分别为源地址（Source Address，SA）、发送端地址（Transmitter Address，TA）、接收端地址（Receiver Address，RA）和目的地址（Destination Address，DA）。

802.11 数据帧最特殊的地方就是其地址域字段包含 4 个地址字段，4 个地址字段的内容可能为以下 MAC 地址：RA、TA、DA 和 SA。通常 802.11 数据帧只使用前 3 个地址字段，第 4 个地址字段仅用于 WDS。

4 个地址字段的含义与“To DS”和“From DS”两个子字段有关（见表 3-8）。这两个子字段组合起来有 4 种含义，用于定义 802.11 数据帧中 4 个地址字段的含义，如表 3-9 所示。其中，地址 1 总是预定 RA，地址 2 总是发送帧的 TA。如果 RA 不是最终的接收端，那么地址 3 字段将包含最终的 DA。同样，如果 TA 不是源端，那么地址 3 字段将包含原始的 SA。

表 3-9　802.11 数据帧中的地址格式

场　景	To DS	From DS	地址 1	地址 2	地址 3	地址 4
IBSS (Ad-Hoc)	0	0	RA=DA	TA=SA	BSSID	（N/A）
AP → STA	0	1	RA=DA	TA=BSSID	SA	（N/A）
STA → AP	1	0	RA=BSSID	TA=SA	DA	（N/A）
WDS	1	1	RA	TA	DA	SA

下面结合具体应用场景举例说明表 3-9 中各个地址的含义。

（1）IBSS 中两个终端通信。

如图 3-24 所示，STA1 是源端和发送端，STA2 是目的端和接收端，地址 1 字段是目的端的 MAC 地址，地址 2 字段是源端的 MAC 地址，地址 3 字段为 BSSID，是创建 IBSS 时产生的 48bit 随机数，用于唯一标识该 IBSS 并过滤非此 IBSS 的帧。To DS、From DS 两个控制位均置为 0。

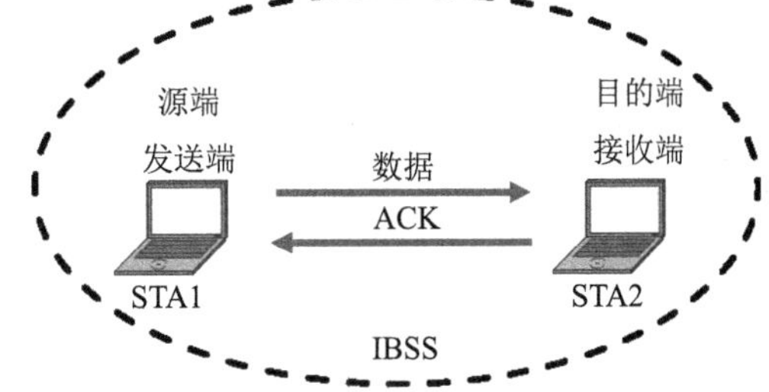

◎ 图 3-24　IBSS 拓扑结构图

（2）BSS 中两个终端通信。

① 源端 A → AP。如图 3-25 所示，源端和发送端都是终端 A，接收端是 AP，信号由无线链路向 AP 发送，所以 To DS、From DS 两个控制位分别置为 1 和 0，目的端为与 AP 相连的终端 B。地址 1 字段是 AP 的 MAC 地址，地址 2 字段是源端 A 的 MAC 地址，地址 3 字段是目的端 B 的 MAC 地址。

② AP → 目的端 B。此时，源端是终端 A，发送端是 AP，信号从 AP 向无线链路发送，所以 To DS、From DS 两个控制位分别置为 0 和 1，目的端和接收端为与 AP 相连的终端 B。地址 1 字段是目的端 B 的 MAC 地址，地址 2 字段是 AP 的 MAC 地址，地址 3 字段是源端 A 的 MAC 地址。

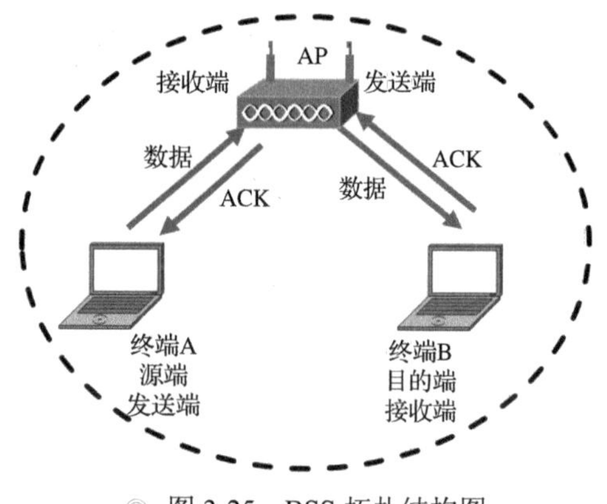

◎ 图 3-25　BSS 拓扑结构图

（3）WDS 中两个终端通信。在如图 3-26 所示的场景中，既有无线链路向 AP 发送信号，又有 AP 向无线链路发送信号，4 个地址都被使用，To DS、From DS 两个控制位均置为 1。地址 1 字段是 RA，即无线网桥 2 的 MAC 地址；地址 2 字段是 TA，即无线网桥 1 的 MAC 地址；地址 3 字段是 DA，即终端 F 的 MAC 地址；地址 4 字段是 SA，即终端 A 的 MAC 地址。

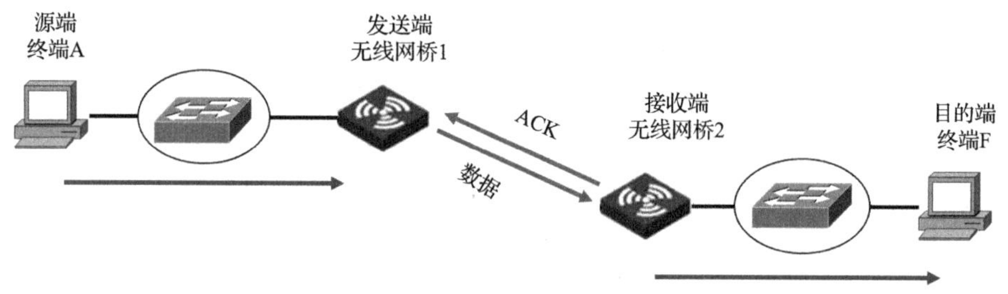

◎ 图 3-26　WDS 拓扑结构图

5）帧体字段

帧体字段包含的信息根据帧的类型不同而不同，主要封装的是上层的数据单元，长度为 0 ～ 2312B，由此可以推出 802.11 数据帧的最大长度为 2346B。

6）校验域字段

校验域字段包含 32 位循环冗余检验码。

3.2.2　无线局域网的接入控制

学习提示

相对于有线网络，WLAN 存在以下特点：使用无线传输介质，必须通过一定手段使无线终端感知它的存在，无线传输介质是开放的，所有在其覆盖范围之内的无线终端都能侦听到信号，需要加强安全性与保密性。因此，802.11 协议规定了 STA 与 AP 之间的接入和认证过程。

1. BSS 的配置信息

在执行 STA 与 AP 之间的接入和认证之前，需要完成相关配置。配置某个 AP，需要配置三组信息：一是用于和终端通信的信道，一般在信道 1、信道 6 和信道 11 中自动选择一个有效通信区域内其他 AP 没有使用的信道；二是标识 AP 所在 BSS 的 SSID；三是用于鉴别接入终端的密钥。当然，在有些情况下可能还需要配置 AP 支持的物理层标准。目前，AP 能够根据终端网卡的物

理层标准自动选择其中一种标准和数据传输速率，如图 3-27 所示。

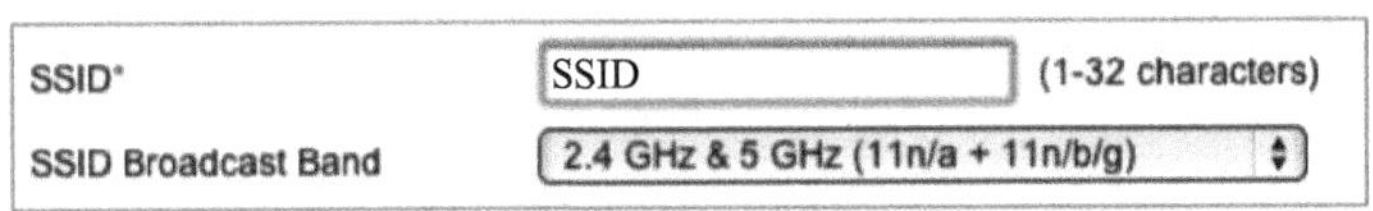

◎ 图 3-27　AP 中 SSID 和信道配置界面

配置某个授权终端，需要为其配置需要加入 BSS 的 SSID，如果 AP 需要通过密钥来确认终端是否为授权终端，那么还需要为其配置和 AP 相同的密钥，如图 3-28 所示。

◎ 图 3-28　WLAN 认证密钥配置界面

2. 信标管理帧

信标管理帧是最重要的无线帧类型之一，通常也被称为信标帧，可以将其看作无线网络的心跳。BSS 中 AP 发送信标，客户端侦听信标。客户端只会在加入 IBSS 时发送信标，每个信标包含一个时间戳，客户端用它来保持与 AP 的时钟同步。由于成功的无线通信大多依赖于时序，因此确保所有通信终端之间保持同步非常必要。信标帧的主体中包含如下内容。

- 时间戳（Time Stamp）：携带同步信息。
- 扩频参数集（Spread Spectrum Parameter Set）：DSSS、OFDM 等特定信息。
- 信道信息（Channel Information）：AP 或 IBSS 使用的信道。
- 数据率（Data Rates）：基本速率和支持速率。
- 服务集能力（Service Set Capabilities）：额外 BSS 或 IBSS 参数。
- SSID：逻辑 WLAN 名称。
- 健壮安全网络能力（Robust Security Network Capabilities）：TKIP 或 CCMP 等加密信息与认证方式。

信标帧包含客户端加入 BSS 之前需要了解的所有必要信息。信标帧大约每秒传输 10 次，在某些 AP 上可以配置它的发送间隔，但不能禁用它。

3. 同步过程

同步过程的首要任务是建立扫描报告。扫描报告中包含搜索到的 AP 使用的信道、AP 和终端配置的 SSID、AP 和终端支持的物理层标准、数据传输速率，以及其他有关 AP 的性能参数，如接收到的电磁波能量等。终端可以通过被动扫描和主动扫描两种方式来完成扫描报告建立过程。

1）被动扫描

当用户需要节省电量时，可以使用被动扫描方式。被动扫描是指 STA 逐个信道搜索其附近 AP 周期性广播的信标帧，目的是获取接入该 BSS 所需要的参数。AP 通过选定信道周期性地发送信标帧，信标帧中包含有关该 BSS 的一些信息，如支持的物理层标准和数据传输速率等。被动扫描过程如图 3-29 所示。

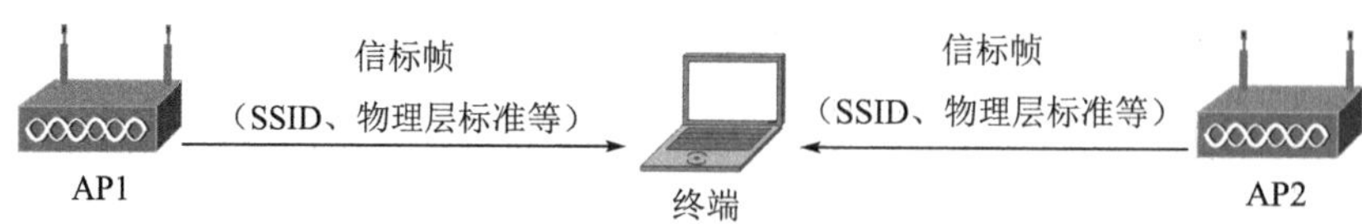

◎ 图 3-29 被动扫描过程

2）主动扫描

13 个信道全部侦听一遍所需要的时间较长，AP 发送信标帧的间隔较长，使得被动扫描过程需要较长时间才能完成。终端为了加快信道同步过程，往往采用主动扫描方式。在主动扫描过程中，终端先根据配置的信道列表逐个信道发送探测请求帧，然后等待 AP 回送探测响应帧。如果经过了规定时间还没有接收到来自 AP 的探测响应帧，则探测下一个信道。AP 接收到探测请求帧后，如果探测请求帧给出的 SSID 和自己的 SSID 匹配（相同或都是广播 SSID），则回送探测响应帧。主动扫描过程如图 3-30 所示。

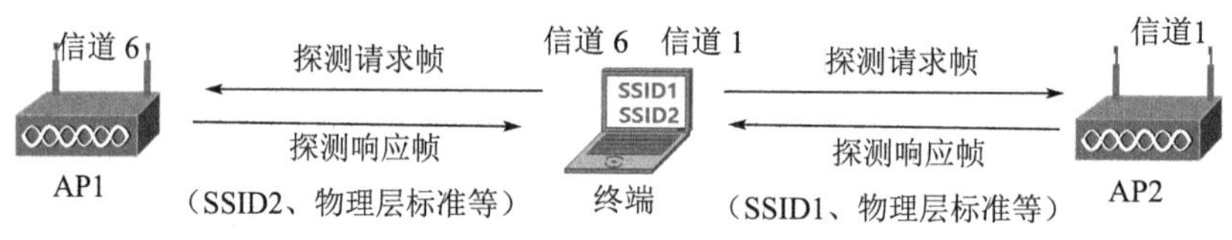

◎ 图 3-30 主动扫描过程

为了保证 AP 能够接收到探测请求帧，终端以最低数据传输速率发送探测请求帧，AP 也以相同的数据传输速率发送探测响应帧。

3）终端与 AP 的同步

与终端同步的 AP 必须满足两个条件：一是该 AP 上配置了终端选定的 SSID；二是终端支持的数据传输速率、物理层标准必须与 AP 支持的数据传输速率、物理层标准存在交集。

终端与 AP 的同步过程如下。

（1）为终端选择一个 SSID，该 SSID 可以事先配置，也可以在扫描到的 SSID 列表中人工选择，如图 3-31 所示。

◎ 图 3-31 选择 SSID

（2）在扫描报告中选择一个 AP 进行同步。如果存在多个满足上述条件的 AP，则选择与信号最强的 AP 进行同步。

一旦同步过程结束，终端即获知了 AP 的 MAC 地址、所使用的信道、双方均支持的物理层标准和数据传输速率集。不过此时只完成了接入网络前的配置操作，还不能访问网络。

4. 认证过程

终端找到一个 AP 之后，便试图利用 MAC 认证帧来建立连接。这个 MAC 认证帧包含的内容有用于认证算法、认证处理编号、认证成功或失败的信息。802.11 支持两种认证方式：开放式认证和共享密钥认证。

开放式认证实际上是不需要认证的，因为在 STA 向 AP 发送认证请求帧、AP 向 STA 回送认证响应帧这个过程中，AP 并没有进行任何认证操作。也就是说，如果 AP 配置成开放式认证方式，那么所有 STA 都能得到 AP 的确认。开放式认证过程如图 3-32 所示。

共享密钥认证过程是确定 STA 是否拥有和 AP 相同的密钥的过程，如图 3-33 所示。STA 向 AP 发送认证请求帧，AP 回送明文，STA 将 AP 发送给它的明文用密钥加密后再发送给 AP，AP 用密钥对 STA 发送给它的密文进行解密。如果解密后的明文和 AP 发送给终端的明文相同，则表示认证成功，AP 向 STA 发送表示认证成功的认证响应帧，否则 AP 向 STA 发送表示认证失败的认证响应帧。

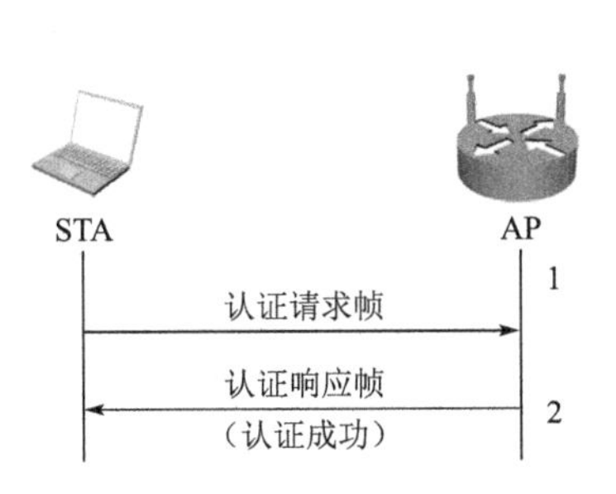

◎ 图 3-32　开放式认证过程

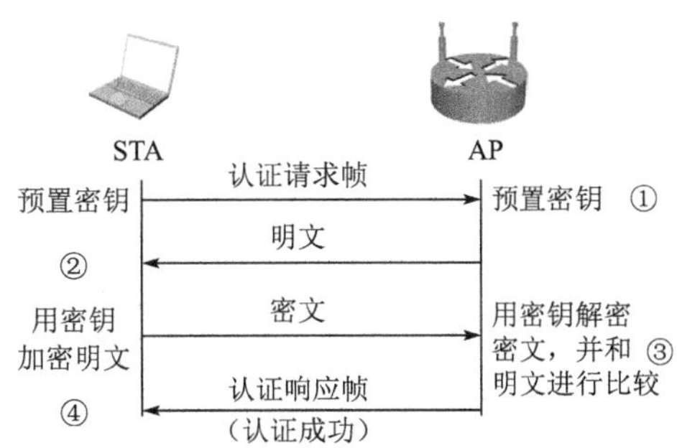

◎ 图 3-33　共享密钥认证过程

802.11 认证的目的是确保在 STA 和 AP 之间建立初始连接，以及认证两个设备都是有效的 802.11 设备，就像有线网卡通过以太网电缆连接到有线网口一样。

5. 关联过程

终端通过 AP 认证后，下一步就要与 AP 进行关联。关联过程类似于在总线以太网中将终端连接到总线上。成功关联意味着终端成为 BSS 中的一个成员，可以通过 AP 将数据发送到 DS 中的传输介质中。终端与 AP 的关联过程如图 3-34 所示。

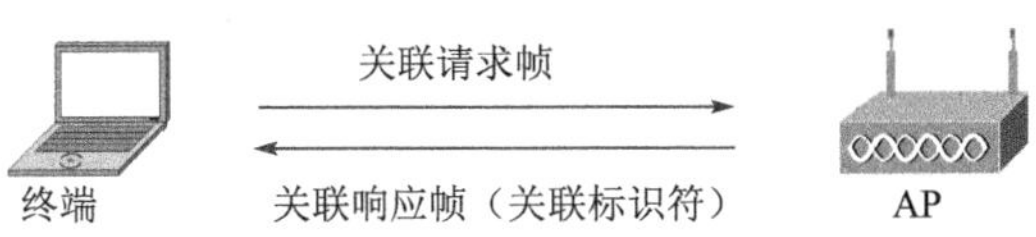

◎ 图 3-34　终端与 AP 的关联过程

终端向 AP 发送关联请求帧，其中给出终端的一些功能特性，如是否支持查询、是否进入 AP 的查询列表、终端的 SSID 和终端支持的数据传输速率等。AP 对这些信息进行分析，确定是否和该终端进行关联。如果 AP 确定和该终端进行关联，则向该终端回送一个表示成功关联的关联响应帧，其中包含关联标识符，否则向终端回送分离帧。

需要注意的是，和某个终端建立关联后，要在关联表中添加一项内容，其中包含终端的 MAC 地址、鉴别方式、是否支持查询、支持的物理层标准、数据传输速率和关联寿命等。就像总线型以太网中只有连接到总线上的终端才能进行数据传输一样，BSS 中只有 MAC 地址包含在关联表中的终端才能和 AP 交换数据。

6. MAC 帧的传输过程

MAC 帧是否会停在 AP 处？AP 是否将该 MAC 帧中继到更远的地方或中继来自远端的 MAC 帧？需要记住的是，地址 1 字段、地址 2 字段始终是 RA、TA，地址 3 字段则是额外下一跳的地址（如果需要的话）。下面以两个 MAC 帧和地址字段的示例进行说明。

如图 3-35 所示，帧 1 从主机 1 去往主机 2，帧 2 则从主机 2 去往主机 1。为简单起见，图 3-35 中使用的都是虚构的 MAC 地址。

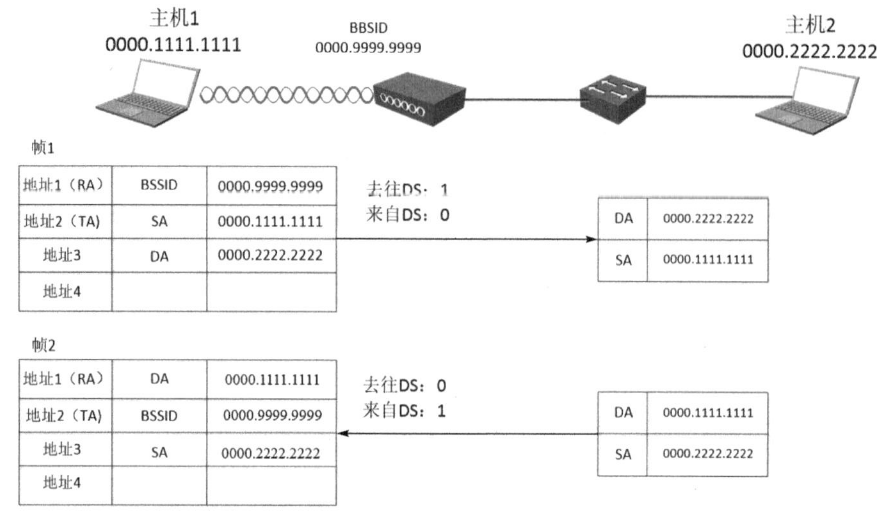

◎ 图 3-35　MAC 帧的传输过程

由于帧 1 从主机 1 通过 AP 向 DS 发送，因此地址 1（RA）字段包含的是 BSSID 0000.9999.9999。由于帧 1 是由主机 1 发送出来的，因此地址 2（TA）字段包含的是主机 1 的 MAC 地址 0000.1111.1111。由于帧 1 必须经过 AP，因此主机 1 以主机 2 的地址 0000.2222.2222 作为地址 3 字段。AP 接收到帧 1 之后，发现主机 2 位于 DS，因而将该无线帧转换为 802.3 有线帧，原始的 SA 和 DA 均被复制到新的有线帧中，从而能够转发给主机 2。

对于返程来说，主机 2 以 802.3 数据帧格式填充帧 2 的 SA 和 DA，由交换机将帧 2 转发给 AP。AP 知道目的端（主机 1）位于无线 BSS，因而将主机 1 的地址作为地址 1（RA）字段，并发送帧 2，地址 2（TA）字段包含的是 BSSID，原始源端（主机 2）的地址则被复制到地址 3 字段中。

【任务实施】

请按照如图 3-18 所示的 T_1、T_2、T_3、T_4、DIFS、SIFS 时间单位，根据任务提示在空白处填写适当的内容。

（1）信道检测。终端 A 和终端 B 检测到信道忙，经过时间（　　），检测到一个长达（　　）的介质空闲期之后，各自随机选择退避时间，终端 A 选择的退避时间为（　　）个时隙（T_4），终端 B 选择的退避时间为（　　）个时隙（T_4）。

（2）终端 A 向 AP 发送数据，时间为（　　）。AP 接收到终端 A 发送给它的数据帧，经过（　　）（确保控制帧优先发送），向终端 A 发送确认应答 ACK 帧，时间为（　　）。在信道持续空闲（　　）后，进入退避时间。AP 选择的退避时间是（　　）个时隙，由于终端 B 剩余的退避时间是（　　）个时隙，因此 AP 先结束退避时间，向终端 C 发送数据。

（3）终端 C 在接收到 AP 发送给它的数据帧后，经过（　　），向 AP 发送 ACK 帧，持续时间为（　　）。这时候信道空闲，终端 B 在信道持续空闲（　　）后，随机退避（　　）个时隙，信道仍然空闲，开始向 AP 发送数据。

（4）讨论。终端 A 和终端 B 竞争信道：终端 A 的退避时间短于终端 B 的退避时间，终端 A 发送数据。AP 和终端 B 竞争信道：AP 的退避时间比终端 B 的剩余退避时间短，AP 发送数据。

【任务验收】

（1）终端 A 发送数据的时间间隔：T_1+DIFS+3×T_4+T_2。

（2）AP 向终端 A 发送 ACK 帧的时间间隔：SIFS+T_3。

（3）AP 向终端 C 发送数据的时间间隔：DIFS+T_4+T_2。

（4）终端 C 向 AP 发送 ACK 帧的时间间隔：SIFS+T_3。

（5）终端 B 检测信道空闲的时间间隔：DIFS+T_4。

（6）终端 B 从开始检测信道到开始通过信道发送数据的时间间隔：T=(T_1+DIFS+3×T_4+T_2)+(SIFS+T_3)+(DIFS+T_4+T_2)+(SIFS+T_3)+(DIFS+T_4)。

（7）得出结论：当多个终端竞争信道时，如果某个终端选择较长的退避时间，则选择较长退避时间的终端从开始检测信道到开始通过信道发送数据之间的时间间隔是没有上限的。

【任务小结】

由于 WLAN 使用无线信道传输数据，因此必须采用和以太网不一样的物理层和 MAC 层技术。802.11 系列标准定义了 WLAN 物理层和 MAC 层通信规范。物理层标准和传输介质的物理特性相关，涉及工作频段、调制技术和编码方式、最高数据传输速率等内容。MAC 层标准主要负责信道接入、寻址、数据帧校验、错误检测、安全、漫游和同步等内容。数据链路层的协议数据单元是 MAC 帧。802.11 系列标准定义了 3 种 MAC 帧类型，以及 MAC 帧格式、各字段含义和每种 MAC 帧的功能。

【课后作业】

一、判断题

1. 在无线网络中检测冲突很困难，故 MAC 层采用 CD 协议。（　　）
2. 为了避免冲突，无线网络技术使用 CSMA/CA 标准。（　　）
3. 发送解除关联消息的客户端在回到小区时必须重新认证。（　　）

二、选择题

1. 802.11 数据帧中的地址 1 字段总是包括（　　）信息。

A．DCF　　B．BSSID

C．AP 的基础无线 MAC 地址　　D．RA

2. 每个 802.11 数据帧都包含两个标志比特，以指明该数据帧是否去往或来自（　　）。

A．AP　　B．DS　　C．BSS　　D．ESS

3. 通过侦听一个信标来连接的客户端使用（　　）扫描方式。

A．被动　　B．经典　　C．主动　　D．快速

4. 802.11 数据帧的 MAC 首部定义了（　　）个地址字段。

A．1　　B．2　　C．3　　D．4

5. （　　）不是 802.11 MAC 层报文。

A．管理帧　　B．监控帧　　C．控制帧　　D．数据帧

6. 以下属于管理帧的是（　　）。

A．Beacon　　B．Probe　　C．Authentication　　D．Association

7. （　　）不是 802.11 MAC 的主要功能。

A．扫描　　B．认证　　C．协商　　D．漫游和同步

8. 在 WLAN 技术中，BSS 表示（　　）。

A．基本服务信号　　B．基本服务分离

C．基本服务集　　　　　　　　　　D．基本信号服务器

9．如果一个 AP 未在无线网络中使用，则称这种情况为（　　）。

A．独立基本服务集　　　　　　　　B．孤立服务集

C．单一模式集　　　　　　　　　　D．基本个体服务集

10．当一个以上的 AP 连接到一个公共分布式网络时，该网络被称为（　　）。

A．扩展的服务区　　　　　　　　　B．基本服务区

C．本地服务区　　　　　　　　　　D．WMAN

11．客户端连接到（　　）以通过一个 AP 接入 LAN。

A．SSID　　　B．SCUD　　　C．BSID　　　D．BSA

三、填空题

1．802.11 的 MAC 帧中有 ________ 个地址字段，有 ________ 种地址类型。

2．当无线终端加入 WLAN 时，第一步要做的是 ________。

3．在无线网络中，由于冲突检测比较困难，因此 MAC 层采用 ________ 协议，而不是冲突检测 ________，但也只能减少冲突。

4．802.11 系列标准中规定的 WLAN 连接过程包括 4 个步骤：扫描、________、________ 和 ________。

5．802.11 定义了 3 种 MAC 帧类型，分别为 ________、________、________。

6．802.11 MAC 层具有多种功能，其中 ________ 功能采用的是 CSMA/CA 协议，用于支持突发式通信。

7．802.11 MAC 帧的帧间隔类型主要有 ________、________、________3 种，它们之间时间间隔的关系为 ________<________<________。

四、简答题

1．公司已有一个满足 100 个用户需求的有线局域网。由于业务的发展，现有的网络不能满足需求，需要增加 40 个用户的网络连接，并在公司客户接待室连接网络以满足合作伙伴实时咨询的需求。现结合公司的实际情况组建 WLAN，其拓扑结构图如图 3-36 所示。

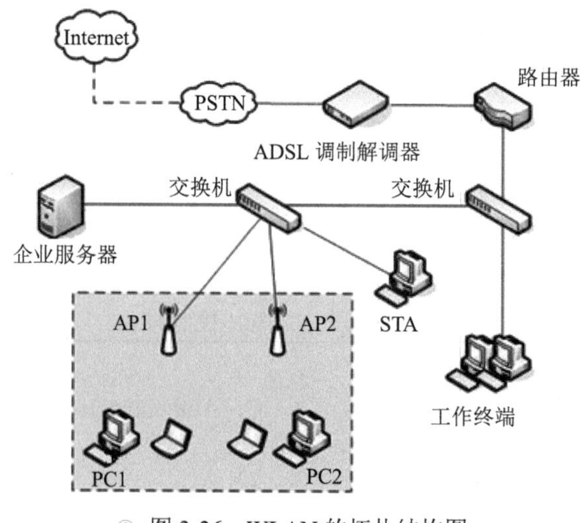

◎ 图 3-36　WLAN 的拓扑结构图

（1）从工作的频段、数据传输速率、优缺点及它们之间的兼容性等方面对 802.11a、802.11b

和 802.11g 进行比较。

（2）在图 3-37 中，当有多个无线设备时，为避免干扰需要设置哪个选项的值？

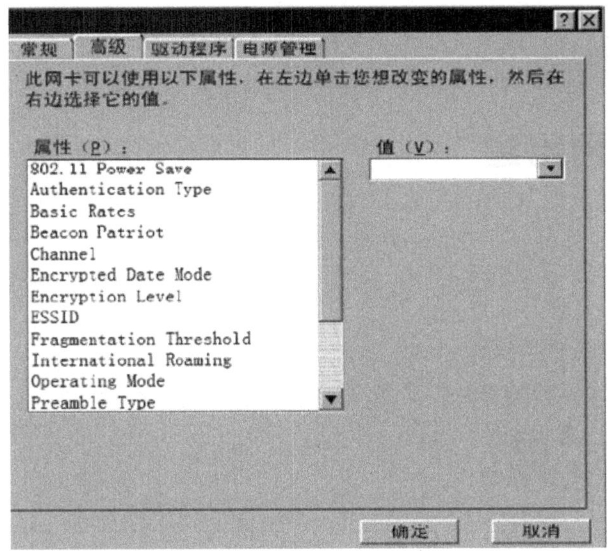

◎ 图 3-37　无线网卡配置界面

（3）802.11 定义了哪两种拓扑结构？简述这两种拓扑结构的特点。在图 3-37 中，Operating Mode 的值是什么？

（4）在图 3-37 中，ESSID 的值如何配置？

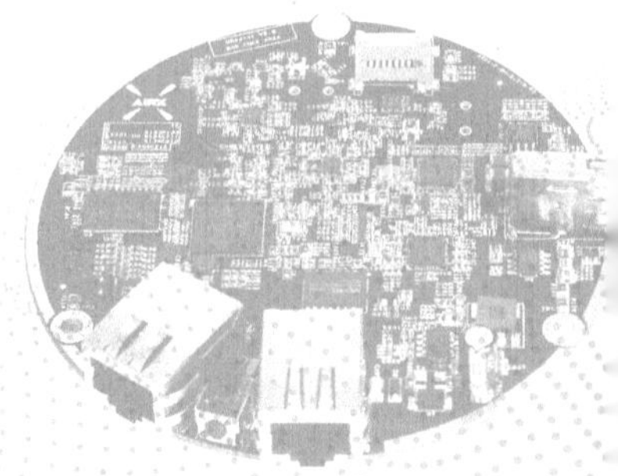

项目 4

小型无线局域网组建

知识目标

（1）了解 WLAN 的硬件组成。

（2）掌握无线路由器的功能和配置方法。

（3）了解天线的性能及分类。

（4）掌握天线的电气性能指标。

能力目标

（1）能够阐明无线路由器的技术指标和应用场景。

（2）能够组建 Ad-Hoc 网络。

（3）能够组建基础设施结构 WLAN。

（4）能够构建 WDS WLAN。

素质目标

（1）引导学生树立整体观念。

（2）引导学生养成脚踏实地的学习态度。

项目引例

无线终端通过 ADSL 接入 Internet

WLAN 既可以独立使用，也可以和有线网络共同使用。802.11 定义的 WLAN 拓扑结构可以覆盖极小的区域，也可以覆盖很大的区域，能够满足特定的无线组网需要。长期以来，一些厂商还生产了采用非标准拓扑结构的 802.11 硬件设备，包括无线网卡、STA、无线路由器、AP、无线控制器（WLC）或 AC 和天线等。需要注意的是，小型组织的无线需求与大型组织的无线需求不同，大型无线部署需要附加无线硬件，以简化无线网络的安装和管理。

在小型无线网络架构中，无线客户端通过使用无线网卡发布 SSID 来发现附近的 AP，如图 4-1 所示。用户是 WLAN 的端点，会利用运行所需应用程序的计算机设备，802.11 将无线客户端称为 STA。无线网卡是通过空中介质进行通信的关键组件，没有无线网卡，用户将无法访问无线网络。WLAN 的部署需要具有无线网卡的终端，如无线路由器。无线路由器可用作 AP，向用户提供 WLAN 基础结构，以及连接到诸如以太网之类的 DS。

天线是能量置换设备，属于无源器件，主要作用是辐射或接收无线电波。辐射时将高频电流转换为电磁波，将电能转换为电磁能；接收时将电磁波转换为高频电流，将电磁能转换为电能。

天线在无线网络布局工作中有很大的作用，其性能与质量直接影响移动通信网络覆盖范围和服务质量；不同的地理环境、不同的服务要求要选用不同类型、不同规格的天线。

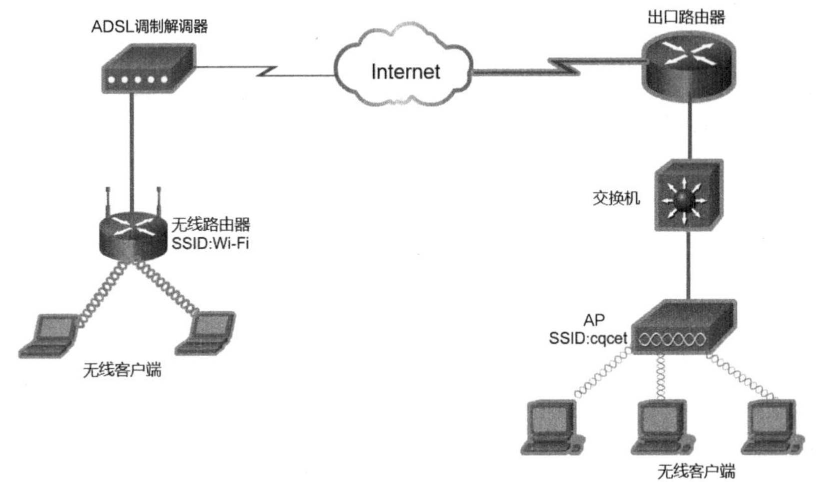

◎ 图 4-1　小型无线网络拓扑结构图

本项目场景和“无线终端通过 ADSL 接入 Internet”素材资源极其类似，都不复杂。从如图 4-1 所示的拓扑结构图来看，整个网络结构可以划分为三个部分，左边和右边分别是一个 WLAN，中间是 Internet。从操作层面看，需要完成左边无线路由器、ADSL 调制解调器、无线客户端的配置，以及右边 AP、交换机、出口路由器、无线客户端的配置，Internet 不是我们能够操控的范围，无须进行配置。由以上的分析可以知道，要实现两个 WLAN 的无线客户端能够访问 Internet，需要正确处理整体与局部之间的关系，在设备的配置过程中，不要舍近求远，要具备一步一个脚印的探索精神。

任务 4.1　构建自治无线局域网

【任务描述】

Ad-Hoc 网络是一种省去了 AP 搭建起来的对等网络结构，只要安装了无线网卡，计算机彼此之间就可实现无线互联。由于省去了 AP，Ad-Hoc 网络的搭建过程较为简单，但是传输距离相当有限，因此这种网络比较适用于满足临时性的计算机无线互联需求。本任务采用如图 4-2 所示的网络拓扑结构构建一个临时的无线网络，实现 PC1 与 PC2 之间的无线互联。

PC1：192.168.10.1/24　　PC2：192.168.10.2/24

◎ 图 4-2　Ad-Hoc 网络拓扑结构图

【任务要求】

本任务需要两台安装了 Windows 10 操作系统和无线网卡的 PC，并且要合理规划两台 PC 中无线网卡要使用的 IP 地址，将网络名设置为 TMP_Network，安全类型设置为 WPA2- 个人，安全密钥设置为 20181001，在完成相关配置后，确保两台 PC 之间能够 ping 通，并进行现场演示。

知识准备

4.1.1 无线局域网的硬件组成概述

WLAN 既可以独立使用，也可以和有线网络共同使用。WLAN 主要由无线站、无线网卡、无线路由器、WDS、AP 和 WLC 组成，如图 4-3 所示。本项目只介绍前 4 个组件，后 2 个组件将在项目 5 中介绍。

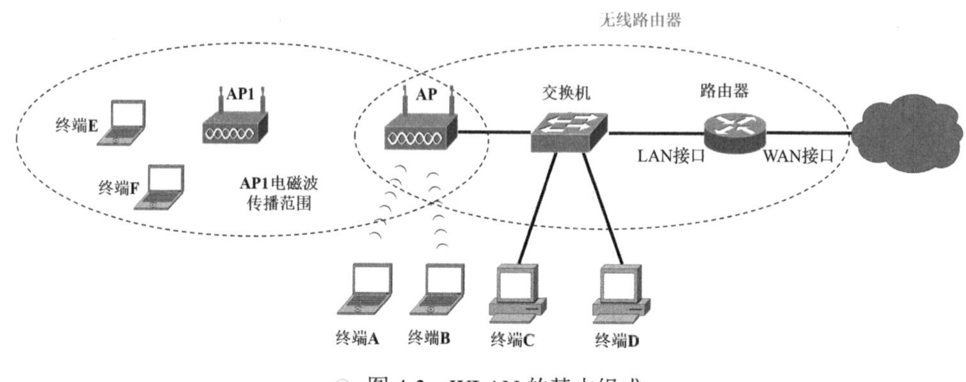

◎ 图 4-3 WLAN 的基本组成

4.1.2 无线站

无线站是配置了支持 802.11 协议的无线网卡的终端，也被称为工作站（STA），如图 4-4 中的笔记本电脑、智能手机、平板电脑等都可以称为 STA。最简单的 WLAN 仅由 STA 组成，STA 之间能够直接通信或通过 AP 进行通信，如图 4-5 和图 4-6 所示。

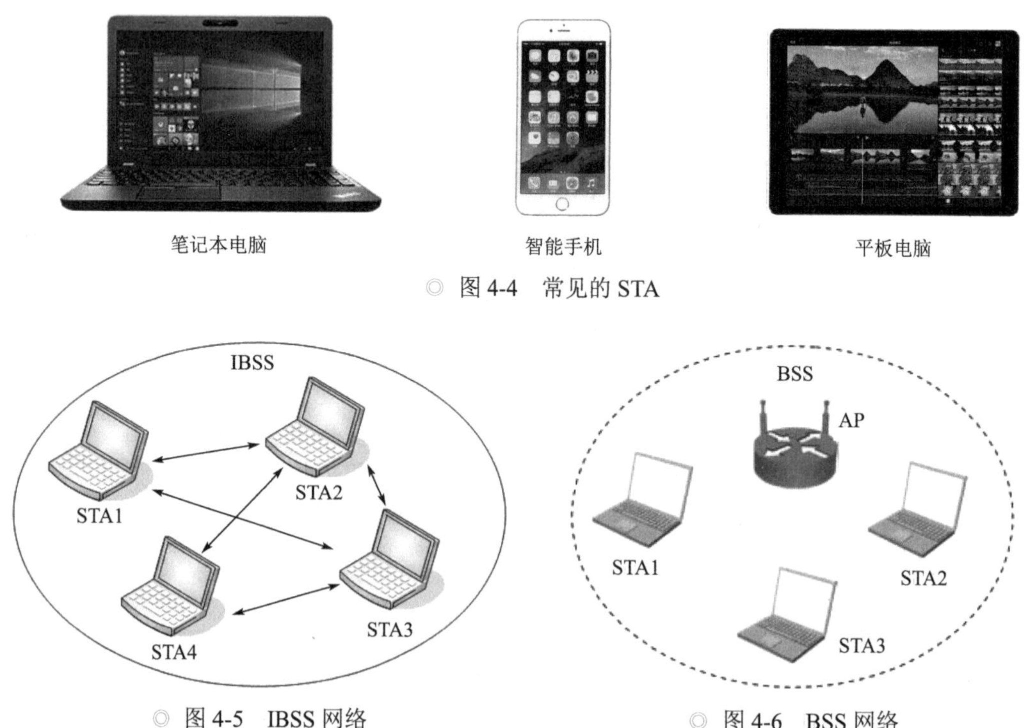

笔记本电脑　智能手机　平板电脑

◎ 图 4-4 常见的 STA

◎ 图 4-5 IBSS 网络　◎ 图 4-6 BSS 网络

STA 之间的通信距离会因天线辐射能力和应用环境而受到很大的限制。WLAN 覆盖的区域被称为服务区（Service Area，SA），由 STA 的无线收发信机及地理环境确定的通信覆盖区域被称为 BSA 或无线蜂窝（Wireless Cell），BSA 是网络的最小单元。一个 BSA 内相互联系、相互通信的一组主机组成 BSS，并且 STA 只能和同一个 BSS 通信。

4.1.3　无线网卡

无线网卡能收发无线信号，作为 STA 的接口，实现与无线网络的连接，其网络作用类似于有线网络中的以太网网卡。不同接口的无线网卡如图 4-7 所示。

USB 接口无线网卡

PCMCIA 接口无线网卡

PCI 接口无线网卡

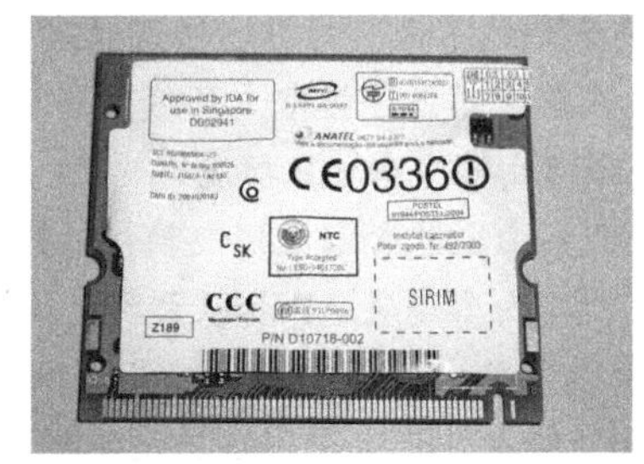

Mini PCI 接口无线网卡

◎ 图 4-7　不同接口的无线网卡

无线网卡按无线标准可以分为 802.11b 无线网卡、802.11a 无线网卡、802.11g 无线网卡、802.11n 无线网卡和 IEEE 802.11ac 无线网卡等；按接口类型可以分为 PCMCIA 接口无线网卡、PCI 接口无线网卡、Mini PCI 接口无线网卡和 USB 接口无线网卡等。PCMCIA 接口无线网卡主要用在具有 PCMCIA 接口盒的笔记本电脑上；PCI 接口无线网卡用于台式计算机，固定安装在主板上，需要拆开主机机箱并安装驱动程序；Mini PCI 接口无线网卡安装在笔记本电脑内的主板接口上；USB 接口无线网卡可用在具有 USB 接口的台式计算机或笔记本电脑上，安装方便，但信号接收面窄，可能会影响性能。

无线路由器频段选择动画

4.1.4　无线路由器

无线路由器是将单纯性 AP 和宽带路由器（宽带路由器在功能上可以等效为交换机和路由器）合二为一的一种扩展型产品。它不仅具备单纯性 AP 的所有功能，如支持 DHCP 客户端、VPN、防火墙、WEP 加密等，还具备网络地址转换（NAT）功能。

无线路由器的内部结构如图 4-8 所示，其特点一是存在一个多端口交换机，有线终端可以通过网线连接到交换机的端口上；二是存在 AP，无线终端可以通过无线信道连接到 AP 上；三是存在路由器，该路由器有一个用于连接 Internet 的 WAN 接口和一个用于连接局域网的 LAN 接口，WAN 接口是外部可见的，LAN 接口是外部不可见的。

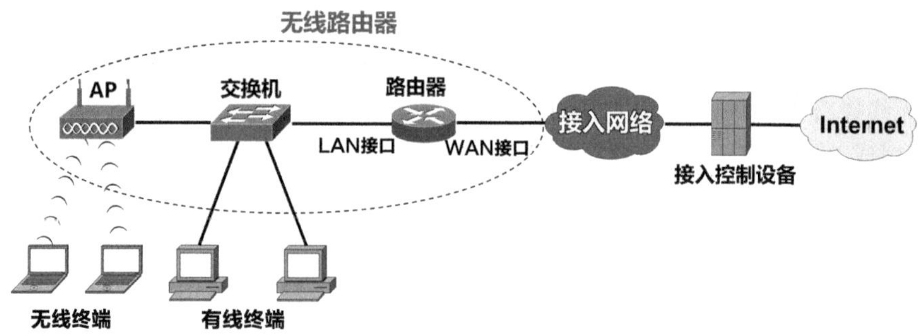

◎ 图 4-8 无线路由器的内部结构

如果使用无线路由器来实现家庭局域网用户的网络连接共享，那么 AP 实现了家庭局域网中 WLAN 和以太网的互联，因此家庭局域网中的有线终端和无线终端之间可以相互通信；路由器实现了家庭局域网与 Internet 的互联，因此家庭局域网中的有线终端和无线终端可以通过路由器访问 Internet。值得注意的是，WLAN 中的路由器与普通的实现多种不同类型网络互联的路由器相比，无论性能还是功能都是有区别的。

典型例题

下列关于无线路由器的描述错误的是（ ）。

A. 无线路由器是连接家庭局域网与接入设备的网络

B. 无线路由器包含 AP 功能

C. 无线路由器包含以太网交换机功能

D. 无线路由器是集 AP 和以太网交换机于一身的链路层设备

解析：无线路由器是连接家庭局域网与接入设备的网络，实现 IP 分组家庭局域网与接入网络之间的相互转发过程，是网络层设备。

答案：D

4.1.5 WDS

物理层覆盖范围的限制决定了 STA 与 STA 之间的直接通信距离。为扩大物理层覆盖范围，可将多个 AP 连接以实现相互通信。通过连接多个 AP 实现 STA 接入 Internet、文件服务器、打印机等有线网络中任何可用资源的逻辑组件被称为 DS，也被称为骨干网络。如图 4-9 所示，如果 STA1 想要向 STA3 传输数据，那么 STA1 通常先将无线帧传送给 AP1，AP1 连接的 DS 负责将无线帧传送给与 STA3 关联的 AP2，再由 AP2 将无线帧传送给 STA3。

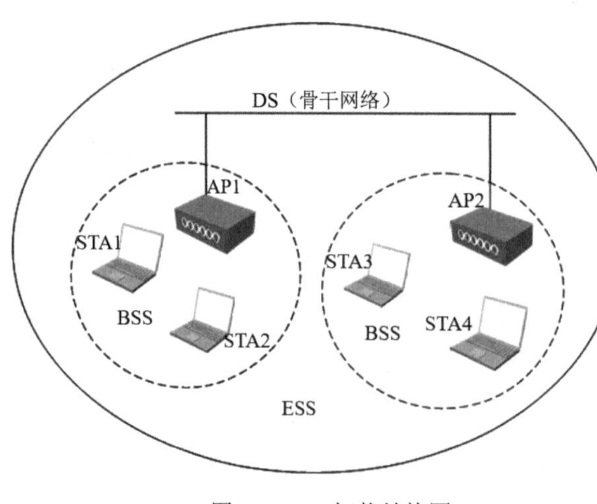

◎ 图 4-9 DS 拓扑结构图

DS 的传输介质可以既是有线传输介质，也可以是无线传输介质，这样在组织 WLAN 时就有足够的灵活性。在多数情况下，有线 DS 采用有线局域网（如 802.3 网络），而 WDS（Wireless Distribution System，无线分布式系统）可通过 AP 间的无线通信（通

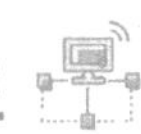

常为无线网桥）取代有线电缆来实现不同 BSS 的连接。有关 WDS 的配置模式将在后文进行阐述。

典型例题

以下关于 WDS 的描述错误的是（　　）。

A. 通过无线链路互联的多个无线网桥使用相同的信道

B. 用两端无线网桥的 MAC 地址唯一标识互联无线网桥的无线链路

C. 无线链路两端采用确认机制应答

D. 经过无线链路传输以太网 MAC 帧

解析：经过无线链路传输的是 WLAN MAC 帧，需要由无线网桥将以太网 MAC 帧转换成 WLAN MAC 帧。

答案：D

4.1.6　Ad-Hoc 网络

Ad-Hoc 网络是一种省去了 AP 搭建起来的对等网络结构，只要安装了无线网卡，计算机彼此之间就可实现无线互联。由于省去了 AP，Ad-Hoc 网络的搭建过程较为简单，但是传输距离相当有限，因此这种网络比较适用于满足临时性的计算机无线互联需求。

【任务实施】

Ad-Hoc 网络组建实践

任务实施中的两台 PC，假定其中一台是 PC1，另外一台是 PC2。

（1）在 PC1 中，右击桌面上的“网络”，在弹出的快捷菜单中选择“属性”选项，在左侧单击“管理无线网络”。

（2）在弹出的界面中单击“添加”按钮，弹出“手动连接到无线网络”界面，单击“创建临时网络”。

（3）在弹出的“设置无线临时网络”界面中单击“下一步”按钮。

（4）在弹出的界面中，将网络名设置为 TMP_Network，安全类型设置为 WPA2- 个人，安全密钥设置为 20181001，单击“下一步”按钮。

（5）设置完成后单击“关闭”按钮。

（6）设置无线适配器的 IP 地址为 192.168.10.1，子网掩码为 255.255.255.0。

（7）在 PC2 上完成同样的配置，将 IP 地址更改为同网段即可，这里不再赘述。

【任务验收】

（1）WLAN 连接界面中能够看见无线网络 TMP_Network，两台 PC 能够成功连接 TMP_Network。

（2）测试两台 PC 之间的连通性，能够 ping 通。

（3）文档制作精良美观，内容紧扣主题，表述恰当，逻辑顺畅，整体风格统一。

（4）现场表述逻辑清晰，语言流畅，情绪饱满。

拓展提高

SaaS 云网络管理平台是 Meraki 产品组合的云网络基础，它集成了 AP、交换机、路由器和 IoT 传感器等设备。Meraki 利用 SaaS 云网络管理平台提供的全业务云端 IT 管理和部署、可视化、云端配置推送等功能，可以使

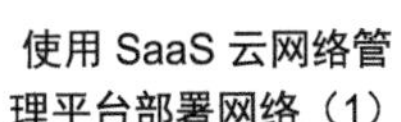

使用 SaaS 云网络管理平台部署网络（1）

使用 SaaS 云网络管理平台部署网络（2）

企业实现轻运营“极简 IT”模式，能够让企业在缺乏专业信息化人员和团队的情况下，依然可以跨区域、地域建设及管理 IT 资源，毫不费力地部署本地 Wi-Fi 高速无线网络，保证企业业务和日常工作的正常开展。请参考“使用 SaaS 云网络管理平台部署网络”视频资源，使用 Packet Tracer 搭建一个集中化云端管理的无线网络。

【任务小结】

Ad-Hoc 网络是一种无中心、自组织的网络，其 STA 之间通过建立点对点连接直接通信。如果需要在少量 STA 之间搭建临时的无线网络实现资源共享，那么 Ad-Hoc 网络是一个理想的选择。

【课后作业】

一、判断题

1. 无线路由器就是无线接入点。（　　）
2. 工作在非相同信道的无线网桥也可以实现 WDS 功能。（　　）

二、选择题

1. 用无线路由器组建的 SOHO 无线局域网，通过（　　）接入外部网络。

   A. LAN 接口　　B. WAN 接口
   C. 无线接口　　D. 电源接口

2. 下列关于无线路由器的说法，不正确的是（　　）。

   A. 可以给接入的终端动态分配 IP 地址　　B. 不可以关闭“无线功能”
   C. 可以关闭“SSID 广播”　　D. 可以进行安全设置

三、填空题

1. 图 4-10 给出了 WLAN 拓扑结构中的各个组成部分，请填写相应的名称。

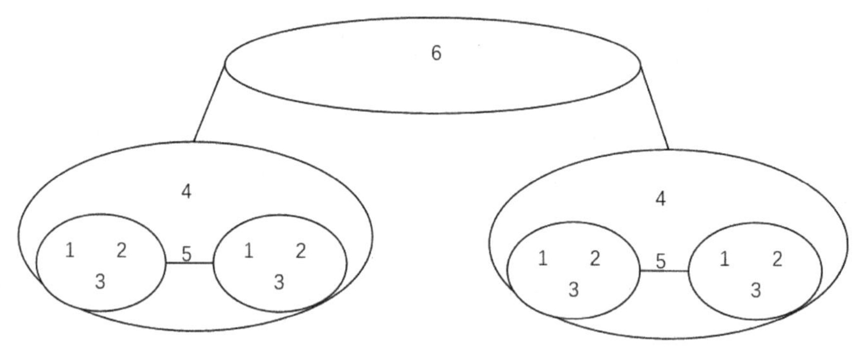

◎ 图 4-10　WLAN 拓扑结构图

其中，1、2 为设备，3、4、6 为网络构成单元，5 为连接系统。

四、简答题

1. 简述无线路由器的基本功能。
2. 简述 WDS 的分类及功能。

任务 4.2　扩展无线局域网

【任务描述】

住宅开发商一般把家庭接入网络的入口安装在入户墙上的一个箱体内，用户在装修时，可将网络线缆从此处分别铺设到客厅、书房、卧室等。这样的布置使 ADSL 调制解调器只能安装在入户墙上的一个箱体内，虽然无线路由器可以安装在某个房间（如客厅）内，但是受房屋结构、材质的影响，无线信号很难完全覆盖各个房间，导致用户的无线上网体验差。本任务使用如图 4-11 所示的网络拓扑结构，将一个主无线路由器安装在入户墙上的箱体内，在需要部署网络的房间内各安装一个无线路由器，将主无线路由器的 Internet 接口连接到 ADSL 调制解调器的以太网接口上，主无线路由器的 LAN 接口连接到各个房间无线路由器的 Internet 接口上，这样就形成了一个桥接网络。

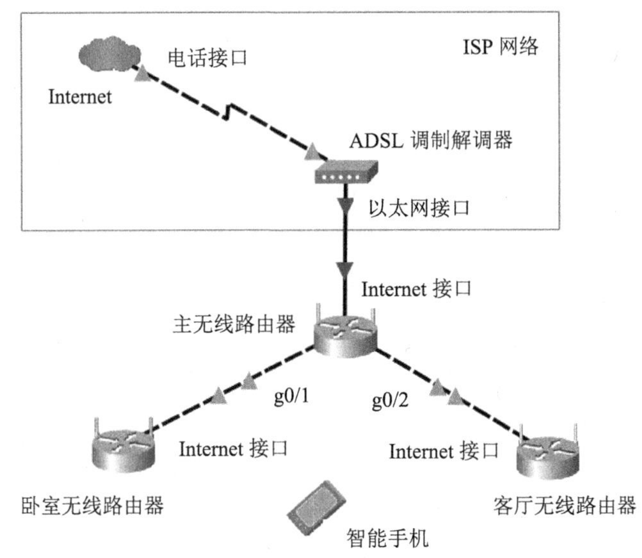

◎ 图 4-11　无线路由器扩展网络拓扑结构图

【任务要求】

本任务需要准备无线路由器 3 个、智能手机 1 台，具备通过 ADSL 调制解调器接入 Internet 的上网条件，准备足够长度的网线 3 根。完成相关配置后，智能手机动态获取 IP 地址，在任何房间内都能够连接上所搭建的无线网络（SSID 为 Living-Room，加密方式为 WPA2- 个人，密码为 12345678）并能访问 Internet。在没有硬件资源的条件下，可以使用 Packet Tracer 完成本任务。

知识准备

4.2.1　天线的性能及分类

学习提示

在无线通信系统中，天线是收发信机与外界传输介质之间的接口。同一根天线既可以辐射无线电波，也可以接收无线电波，如图 4-12 所示。在一般情况下，通过考虑链路预算或发射器和接收器之间的净信号强度增益，可以确保信号能够以良好的状态达到目的端，天线增益虽然是计算公式中的重要因素，但也不能全面描述天线的结构与性能。

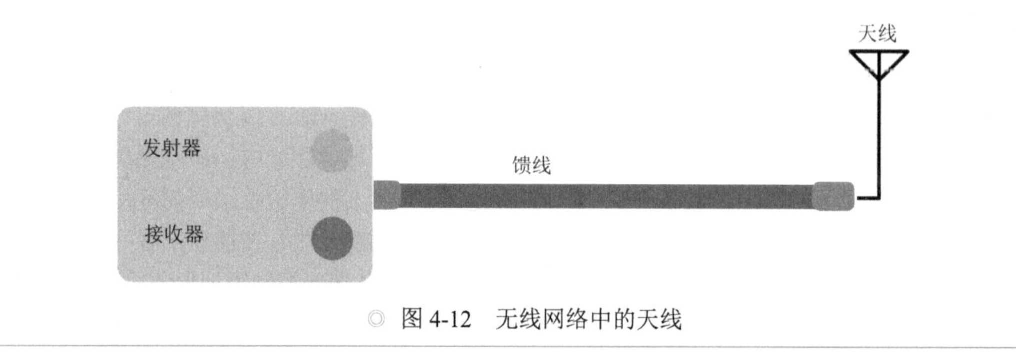

◎ 图 4-12　无线网络中的天线

1. 电磁波辐射

当一根长直导线中载有交变电流时，可以形成连续电磁波辐射，辐射的能力与导线的长度和形状有关，导线太短会导致辐射很微弱，当导线的长度增大到可以与发射波长相比拟时，可以形成较强的辐射。电磁波辐射示意图如图 4-13 所示。

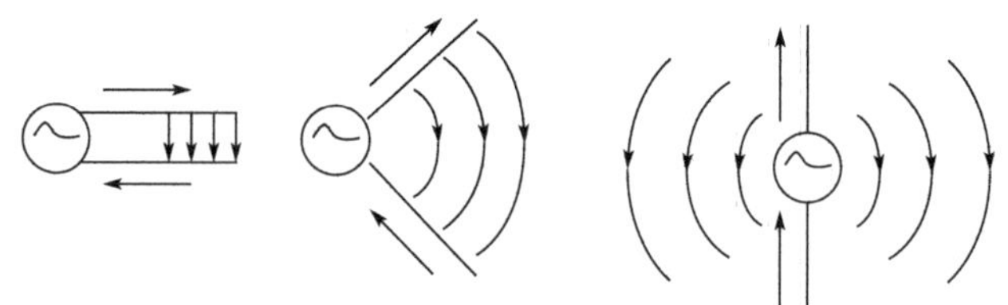

◎ 图 4-13　电磁波辐射示意图

如果两根导线的距离很近，则这两根导线所产生的感应电动势几乎可以抵消（这就是我们平时见到的大部分导线都以双绞线形式存在的原因），因而辐射很微弱。如果将两根导线张开一定角度，那么这两根导线上的电流在垂直方向上分量相叠加，由此产生的感应电动势方向相同，因而辐射较强。

能产生显著辐射的直导线被称为振子，其中两臂长度相等的振子叫作对称振子，每臂长度为 1/4 波长、两臂长度之和为 1/2 波长的振子被称为对称半波振子，如图 4-14 所示。

波长越长，天线半波振子越大。单个对称半波振子可作为抛物面天线的馈源独立使用，多个对称半波振子可组成天线阵列，如图 4-15 所示。

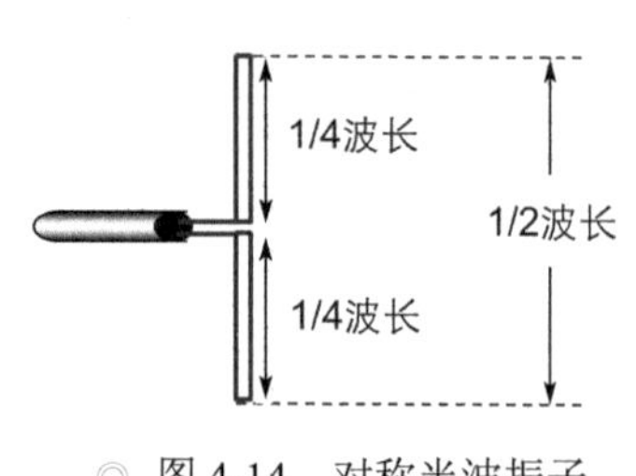

◎ 图 4-14　对称半波振子

◎ 图 4-15　天线阵列

2. 天线的定义及作用

天线是能够有效向空间某特定方向辐射电磁波或能够有效接收空间中某特定方向电磁波的装

置，如图 4-16 所示，它是无线电设备中用来发射和接收电磁波的换能部件。

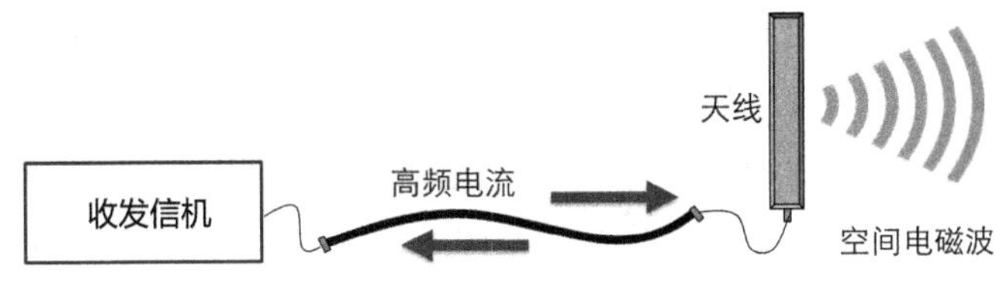

◎ 图 4-16　天线的作用示意图

3. 天线的极化

天线接通交流电之后就会产生电磁波。电磁波包括电场波和磁场波，其中电场波部分始终以一定的方向离开天线。例如，大多数思科天线产品在自由空间传播时都会在垂直方向产生一种上下振荡的波，有些天线可能会在水平方向产生前后振荡的波，而有些天线则可能会产生以三维螺旋运动方式扭曲的波。

波的方向（电场矢量在空间运动的轨迹）被称为天线极化，产生垂直振荡波的天线被称为垂直极化天线，产生水平振荡波的天线被称为水平极化天线。天线极化方式如图 4-17 所示。

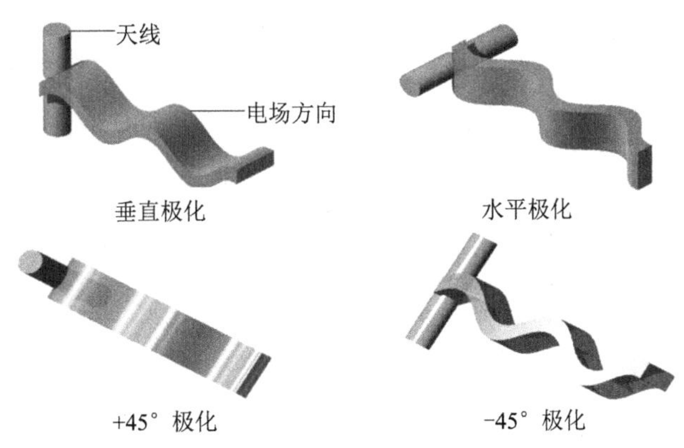

◎ 图 4-17　天线极化方式

虽然天线极化方式并不是很重要，但发射器的天线极化方式必须与接收器的天线极化方式相匹配，否则接收到的信号将会出现严重劣化。如图 4-18 所示，上半部分的发射器与接收器使用的都是垂直极化方式，因而接收到的信号质量很好；下半部分的发射器与接收器使用的极化方式不同，因而接收到的信号质量很差。

4. 天线的性能参数

1）辐射方向图

为了描述各向同性天线的性能，可以按如图 4-19 所示的方式绘制球体，球体半径与信号强度成正比。在对数刻度上绘制球体，可以将非常大的数和非常小的数画在同一个线性图上。通常将这种可以显示天线周围相对信号强度的图称为辐射方向图。辐射方向图用于说明天线在空间各个方向上所具有的发射或接收电磁波的能力。

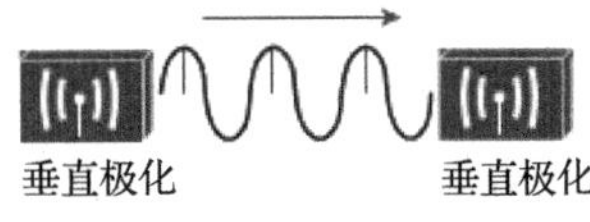

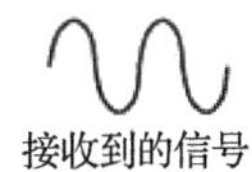

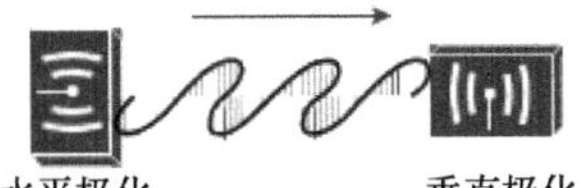

◎ 图 4-18　天线极化方式选择影响信号的接收

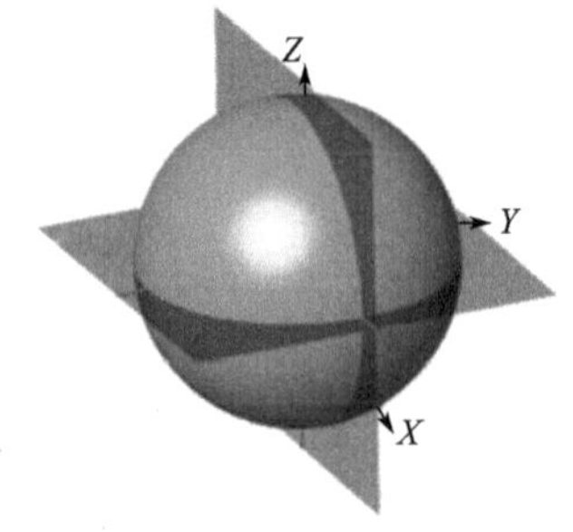

◎ 图 4-19　辐射方向图

一般很难在二维文件中显示三维图形，特别是非常复杂或很不规则的形状。绝大多数天线都不是理想天线，即它们的辐射方向图都不是简单的球体。一般情况下，以两个正交的平面来切割辐射方向图的三维图形，并显示二维图形的轮廓。对如图 4-19 所示的球体，采用水平方向的 *H* 面及垂直方向的 *E* 面进行切割，切割后的辐射方向图如图 4-20 所示。

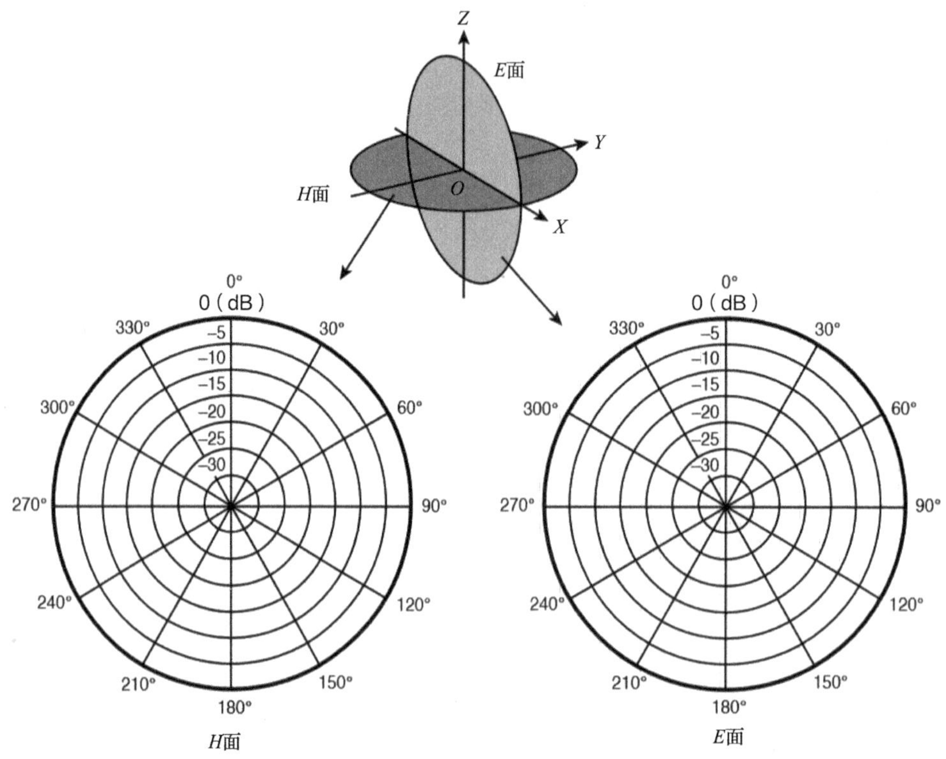

◎ 图 4-20　切割后的辐射方向图

在图 4-20 中，左侧的平面被称为 *H* 面，是以天线为中心自上而下的辐射方向图的俯视图；右侧的平面被称为 *E* 面，是该辐射方向图的侧视图。

可以将每个图的轮廓线都绘制到极坐标图上，如图 4-20 中的粗黑线所示。极坐标图中的各个同心圆表示信号强度（在与天线保持恒定距离的位置上进行测量）的相对变化情况。最外侧同心圆表示最强的信号强度，内侧同心圆则表示较弱的信号强度。这些圆圈上标示了 0、-5、-10、-15 等数字，这些数字并不代表任何绝对的 dB 值，而代表相对于外圈最大值的度量值。如果外圈显示的是最大值，那么由于其他信号强度均小于该最大值，因此都位于内圈。

2）波束宽度

虽然可以将天线增益视为辐射方向图集中程度的度量参数，但是天线增益更适用于链路预算，因而许多天线制造商都将波束宽度作为辐射方向图集中程度的度量参数。通常以度为单位，同时列出 *H* 面和 *E* 面的波束宽度。

在确定波束宽度时，首先在辐射方向图上找到辐射功率最大的点（通常位于外圈上的某个位

置处）；其次在辐射方向图的最大辐射功率两侧找出辐射功率减小 3dB 的位置（此处的信号强度是最大辐射功率的一半），从辐射方向图的中心到左右两侧 3dB 点各画一条直线，并测量这两条直线之间的夹角即可。如图 4-21 所示，*H* 面的波束宽度是 30°，*E* 面的波束宽度是 55°。

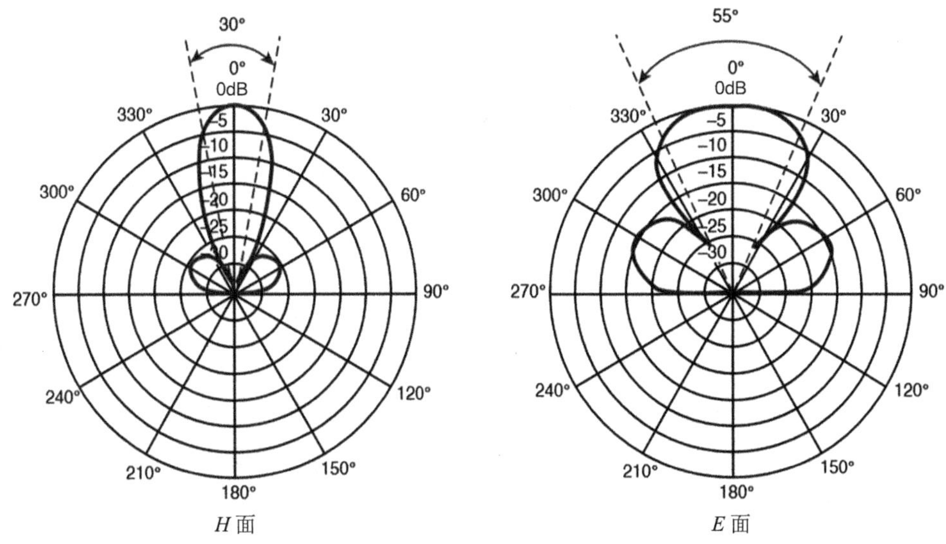

◎ 图 4-21　天线的波束宽度

5. 天线的分类

如果 WLAN 的天线都是一样的，那么 WLAN 会变得很简单。要想在室内及室外区域或两个地点之间实现 WLAN 的良好覆盖，需要面对大量的不确定因素。例如，办公区可能会被分成许多开放的格子间，也可能会沿着长廊被分隔为许多封闭的小房间；有时可能需要覆盖很大的空旷大堂、大型教室、拥挤的体育场馆、医院楼顶椭圆形的直升机停机坪、室外公园的大面积区域，以及行人可以安全行走的城市街道等。

换句话说，如果只有一种天线，就将无法满足所有应用场景，因而天线的大小、形状各异，每种天线都有自己的增益值和应用场合。

1）全向天线

全向天线通常为薄壁圆筒形，并且在所有方向上都均匀地向远离圆筒的方向（而不是沿圆筒的长度方向）辐射信号。需要注意的是，*H* 面的延展程度大于 *E* 面，因而形成“面包圈”形状的辐射方向图，如图 4-22 所示。

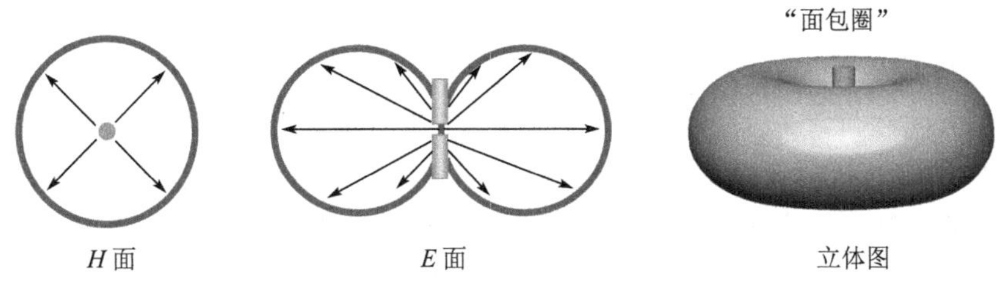

◎ 图 4-22　全向天线的辐射方向图

下面举一个简单的例子来介绍全向天线的辐射方向图。将食指竖起（代表天线），并把一个面包圈套在食指上（表示射频信号）。如果将面包圈沿水平方向切开以便在上面涂抹黄油，面包圈的剖面就代表全向天线的俯视图（*H* 面）。如果将面包圈沿垂直方向切开，面包圈的剖面就代表全向天线的侧视图（*E* 面）。

天线可以聚焦或对准所辐射的信号。需要注意的是，天线的 dBi 值或 dBd 值越大，其聚焦信号的能力就越强。在提到全向天线时，人们往往想知道它是如何将辐射到各个方向的信号能量集中在一起的。全向天线的增益越高，信号在水平方向上拉伸得就越厉害，即垂直方向上的信号功率越小，水平方向上的信号功率越大，如图 4-23 所示。

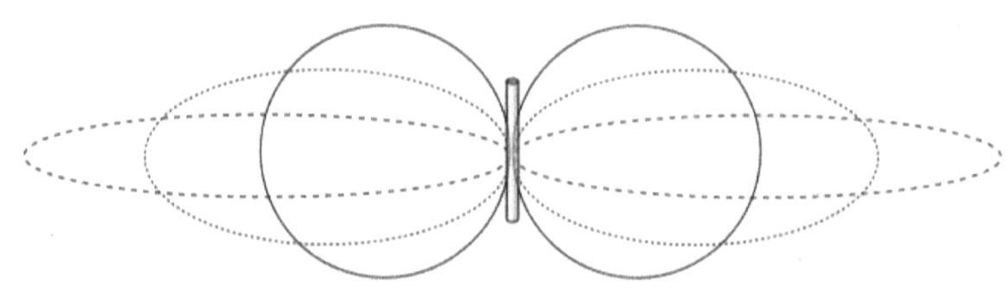

◎ 图 4-23　全向天线聚焦无线信号示意图

偶极天线是一种常见的全向天线，如图 4-24 所示。某些型号的偶极天线采用铰接形式，可以根据安装方向向上或向下折叠，而其他型号的偶极天线则是固定式的，无法折叠。顾名思义，偶极天线有两根独立的导线，接通交流电之后可以辐射射频信号。偶极天线的增益通常为 2 ～ 5dBi。全向天线非常适用于对大房子或大面积区域的广覆盖，可以将天线放置在中心位置。由于全向天线在大面积区域内分散射频能量，因此其增益相对较低。

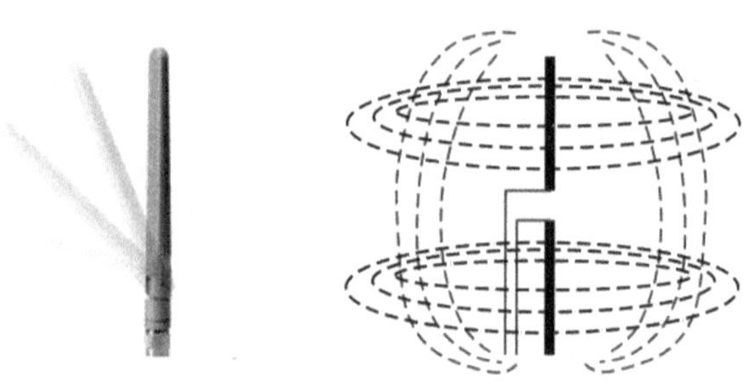

◎ 图 4-24　偶极天线

典型例题

某发射器连接了一根偶极天线，现在希望利用该天线的定向特性。根据偶极天线的辐射方向图，如果让该偶极天线的柱面直接指向远端发射器，那么结果是（　　）。

A. 接收器将接收到更强的信号

B. 接收器将接收到更弱的信号

C. 由于偶极天线是全向性天线，因此不可能出现定向情况

D. 这样做没有任何意义，除非接收器的偶极天线也直接指向发射器

解析：调整偶极天线的方向，使其柱面指向接收器，可能会导致接收的信号变弱。这是因为“面包圈”形状的辐射方向图会旋转着离开接收器，而辐射信号沿天线长度方向是最弱的。

答案：B

2）定向天线

定向天线是指在某个或某几个特定方向上发射及接收电磁波的能力特别强，而在其他方向上发射及接收电磁波的能力极小或为零的一种天线，其原理图如图 4-25 所示。采用定向天线的目

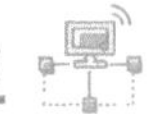

的是提高辐射功率的有效利用率，增加保密性。采用定向接收天线的主要目的是增强信号强度和提高抗干扰能力。

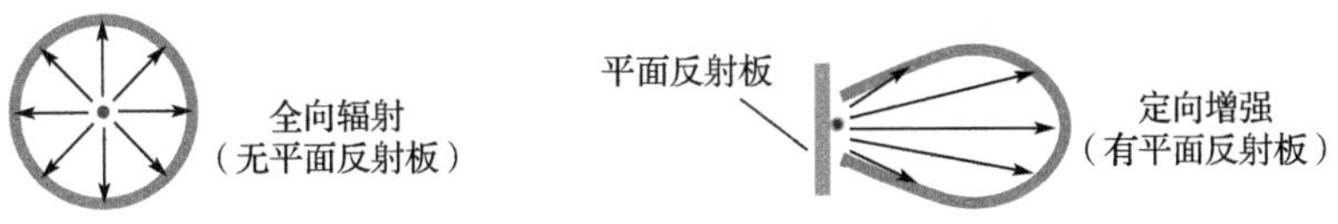

◎ 图 4-25　定向天线原理图

在视距无线传输路径上，射频信号只有使用窄波束才能进行长距离传播。虽然定向天线专门用于该场景，但它是沿着窄椭圆辐射方向图聚焦射频能量的。由于目标仅有一个接收器，因此定向天线无须覆盖视线之外的其他区域。

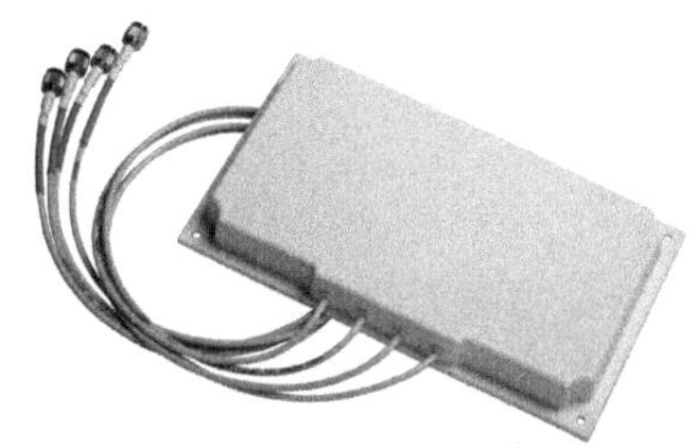

◎ 图 4-26　贴片天线

（1）贴片天线。贴片天线是一种扁平的矩形天线，可以安装在墙壁上，如图 4-26 所示。

贴片天线产生的辐射方向图呈宽大的蛋形，沿扁平的贴片天线表面向外延伸，其辐射方向图如图 4-27 所示。贴片天线的增益通常为 6 ～ 8dBi（2.4GHz 频段）和 7 ～ 10dBi（5GHz 频段）。

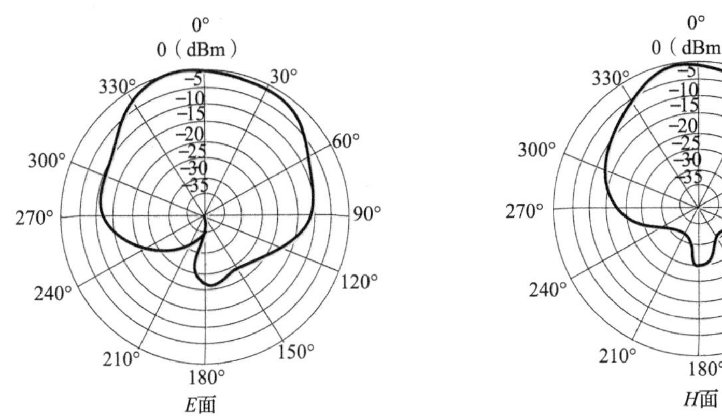

◎ 图 4-27　贴片天线的辐射方向图

（2）八木天线。八木天线的外表类似于一个厚圆柱体，是由长度逐渐递增的几个并行单元组成的，如图 4-28 所示。

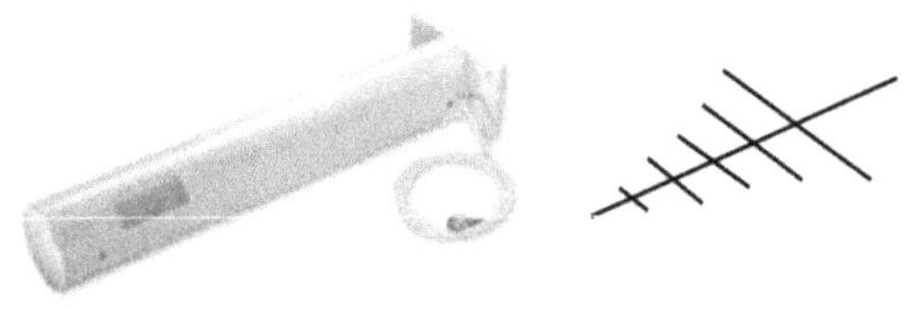

◎ 图 4-28　八木天线

八木天线的辐射方向图如图 4-29 所示。从图 4-29 中可以看出，沿着八木天线长度方向向外延伸，生成了更加聚焦的蛋形辐射方向图。八木天线在 2.4GHz 频段的增益为 10 ～ 14dBi。

（3）抛物面天线。抛物面天线使用抛物面将接收到的信号聚焦到位于中心位置的天线上，如图 4-30 所示。由于来自视距无线传输路径上的电波都会被反射到面向抛物面天线的中心天线单元上，因此抛物面的形状非常重要。发射电波则与此相反，发射电波正对着抛物面天线并且被反射，因而可以沿着视距无线传输路径向远离抛物面天线的方向传播。

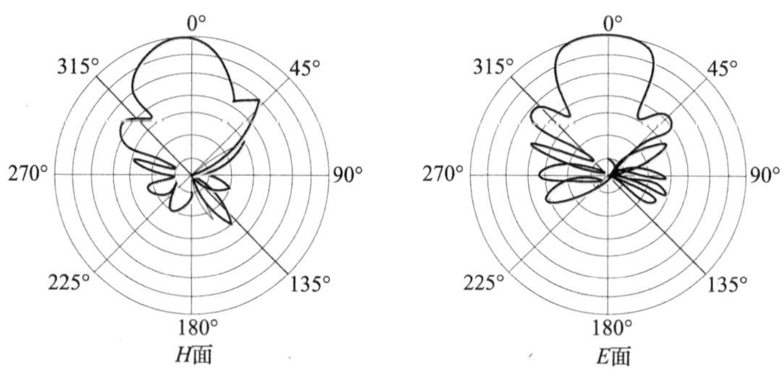

◎ 图 4-29　八木天线的辐射方向图

抛物面天线的辐射方向图如图 4-31 所示。需要注意的是，抛物面天线辐射方向图是狭长形的，并沿着远离抛物面天线的方向向外延伸。抛物面天线具有很好的聚焦能力，其天线增益为 20 ～ 30dBi，是所有 WLAN 天线中增益最大的天线类型。

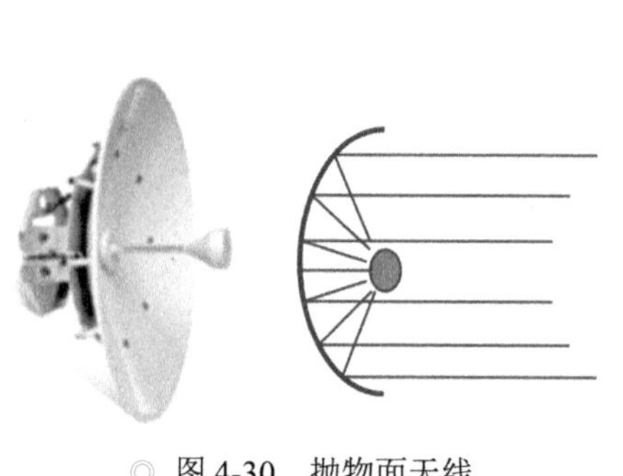

◎ 图 4-30　抛物面天线

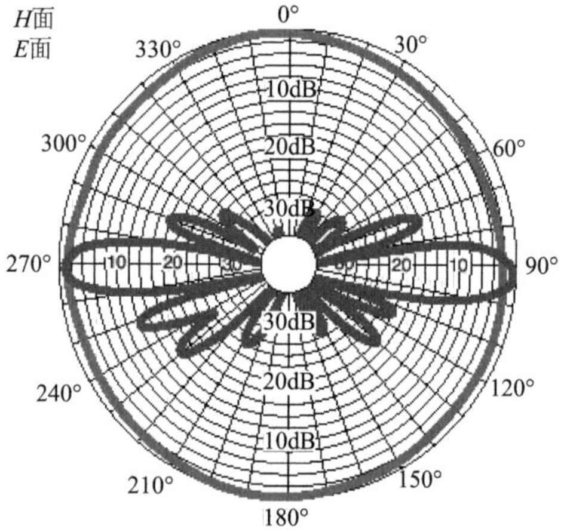

◎ 图 4-31　抛物面天线的辐射方向图

4.2.2　无线客户端实用程序

学习提示

用户可以通过一个软件配置界面，即无线客户端实用程序来配置客户端无线网卡。就像驱动程序是有线网卡与操作系统之间的接口一样，无线客户端实用程序实际上是无线网卡与软件之间的接口。无线客户端实用程序通常可以创建多个连接配置文件，如一个用于连接到工作网络，一个用于连接到家庭网络，一个用于连接到热点网络。

无线客户端实用程序的配置通常包括 SSID、传输功率、WPA/WPA2 安全设置、QoS 和电源管理等，还可以配置无线客户端网络处于 Infrastructure 模式或 Ad-Hoc 模式。大多数优秀的无线客户端实用程序通常还会附带具有某种形式的统计信息显示工具和接收信号强度指标测量工具。下面介绍无线客户端实用程序的三种类型。

1）操作系统集成的无线客户端实用程序

不同操作系统集成的无线客户端实用程序有所不同。例如，Windows 7 操作系统集成的无线客户端实用程序就比 Windows XP 操作系统集成的无线客户端实用程序改善了很多。某些操作系统（如 macOS）会提供 Wi-Fi 诊断工具，如图 4-32 所示。

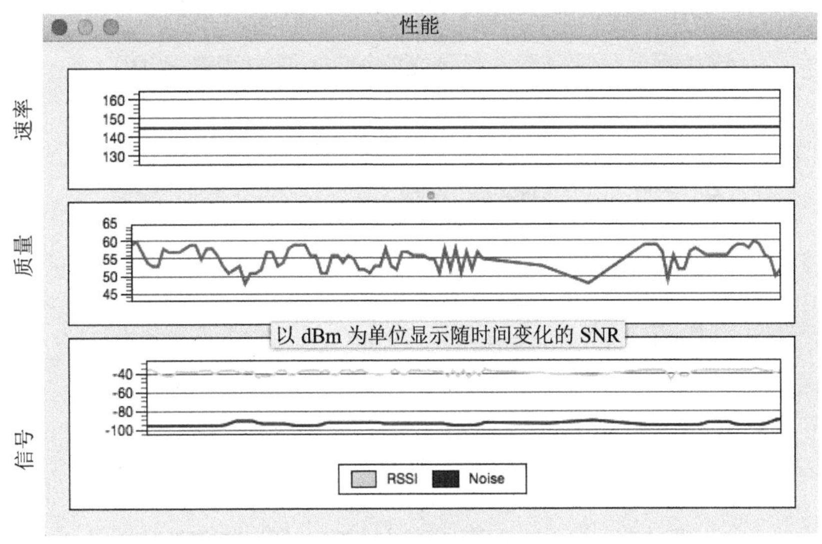

◎ 图 4-32　macOS 提供的 Wi-Fi 诊断工具

2）厂商提供的无线客户端实用程序

厂商有时会提供特定的无线客户端实用程序，通常用于外置无线网卡。近些年来，厂商特定的无线客户端实用程序也随着外置无线设备的减少而减少。企业级无线客户端实用程序为更加昂贵的企业级网卡提供了软件配置界面。在通常情况下，企业级无线客户端实用程序支持更多的配置功能，并具有更好的统计功能。英特尔 PROSet 无线客户端实用程序配置界面如图 4-33 所示。

◎ 图 4-33　英特尔 PROSet 无线客户端实用程序配置界面

3）第三方无线客户端实用程序

还有一种 802.11 无线网卡的软件配置界面是第三方无线客户端实用程序，如 Juniper 公司的 Odyssey Client Manager，如图 4-34 所示。与集成在操作系统中的无线客户端实用程序相同，第三方无线客户端实用程序也可以支持不同厂商的无线网卡，管理更加简便。此外，第三方无线客户端实用程序还支持多种 EAP 类型，可以提供更广泛的安全选择，主要缺点是通常需要付费。

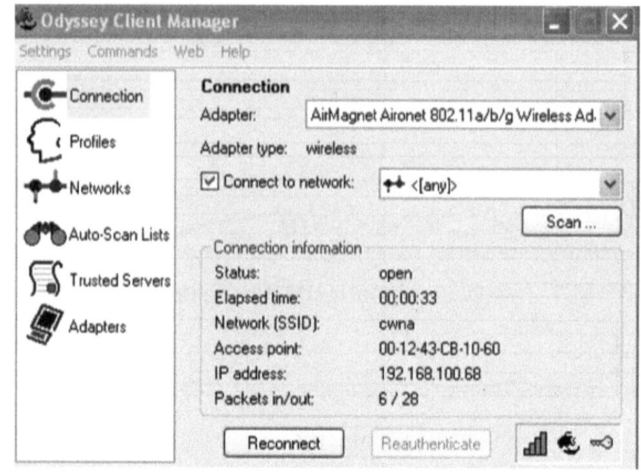

◎ 图 4-34　Juniper 公司的无线客户端应用程序配置界面

【任务实施】

扩展无线局域网

（1）搭建如图 4-11 所示的网络，注意使用无线正确连接主无线路由器和 ADSL 调制解调器之间的接口。

（2）配置主无线路由器。

无须进行配置。在默认情况下，Internet 接口是动态获取 IP 地址的，LAN 接口已自动配置了 IP 地址 192.168.0.1，作为无线客户端的网关，已开启了 DHCP 服务，为无线客户端分配的网段为 192.168.0.0，子网掩码为 255.255.255.0。

（3）配置客厅无线路由器。

① 设置 Internet 接口。打开无线路由器配置界面，单击 GUI 选项卡，单击 Setup 菜单，在左侧窗格中选择 Internet Setup，在 Internet Connection type 下拉列表中选择 Wireless AP 选项。将滚动条拉至最后，单击 Saves 按钮使配置生效。

② 禁用 5G 接口。单击 GUI 选项卡，单击 Wireless 菜单，在弹出的界面中单击 Basic Wireless Settings 子菜单，在 2.4GHz 文本框中将 Network Name（SSID）名称设置为 Living-Room，其他选项采用默认设置。在 5GHz-1 文本框和 5GHz-2 文本框中将 Network Model 设置为 Disable。将滚动条拉至最后，单击 Saves 按钮使配置生效。

③ 设置无线密码。单击 GUI 选项卡，单击 Wireless 菜单，在弹出的界面中单击 Wireless Security 子菜单，在 2.4GHz 选项的网络模式下拉列表中选择 WPA2 Personal 选项，在弹出界面的 Passphrase 文本框中输入密码 12345678，其他选项采用默认设置。将滚动条拉至最后，单击 Saves 按钮使配置生效。

请读者参照以上步骤，自行完成卧室无线路由器的配置。

（4）配置智能手机。

打开智能手机配置界面，单击 Wireless0，在 Port Status 的 SSID 文本框中输入 Living-Room，在

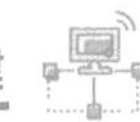

Authentication 选项组中选择 WPA2-PSK 选项，输入密码 12345678，这时发现智能手机已经连上客厅无线路由器了。

【任务验收】

（1）硬件设备连接正确，工艺符合网络施工规范。

（2）使用智能手机在不同房间能够搜索到无线网络，并且信号强度不能低于 -65dBm。

（3）智能手机能够连接室内覆盖的无线网络，并能访问 Internet。

（4）文档制作精良美观，内容紧扣主题，表述恰当，逻辑顺畅，整体风格统一。

（5）现场表述逻辑清晰，语言流畅，情绪饱满。

【任务小结】

组建家庭 WLAN 的核心是无线路由器。无线路由器兼具无线接入和路由的功能，多应用于家庭、办公室等面积小、用户少的组网环境。

【课后作业】

一、判断题

1. 天线不能增大发射信号的功率。（　　）
2. 天线的功率增益用 dBi 作为单位。（　　）
3. 天线的增益值越大，辐射的射频能量越集中。（　　）
4. 发射天线和接收天线必须为同样的极化方式，否则将导致信号不能正常接收。（　　）
5. 描述天线增益常用的两个单位是 dBi 和 dBd，它们之间的关系是 dBi 值 =dBd 值 +2.17dBi。（　　）

二、选择题

1. 下列（　　）不是描述天线的参数。

   A. 频段　　B. 增益　　C. 极化　　D. 功率

2. 全向天线在水平方向图上表现为（　　）。

   A. 90°　　B. 180°　　C. 360°　　D. 0°

3. 天线的增益大小可以说明（　　）。

   A. 天线对高频信号的放大能力

   B. 天线在某个方向上对电磁波的收集或发射能力的强弱

   C. 对电磁波的放大能力

   D. 天线在所有方向上对电磁波的收集或发射能力的强弱

4. 天线按方向性分类，可分为（　　）天线和（　　）天线。

   A. 板状　　B. 抛物面　　C. 全向　　D. 定向

5. WLAN 天线的选择，狭长区域建议选择（　　），开阔短距离区域建议选择（　　）。

   A. 全向天线，全向天线　　B. 全向天线，定向天线

   C. 定向天线，全向天线　　D. 定向天线，定向天线

6. 天线通过（　　）的方式获得增益。

   A. 在天线系统中使用功率放大器　　B. 使天线的辐射变得更集中

C．使用高效率的馈线　　D．使用低驻波比的设备

7．天线 A 的增益为 11dBi，天线 B 的增益为 8dBi，则天线 A 的增益比天线 B 大（　　）。

A．3dB　　B．3dBi　　C．3dBd　　D．不确定

8．（　　）不是天线的电气性能指标。

A．增益　　B．频段　　C．功率大小　　D．极化方式

9．关于天线的极化，以下描述中错误的是（　　）。

A．天线向周围空间辐射电磁波，其电场方向是按一定的规律变化的

B．天线的极化是指天线辐射时形成的磁场强度方向

C．如果电波的电场方向垂直于地面，则称它为垂直极化波

D．若发射天线是水平极化的，则接收天线也是水平极化的

10．某发射器连接了一根偶极天线，现在希望利用该天线的定向特性。根据偶极天线的辐射方向图，如果让该偶极天线的柱面直接指向远端发射器，那么结果是（　　）。

A．接收器将接收到更强的信号

B．接收器将接收到更弱的信号

C．由于偶极天线是全向天线，因此不可能出现定向情况

D．这样做没有任何意义，除非接收器的偶极天线也直接指向发射器

11．偶极天线安装后垂直指向上方，且辐射方向图水平向外延伸，下列关于该天线极化方式的描述中正确的是（　　）。

A．水平极化　　B．垂直极化　　C．双极化　　D．椭圆极化

三、填空题

1．常见的定向天线分为 ________、________、________ 三种类型。

2．天线的极化方式为 ________、________。

3．辐射方向图说明天线在空间 ________ 方向上所具有的发射或接收电磁波的能力。

四、简答题

1．简要说明天线的作用及其电气性能指标。

2．简述各类天线的特点。

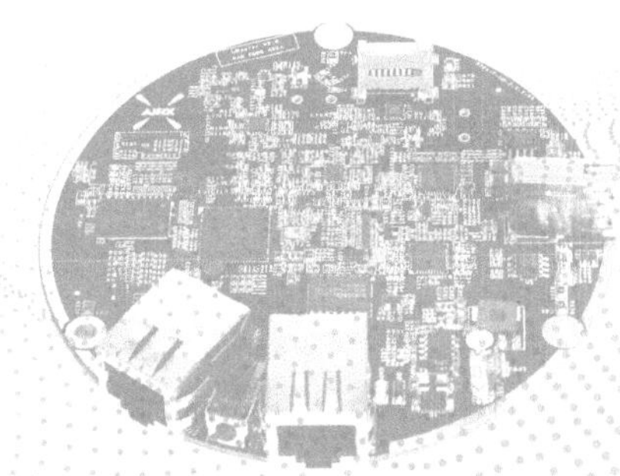

项目 5

智能无线局域网配置

知识目标

（1）了解 AP 的功能及分类。

（2）掌握 LAP+WLC 无线网络架构。

（3）了解 CAPWAP。

（4）掌握集中式 WLAN 的数据转发模式和组网模式。

（5）了解 WLAN 漫游的概念和信道规划方法。

能力目标

（1）能够描述 AP 的配置模式和工作过程。

（2）能够阐明 LAP 注册到 WLC 的过程。

（3）能根据用户的需求选择合适的无线网络组件。

（4）会正确安装与调试网桥、自主式 AP 和 WLC 等 WLAN 设备。

素质目标

（1）增强学生的科技创新意识。

（2）引导学生秉持牢固的唯物主义价值观。

（3）培养学生团结协作的职业素养。

项目引例

华为分布式敏捷 Wi-Fi 架构

在组建企业无线网络时，应根据网络的规模和投入的资金合理选择并部署无线设备。出于成本的考虑，组建小型企业无线网络通常不会购买专业性较强的 WLC 或 AC，以及轻量级 AP（LAP，也被称为“瘦”AP），而会采用自主式 AP（也被称为“胖”AP）部署无线网络，但是需要对自主式 AP 逐个进行配置。随着网络规模的扩大，使用自主式 AP 的数量会增多，配置的工作量和难度是很大的。因此，在大中型 WLAN 中通常采用 WLC 对 WLAN 内的 LAP 进行统一管理和配置，从而降低无线网络配置的工作量和难度。用户一旦接入无线网络，便期望在一个位置建立无线传输连接后，移动至网络覆盖的任意位置都不会中断连接，这就需要无线漫游功能来发挥作用。

某中型企业的网络拓扑图如图 5-1 所示，其中重庆分公司网络规模小，采用自主式 AP 来构建无线网络；公司总部网络规模较大，采用 LAP+WLC 方式来构建 WLAN。

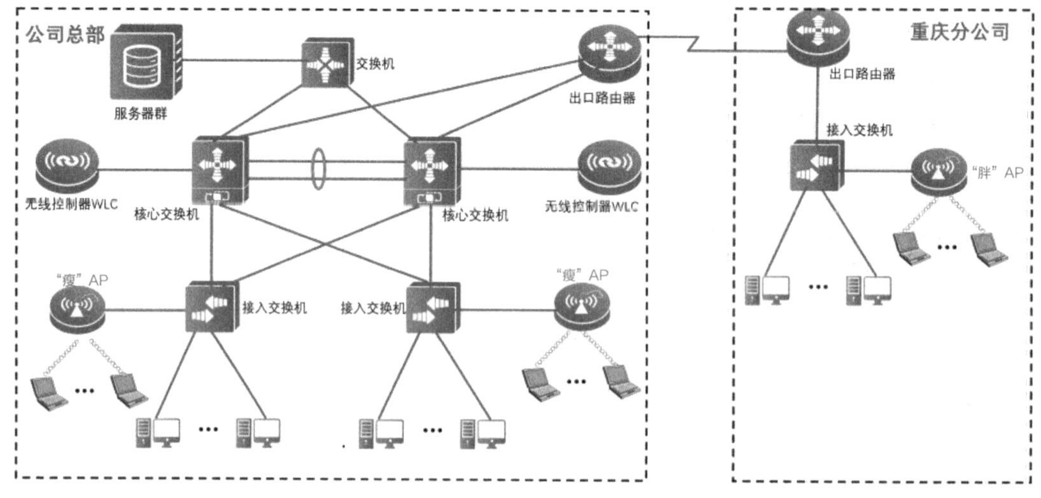

◎ 图 5-1　某中型企业的网络拓扑图

不断提升无线用户使用无线网络的体验效果是社会的需求。自无线网络诞生之日起，性能始终是人们关注的焦点。无线网络工程师一直在为 AP 减负，以提升无线网络性能。WLC 的出现，使 AP 无须负责所有功能，因此无线网络性能得到提升。近年来，无线网络应用需求井喷，对于 AP，除了再次增加负担，一切都没有变，只能再次变革 LAP+WLC 架构（见“华为分布式敏捷 Wi-Fi 架构”视频素材）。这也印证了技术的进步是伴随社会的需求而出现的，科技是第一生产力。当前新一轮科技革命和产业变革蓬勃兴起，科技创新成为关键变量。

任务 5.1　组建办公室无线局域网

【任务描述】

小型企业的无线网络用户数较少，覆盖范围要求也不高，因此使用少数几个 AP 就可以满足 WLAN 的组建需要。本任务采用图 5-2 所示的网络，实现无线终端 PC1 和有线终端 PC2 之间的相互访问。

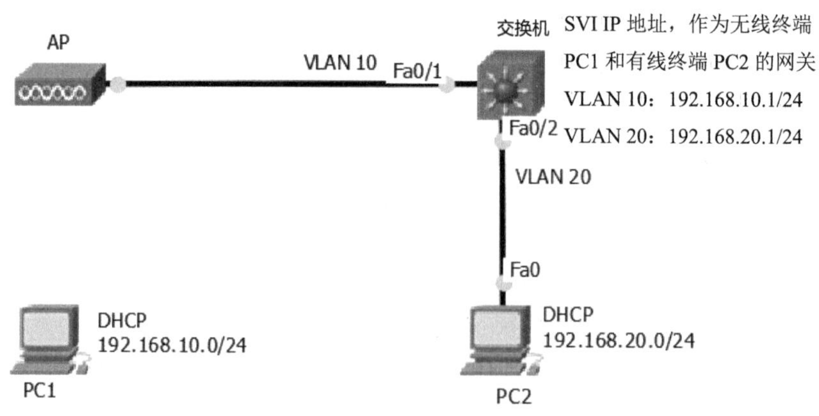

◎ 图 5-2　“胖” AP 配置拓扑图

【任务要求】

（1）准备 AP 设备 1 个（锐捷 AP-820）、AP 供电模块 1 个（E130）、交换机 1 台（锐捷 5330）、网线 2 根、PC 2 台（Windows 10 操作系统，其中一台安装无线网卡或者使用智能手机替代）。如果不具备硬件网络设备条件，则可使用 Packet Tracer 来实现。

（2）AP 的 SSID：cqcet1。认证方式：WEP。密钥：1234567890。

（3）IP 地址及 VLAN 规划如图 5-2 所示。

（4）使用网线将网络设备连接起来，达到网络施工规范要求。为了确保无线信号的覆盖范围，根据实际情况确定 AP 的安装位置。

（5）通过命令行方式完成各网络设备的配置。

（6）PC1 能够 ping 通 PC2。

知识准备

5.1.1　AP 的分类

学习提示

在逻辑上，AP 是一个无线单元的中心点，该单元内的所有无线信号都要通过 AP 进行交换。但 AP 没有控制作用，不能直接和 ADSL 调制解调器相连，在使用时必须再添加一台交换机。随着 WLAN 技术的愈加成熟，WLAN 由以“胖”AP 为主的传统架构演变为“瘦”AP+WLC 的集中式架构。

1. AP 的分类概述

在图 5-3 所示的 WLAN 结构中，AP 有“胖”和“瘦”之分。在传统的 WLAN 结构中，每个 AP 都是独立的，不依赖于集中控制装置，为将其同更高级的模式区别开来，称工作于这种模式的 AP 为“胖”AP，如图 5-3 中的 AP3。在如今的 WLAN 部署中，AP 仅保留基本的射频通信功能，而依赖于 WLC 的集中控制功能，这使得 AP 的管理更加趋于智能化和自动化，减少了人工的投入，相应地也可使总成本下降，因此称工作于这种模式的 AP 为“瘦”AP，如图 5-3 中的 AP1 和 AP2。

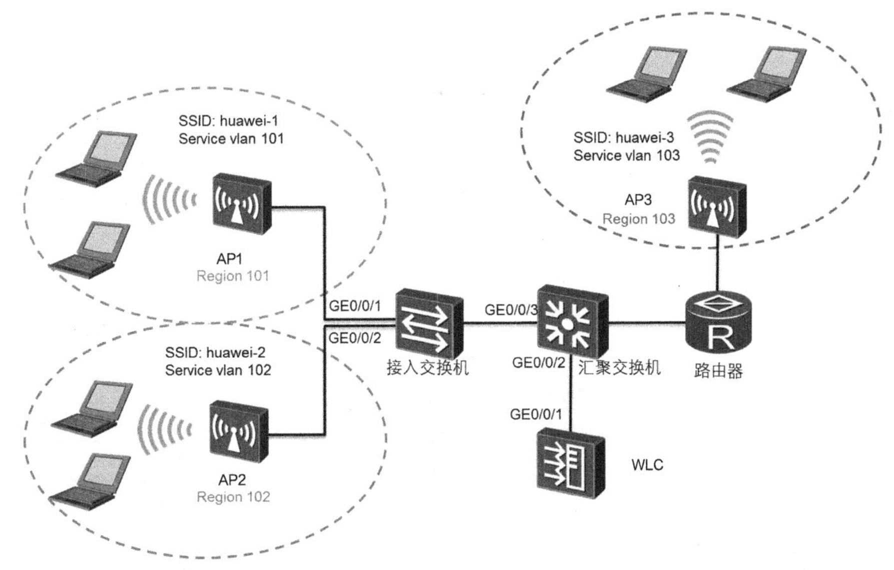

◎　图 5-3　AP 在 WLAN 中的部署

2. “胖”AP

（1）“胖”AP的主要功能。“胖”AP是第一代AP，出现于1999年802.11b标准出台后，其结构特点是将WLAN的天线、加密、认证、QoS、网络管理、二层漫游等功能集于一身，因此它的功能全面但结构复杂，如图5-4所示。

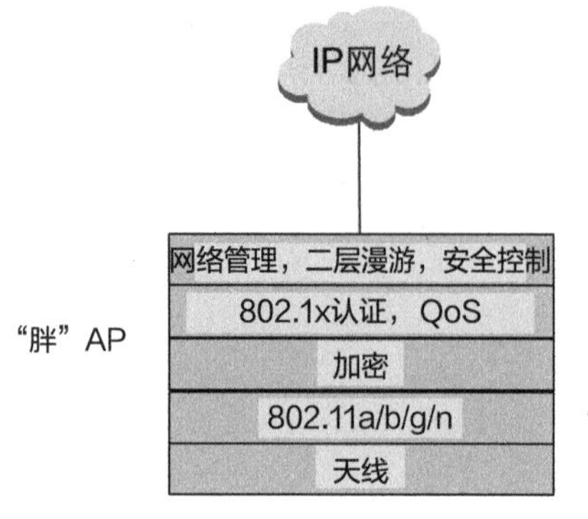

◎ 图5-4 “胖”AP的功能

“胖”AP的典型例子是无线路由器。无线路由器与纯AP不同，除无线接入功能以外一般具有WAN接口和LAN接口两个接口，支持DHCP服务、DNS服务和MAC地址克隆，以及VPN接入和防火墙等功能。

（2）“胖”AP的不足。随着无线网络的发展，需要部署AP的地方越来越多，“胖”AP的弊端也越来越明显。“胖”AP通常建立在功能强大的硬件基础上，需要复杂的软件，这使设备的安装和维护成本很高。另外，“胖”AP的可扩展性也存在问题，因为管理众多“胖”AP的射频运行方式是极其困难的。例如，需要负责选择和配置AP信道，检测并确定可能带来干扰的恶意AP，管理AP的输出功率，确保覆盖范围足够大，同时要求无线信号重叠区域不能太大且不存在未被覆盖的地方，即使某个“胖”AP出现故障。

典型例题

某AP被配置为使用信道1且发射功率为20dBm，现将该AP放置在大厅中间位置，希望大厅范围内的所有区域都能接收到信号。但某些使用小型电池供电设备的用户反映，他们向大厅外墙反向移动时会出现连接问题。下面（　　）措施可以解决这个问题。

A. 增大AP的发射功率以扩大其覆盖范围　　B. 增大客户端设备的发射功率

C. 调整客户端设备的漫游算法　　D. 在AP上启用较低的数据传输速率

解析：如果已经检测了AP信号并且确定其可以到达大厅范围内的所有角落，那么问题肯定不是AP的发射功率不足。出现问题的原因是小型客户端设备正在使用的发射功率小于AP的发射功率。也就是说，客户端信号不够强，以至于无法到达AP，即客户端与AP的发射功率不对称。解决方案就是将客户端的发射功率增大到与AP一致。

答案：B

3. “瘦”AP

“瘦”AP动画

（1）“瘦”AP的主要功能。为了实现WLAN的快速部署、网络设备的集中管理、精细化的用户管理，相对于“胖”AP方式，企业用户及运营商更倾向于采用集中控制方式（“瘦”AP+WLC）的组网模式，实现WLAN系统的可运维、可管理。

“瘦”AP+WLC架构中的WLC负责无线终端的接入认证、AP的管理、二层漫游、安全控制等，“瘦”AP负责802.11报文的加密、无线信号的发送与接收等功能，如图5-5所示。

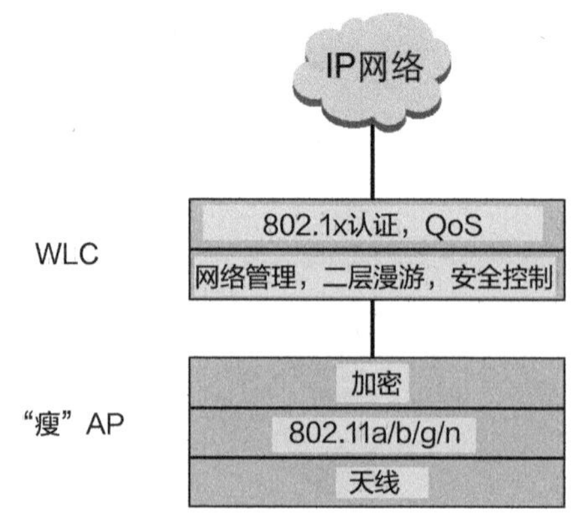

◎ 图5-5 “瘦”AP的功能

（2）“瘦”AP的优势。使用WLC来管理“瘦”AP，

为大规模 WLAN 应用提供了很多有利条件，既可以随着环境的变化动态更新 AP，也可以允许所有的“瘦”AP 共享一个通用的配置，从而提高无线网络的一致性。“瘦”AP 的优点如表 5-1 所示。

表 5-1　“瘦”AP 的优点

优　点	描　述
低成本	“瘦”AP 经过优化，可高效地完成无线通信功能，降低了最初的硬件成本及未来的维护和升级成本
简化接入管理	“瘦”AP 配置，包括安全功能都采用集中控制方式，简化了网络管理任务
改善漫游性能	比传统 AP 的漫游切换速度要快得多
简化网络升级	集中式的命令和控制能力使为适应 WLAN 标准对网络进行升级变得更加简单，因为升级只需在交换层上进行，而不用在每个“瘦”AP 上进行

4. “胖”AP 与“瘦”AP 的比较

“胖”AP 与“瘦”AP 的比较如表 5-2 所示。在大规模组网部署应用的情况下，“瘦”AP+WLC 架构与“胖”AP 架构相比，具有方便集中管理、三层漫游、基于用户下发权限等优势。因此，“瘦”AP+WLC 更适应 WLAN 发展趋势。

表 5-2　“胖”AP 和“瘦”AP 的比较

比 较 项 目	“胖”AP	“瘦”AP
安全性	传统加密、认证方式，普通安全性	基于用户、用户位置等安全策略，安全性高
网络管理	对每个 AP 进行配置	AP 零配置，WLC 上统一配置
用户管理	根据 AP 接入的有线端口区分权限	根据用户名区分权限
WLAN 组网规模	二层漫游，适合小规模组网，成本较低	二层、三层漫游，适合大规模组网，成本较高
信道自动调整	不支持	支持
发射功率自动调整	不支持	支持

5.1.2　WDS 的组网模式

学习提示

一般来说，AP 的上线网络是有线网络。当 AP 工作在网桥模式（AP Mode）时，主要作为接入 DS 的入口设备来使用。WDS 则是通过无线链路连接两个或多个独立的以太网或者 WLAN 组建一个互通的网络，以实现在 DS 与 802.11 无线传输介质之间传输数据。WDS 通常需要两个功能相同的 AP，常见的组网模式有点对点模式、点对多点模式、中继器模式等。部署 WDS 网络时无须架线挖槽，可以实现快速部署和扩容。

1. 点对点模式

可以使用点对点桥接链路将两个不同地点的 LAN 桥接在一起，此时需要在无线链路的两端各部署一个运行在网桥模式下的 AP。为实现链路距离的最大化，通常需要与网桥配合使用定向天线，如图 5-6 所示。

2. 点对多点模式

点对多点的 WDS 需要把多个离散的远程网络连接在一起，实现网络的互通。在点对多点的

WDS 拓扑结构中，将一个中心 STA 桥接到多个分支 STA，通常中心 STA 网桥会连接一根全向天线，如图 5-7 所示。

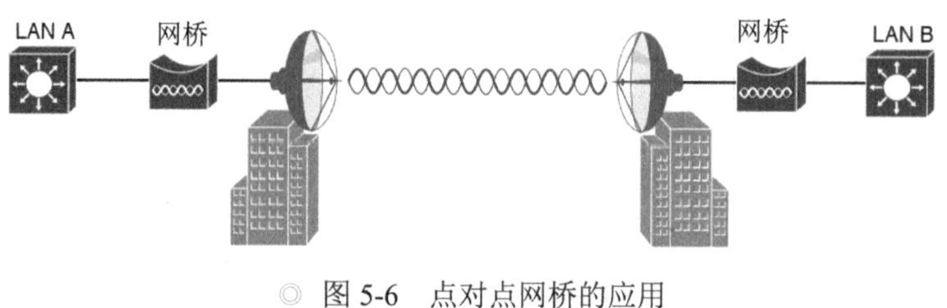

◎ 图 5-6　点对点网桥的应用

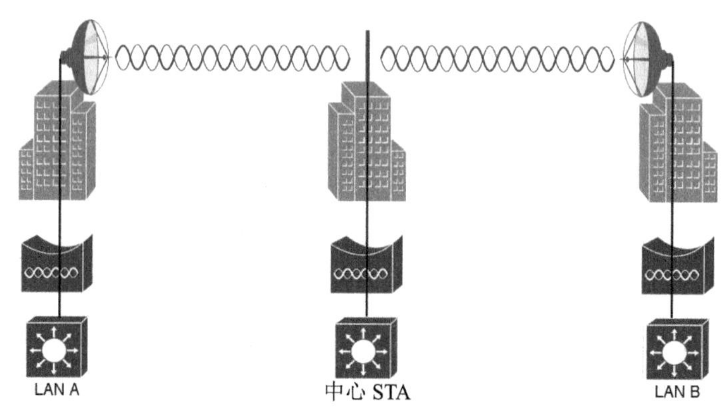

◎ 图 5-7　点对多点网桥的应用

3. 中继器模式

当需要连接的两个有线网络之间有障碍物或传输距离太远时，可以使用 WDS 中继器模式实现两个网络之间的连接。如图 5-8 所示，客户端通过一个中继器与连接到 802.3 以太网 DS 的根 AP 建立关联并相互通信。中继器的作用是扩大覆盖范围，它并不与有线 DS 相连。802.11 数据帧净载荷首先被转换为 802.3 以太网帧，然后被发送到 DS 中的服务器。

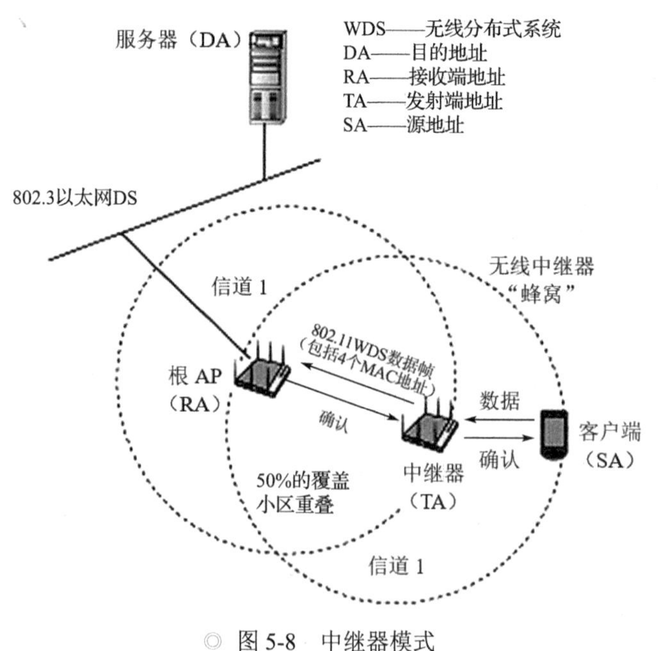

◎ 图 5-8　中继器模式

中继器与根 AP 必须位于同一信道才能有效扩大根 AP 的覆盖范围。为了确保通信成功，中继器和根 AP 的覆盖小区之间的重叠面积不能低于 50%。尽管中继器可以为无法安装下行电缆的区域提供射频覆盖，但因为所有帧都要传输两次，因此吞吐量会降低，延时也会随之增加。由于根 AP 小区与中继器小区使用同一信道且位于相同的冲突域，因此所有无线接口都必须竞争介质的使用权。此外，中继器会产生额外的介质竞争开销，这会影响到网络的性能。为了解决这个问题，某些中继器可以使用两个无线信道来隔离原始信号与转发信号，一个无线信道专用于根 AP 的小区信号，另一个无线信道专用于中继器自身的小区信号。

课堂讨论

在图 3-14 中，AP 的覆盖小区之间的重叠面积至少应保持在 15% ~ 25%，而在图 5-8 中，中继器和根 AP 的覆盖小区之间的重叠面积不能低于 50%，试分析这样部署的原因。

5.1.3　“胖”AP 的配置方法

“胖”AP 要能正常工作，需要配置各种参数，至少需要配置一个 SSID 和一些安全策略。此外，还要为每个 AP 的无线电配置发射功率和信道号。“胖”AP 的配置方法如下。

（1）连接到 AP 控制台端口的终端仿真程序，如 Windows 操作系统自带的超级终端。

（2）通过 Telnet 或 SSH 方式登录到 AP 的管理 IP 地址。

（3）利用 Web 浏览器在 AP 的 IP 地址上访问 GUI。

本节只介绍使用终端仿真程序连接到 AP 控制台端口的方法。

AP 设备的外观如图 5-9 所示，其中以太网接口应该连接到 DS 所在的交换机端口上，控制台端口可以保持断开状态（除非使用控制台端口），AP 设备上的标签提供了 AP 模式、序列号、以太网接口的 MAC 地址等信息。

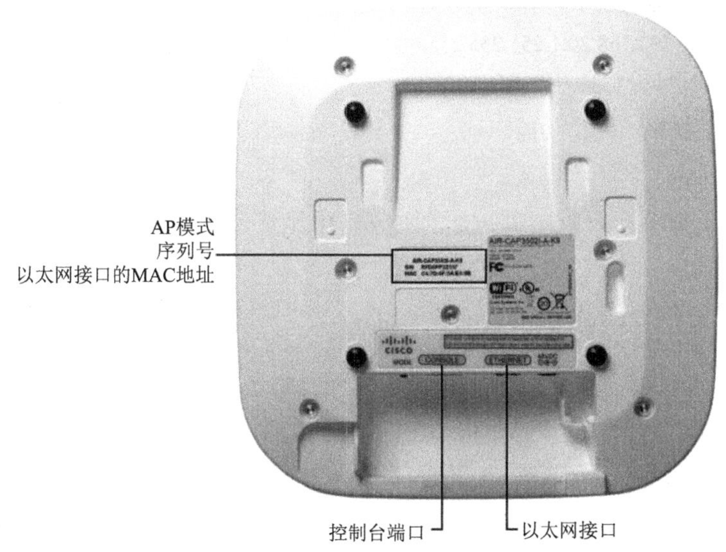

◎ 图 5-9　AP 设备的外观

在默认情况下，AP 通常会试图使用 DHCP 来为自己请求一个 IP 地址。如果 IP 地址请求成功，就可以连接到该 AP 并通过 GUI 与其交互。如果 IP 地址请求失败，则该 AP 使用静态 IP 地址。需要注意的是，不同厂商的 AP 设备所使用的 IP 地址是不一样的，如思科设备 AP 的 IP 地址默认为 10.0.0.1/26，锐捷设备 AP 的 IP 地址默认为 192.168.10.1/24。也可以利用 AP 控制台端口在

AP 的桥接虚拟接口（BVI）上为该 AP 配置一个静态 IP 地址，不过由 AP 自己请求 IP 地址通常会更加方便灵活。

【任务实施】

组建办公室 WLAN——锐捷

下面介绍使用 Packet Tracer 实现“组建办公室 WLAN”的过程。采用锐捷设备的实现过程可参考素材“组建办公室 WLAN——锐捷”。

（1）搭建图 5-2 所示的网络。

（2）有线侧网络的相关配置。

① 配置交换机主机名、划分 VLAN 和配置接口 IP 地址。

```
switch>ena                                                  //进入特权配置模式
switch#conf t                                               //进入全局配置模式
switch(config)#hostname Switch                              //配置交换机主机名
Switch(config)#vlan 10,20                                   //划分 VLAN
Switch(config-vlan)#exit                                    //回到全局配置模式
Switch(config)#interface fa0/1                              //选定以太网接口
Switch(config-if)#switchport mode access                    //指定接口属性为接入模式
Switch(config-if)#switchport access vlan 10                 //将接口划分到指定 VLAN 中
Switch(config)#interface fa0/2                              //选定以太网接口
Switch(config-if)#switchport mode access                    //指定接口属性为接入模式
Switch(config-if)#switchport access vlan 20                 //将接口划分到指定 VLAN 中
Switch(config-if)#interface vlan 10                         //创建 SVI 接口
Switch(config-if)#ip add 192.168.10.1 255.255.255.0         //配置 SVI 接口 IP 地址
Switch(config-if)#no shutdown                               //激活接口
Switch(config-if)#interface vlan 20                         //创建 SVI 接口
Switch(config-if)#ip add 192.168.20.1 255.255.255.0         //配置 SVI 接口 IP 地址
Switch(config-if)#no shutdown                               //激活接口
```

② 开启三层交换机的路由功能。

```
Switch(config)#ip routing
```

③ 配置 DHCP 服务，为 PC1 和 PC2 动态分配 IP 地址。

```
Switch(config)#service dhcp                                 //开启 DHCP 服务
Switch(config)#ip dhcp pool vlan10                          //建立地址池名称
Switch(dhcp-config)#network 192.168.10.0 255.255.255.0      //宣告分配网段
Switch(dhcp-config)#default-router 192.168.10.1             //指定网关地址
Switch(dhcp-config)#dns-server 192.168.10.1                 //指定 DNS 服务器地址
Switch(dhcp-config)#exit                                    //回到全局配置模式
Switch(config)#ip dhcp excluded-address 192.168.10.1 192.168.10.1 //排除不需要动态分配的 IP 地址
Switch(config)#ip dhcp pool vlan20                          //建立地址池名称
Switch(dhcp-config)#network 192.168.20.0 255.255.255.0      //宣告分配网段
Switch(dhcp-config)#default-router 192.168.20.1             //指定网关地址
Switch(dhcp-config)#dns-server 192.168.20.1                 //指定 DNS 服务器地址
Switch(dhcp-config)#exit                                    //回到全局配置模式
Switch(config)#ip dhcp excluded-address 192.168.20.1 192.168.20.1 //排除不需要动态分配的 IP 地址
```

（3）无线侧网络的相关配置。

①“胖”AP 的配置。进入“胖”AP 配置界面，如图 5-10 所示，单击左侧窗格中的 Port 1，在右侧弹出的窗格中勾选 on 复选框，打开无线接口，在 SSID 文本框中填入规划的 SSID 名称 cqcet1，在 Channel 下拉列表中选择信道 2，在 Authentication 选项组中单击 WEP 单选按钮，将 WEP Key 设置为 1234567890，注意密钥长度不能低于 10 位，在 Encryption Type 下拉列表中选择 40/64-Bits（10 Hex digits）选项，这里对密钥长度规定为 10 位十六进制数，认证密钥的长度必须和加密类型中规定的密钥长度相匹配。

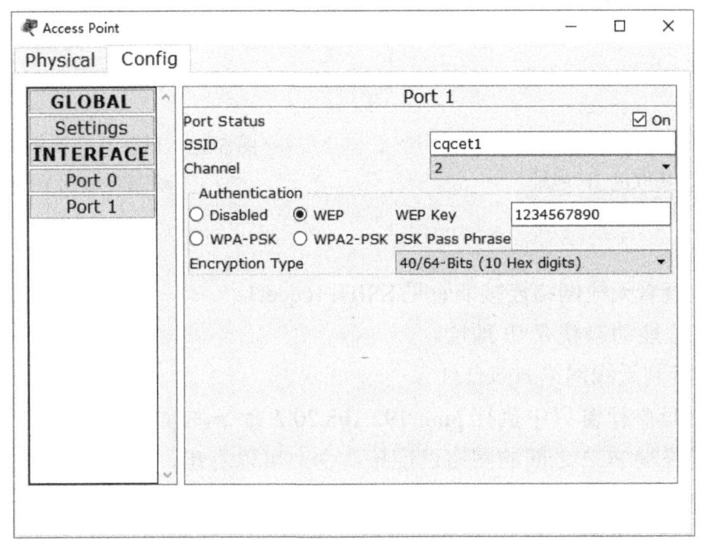

◎ 图 5-10　“胖”AP 配置界面

② 配置无线终端的网卡。

③ 将无线终端关联至无线网络 cqcet1。无线终端与“胖”AP 关联成功后能够接收到 AP 发出的无线信号，如图 5-11 所示。

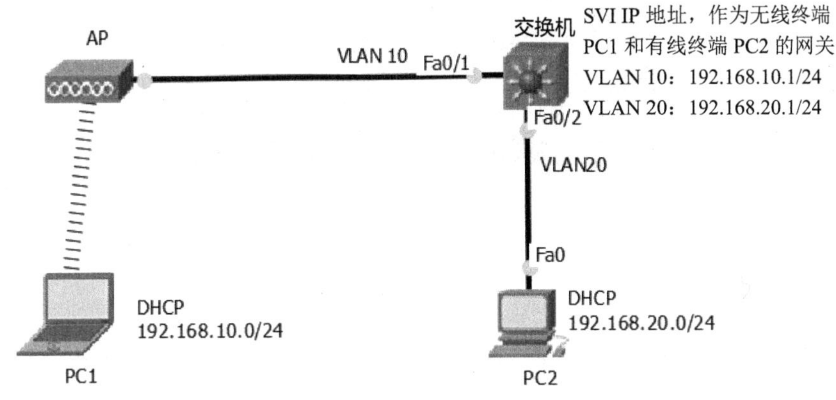

◎ 图 5-11　“胖”AP 与无线终端关联

（4）设置无线终端 PC1 和有线终端 PC2 动态获取 IP 地址。PC1、PC2 从交换机的 DHCP 服务中动态获取的 IP 地址分别如图 5-12 和图 5-13 所示。

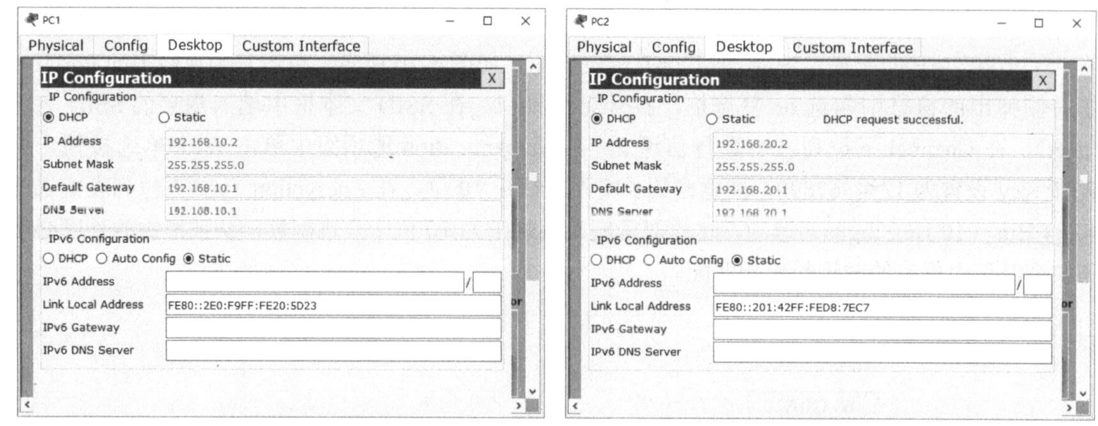

◎ 图 5-12　PC1 从交换机的 DHCP 服务中动态获取的 IP 地址

◎ 图 5-13　PC2 从交换机的 DHCP 服务中动态获取的 IP 地址

【任务验收】

（1）在 PC1 上查看无线网络连接能看见 SSID：cqcet1。

（2）PC1 和 PC2 能动态获取 IP 地址。

（3）PC1 能连接到无线网络 cqcet1。

（4）在 PC1 的命令行窗口中执行 ping 192.168.20.2 命令，输出结果如图 5-14 所示，表明无线终端 PC1 与有线终端 PC2 之间的网络已连接。由此可以看出，“胖”AP 发挥了无线网络与有线网络之间的桥梁作用。

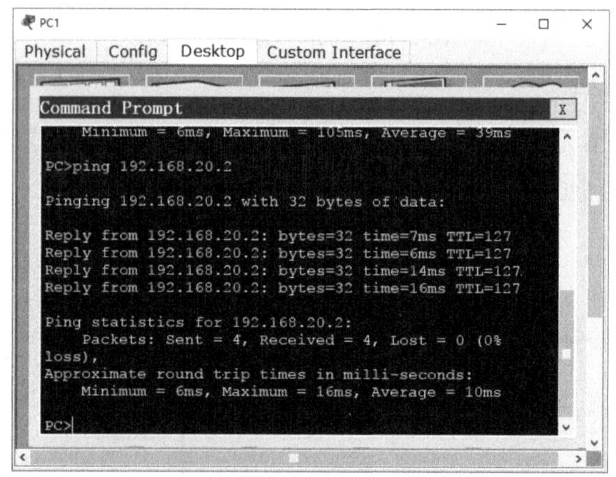

◎ 图 5-14　配置结果验证

【任务小结】

AP 是无线网和有线网之间的桥梁，相当于有线网络中的集线器，能够把各个 STA 连接起来，主要用来提供 STA 对有线局域网 STA 的访问，以及在 AP 覆盖范围内 STA 之间的通信。

【课后作业】

一、判断题

1．在传统的 WLAN 中，采用“胖”AP 和有线交换机的分布式组网模式，对每个 AP 都需要进行配置。（　　）

2. 现在常用 WLC 控制和管理 AP 的模式组建 WLAN。（　　）

二、选择题

1. 关于“胖”AP 组网模式，下列说法中错误的是（　　）。
   A. “胖”AP 也称自主式 AP，其功能全面但结构复杂
   B. “胖”AP 的可扩展性较好
   C. “胖”AP 适用于用户数量不多的组网场景
   D. “胖”AP 是一种独立的组网模式，“胖”AP 承担着网络管理功能
2. 下列（　　）不是“胖”AP 组网模式特点。
   A. “胖”AP 独立工作，WLAN 的配置保存在各个“胖”AP 中
   B. 当网络中部署多个“胖”AP 时，“胖”AP 可以自动调整优化相关参数
   C. 由于“胖”AP 独立工作，无法集中查看网络运行状况或统计无线用户信息
   D. 升级“胖”AP 软件时必须逐一手动升级
3. 以下对于“瘦”AP 的描述正确的是（　　）。
   A. “瘦”AP 又称无线路由器
   B. “瘦”AP 由于功能欠缺，正逐渐被“胖”AP 取代
   C. “瘦”AP 无法单独配置，必须与 WLC 配合使用
   D. “瘦”AP 可以实现 802.1x 认证、加密等功能，其他功能，如漫游等都是在 WLC 上实现的
4. （　　）可以为非无线设备提供无线连接。
   A. 无线中继器　B. 工作组网桥　C. 透明网桥　D. 自适应网桥
5. 在 WDS 部署中，网桥组网模式不包括（　　）。
   A. 点对点模式　B. 点对多点模式
   C. 中继器模式　D. 多点对多点模式

三、填空题

1. 常见的“胖”AP 配置方法有 __________、__________、__________。
2. AP 采用中继器模式组网时，中继器和根 AP 的小区覆盖之间的重叠面积不能低于 __________。

四、简答题

1. 简述“胖”AP 的组网模式。
2. 简述“胖”AP 和“瘦”AP 之间的区别。

任务 5.2　组建集中式无线局域网

【任务描述】

本任务采用图 5-15 所示的网络，实现 WLC 对 LAP 的配置管理和无线终端数据业务的正常转发。

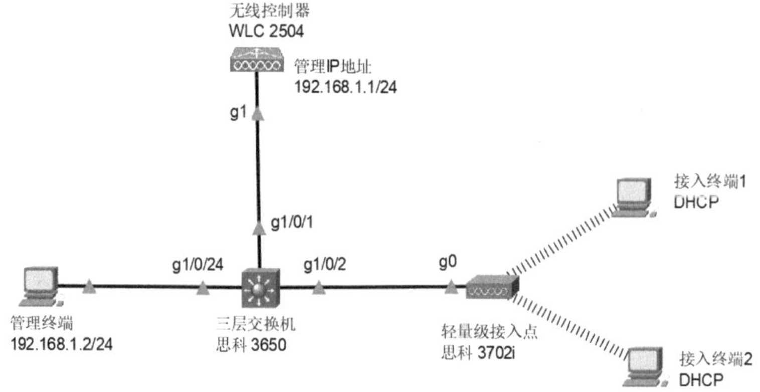

◎ 图 5-15　WLC+LAP 组网拓扑结构图

【任务要求】

（1）准备 WLC、AP、三层交换机各 1 个，PoE（Power over Ethernet，以太网供电）模块 1 个，管理终端 1 台，无线终端 2 台。

（2）合理部署 DHCP 服务，无线终端动态获取 IP 地址。

（3）无线网络名称规划为 CQCET，加密方式为 WPA2，密钥为 1234567890。

（4）按规范制作任务实施文档和 PPT 并分组展示任务的完成效果。

知识准备

5.2.1　集中式无线局域网架构

学习提示

在分布式网络环境中使用自主式 AP 存在管理困难和网络扩展等问题，这些问题需要全新的集中式 WLAN 架构来解决。

1. 构建集中式 WLAN 架构

将图 5-15 中的三层交换机用 WLC 进行替代，用“瘦”AP 取代了原有的“胖”AP，如图 5-16 所示。为了讨论方便，本任务统一术语的描述，“胖”AP 采用行业术语，称为自主式 AP，“瘦”AP 称为 LAP。本书对 WLC 和 AC 不做区分。

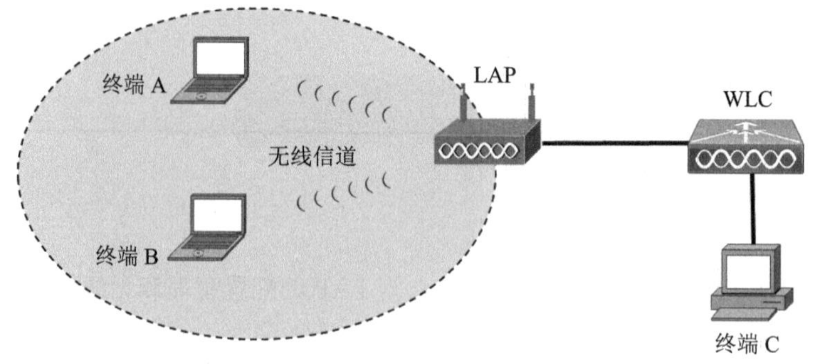

◎ 图 5-16　集中式 WLAN 架构

2. 集中式 WLAN 架构的特点

在集中式架构中，为了解决自主式 AP 带来的问题，将自主式 AP 的功能分成实时功能和管理功能两部分，便于将自主式 AP 的许多功能转移到 WLC 上，具体做法如图 5-17 所示。

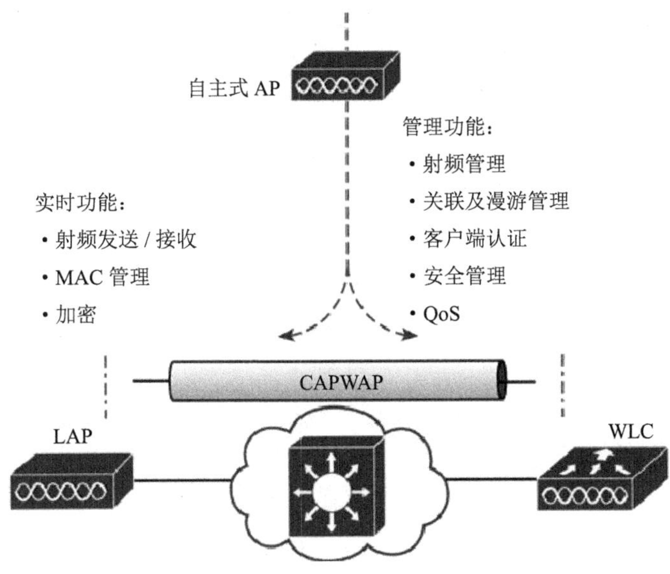

◎ 图 5-17　自主式 AP 的功能分离

实时功能包括发送和接收 802.11 数据帧、AP 信标和探测消息、数据加密等。AP 必须在 MAC 层和无线客户端交互，因此实时功能必须配置在离无线客户端最近的 AP 上。

由于管理功能并不是射频信道发送和接收 802.11 数据帧的必要组成部分，应该集中进行管理，因此将这些功能移到一个远离 AP 的中心位置上，即由 WLC 来集中管理。

在图 5-17 中，左侧的 LAP 主要负责第一层和第二层（802.11 数据帧通过这两层进出射频域）功能。对于认证用户、管理安全策略及选择射频信道和输出功率等其他功能来说，LAP 完全依赖于 WLC。通过这种方式，WLC 成为枢纽，为众多 AP 所共享。

5.2.2　LAP 和 WLC 之间的通信

学习提示

虽然 WLC 采用和普通交换机类似的方式与 LAP 实现连接，但从有线网络的角度看，WLC+LAP 更像一个伸展出很多外接天线的增强型 AP。将 LAP 和 WLC 的任务分工后，普通的 MAC 操作被划分到两个截然不同的位置上，并且 LAP 和 WLC 可以位于同一个 VLAN 或 IP 子网中。但也不必如此，LAP 和 WLC 完全可以位于两个不同地点的两个不同 IP 子网中，那么 LAP 是如何绑定 WLC 以形成一个完整的工作 AP 的呢？

1. 连接 LAP 和 WLC 的隧道协议

WLC 要实现集中控制功能，需要引入 LAP 和 WLC 之间的通信协议，而且为了满足互操作性要求，协议应基于国际标准。最早由互联网工程任务组（IETF）开发的 LAP 协议（LWAPP）实现了 LAP 和 WLC 之间的通信，但 LWAPP 的初始草案规范在 2004 年 3 月已终止。之后，IETF 以 LWAPP 为基础建立了 LAP 的控制和配置（CAPWAP）工作组，并于 2009 年 4 月正式发布 CAPWAP，这是 LAP 和 WLC 之间承载控制信息和无线客户端数据的隧道协议。

2. CAPWAP 简介

CAPWAP 负责将 LAP 和 WLC 之间的数据封装到新 IP 包中，并通过网络交换或路由这些隧道化数据。从图 5-18 中可以看出，CAPWAP 实际上包含两种隧道。

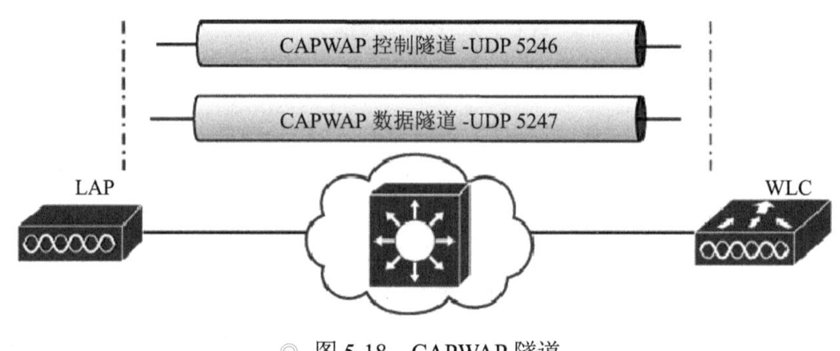

◎ 图 5-18 CAPWAP 隧道

（1）CAPWAP 控制隧道：负责交换用于配置 LAP 并管理其操作的消息。所有控制消息都要经过认证和加密（因而 LAP 仅受 WLC 的安全控制），之后才通过 UDP 5246（在控制器端）进行传送。

（2）CAPWAP 数据隧道：用来传送去往和来自与 LAP 相关联的无线客户端的数据包。通过 UDP 5247（在控制器端）来传送这些数据包，默认不加密。如果在 LAP 上启用了数据加密操作，那么这些数据包就能受到数据报传输层安全性（Datagram Transport Layer Security，DTLS）的保护。

3. 解决传统 WLAN 架构的问题

在 5.1.1 节中对“瘦”AP 和“胖”AP 进行比较时曾经指出，“胖”AP 存在诸多不足，下面看看这些问题是如何通过 CAPWAP 来解决的。CAPWAP 隧道允许 LAP 和 WLC 在地理或逻辑上分离，打破了两者在二层连接上的依赖关系，如图 5-19 所示。

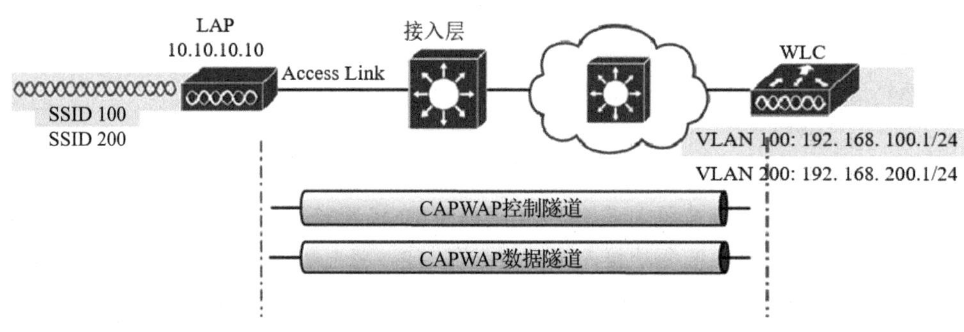

◎ 图 5-19 LAP 和 WLC 的分离

在图 5-19 中，两片阴影区域表示 VLAN 100 的范围。请注意，VLAN 100 位于 WLC 和 SSID 100 的无线区域（靠近无线客户端），但不在 LAP 和 WLC 之间。所有去往和来自与 SSID 100 相关联的无线客户端的流量都被封装到 CAPWAP 数据隧道中，通过网络基础设施进行传送。

此外，LAP 仅通过单个 IP 地址 10.10.10.10 标识。由于 LAP 所处的接入层是 CAPWAP 隧道的终结位置，因此 LAP 可以只使用一个 IP 地址来进行管理和隧道操作。同时，LAP 支持的所有 VLAN 都被封装和隧道化了，不需要中继链路（这是解决问题的关键所在），因此不需要在 LAP 和 WLC 之间的链路上配置相关 VLAN 信息，网络的扩展性得到了增强。

随着无线 WLAN 规模的增大，WLC 只要简单地建立多条到达多个 AP 的 CAPWAP 隧道即可。如图 5-20 所示，在一个拥有 4 个 LAP 的网络中，每个 LAP 都有一条回到集中式 WLC 的 CAPWAP 控制隧道和 CAPWAP 数据隧道，SSID 100 可以存在于所有 AP 之上，VLAN 100 也能通过隧道到达每个 AP。这样，利用 CAPWAP 隧道可以将多个 LAP 连接到一个集中式 WLC 上，WLC 便可实现对 LAP 的集中管理。

◎ 图 5-20　WLC 集中管理 LAP

从 WLC 到一个或多个 LAP 的 CAPWAP 隧道建立完成之后，WLC 便可解决自主式 WLAN 架构出现的各种问题，具体体现在以下几个方面。

（1）动态信道分配。WLC 能够根据区域内其他活跃 AP 的情况自动为每个 LAP 选择和配置射频信道。

（2）发射功率优化。WLC 能够根据所需的覆盖区域自动设置每个 LAP 的发射功率。

（3）自愈的无线覆盖。当网络中某个 LAP 的无线电出现故障时，可以自动加大周围 LAP 的发射功率，解决覆盖盲区问题。

（4）灵活的无线客户端漫游。无线客户端可以在 LAP 之间快速实现二层或三层漫游。

（5）动态无线客户端负载均衡。如果两个或多个 LAP 覆盖相同的地理区域，那么 WLC 能将无线客户端关联到负载最轻的 LAP 上，在多个 LAP 之间分发无线客户端负载。

（6）射频监控。WLC 负责管理所有的 LAP，因而能够扫描信道以监控射频的使用情况。通过侦听无线信道，WLC 可以远程收集射频干扰、噪声、来自相邻 LAP 的信号和来自欺诈 AP 或 Ad-Hoc 无线客户端的信号等信息。

（7）安全管理。WLC 能够通过集中式服务来认证无线客户端，要求无线客户端在关联并访问 WLAN 之前必须从受信的 DHCP 服务器获得 IP 地址。

（8）无线入侵防护。WLC 可以利用其中心位置来监控无线客户端数据，以检测并防范各种恶意行为。

5.2.3　无线数据转发方式

学习提示

CAPWAP 用于 LAP 和 WLC 之间的通信交互，实现 WLC 对其所关联的 LAP 的集中控制和管理。该协议主要包含以下三个方面的内容。

（1）LAP 对 WLC 的自动发现及其状态机的运行与维护。

（2）WLC 对 LAP 进行管理和业务配置的下发。

（3）STA 数据在 CAPWAP 隧道的转发。

自主式 AP 的主要功能是桥接无线 BSS 网络与有线 VLAN 之间的流量。为了得到来自有线 WLAN 的流量，自主式 AP 必须依赖与 DS 的连接。LAP 的工作方式与此类似，唯一的区别在于无线 BSS 网络与 DS 之间被网络基础设施隔开了一定距离，这段距离通过 CAPWAP 隧道进行连接。CAPWAP 支持两种数据转发方式：本地转发和集中转发。

1. 本地转发

本地转发也称直接转发，如图 5-21 所示。WLC 只对 LAP 进行管理，业务数据报文都是由本地转发的，即 LAP 管理流被封装在 CAPWAP 隧道中，到达 WLC 终止；LAP 数据流不加 CAPWAP 封装，直接由 LAP 发送到交换机进行转发。

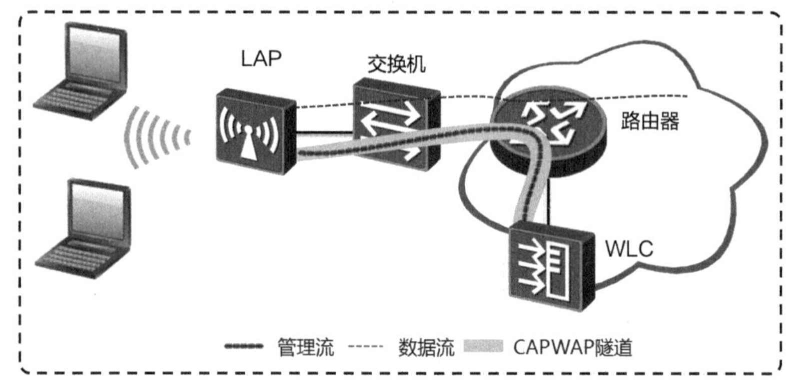

◎ 图 5-21　本地转发

2. 集中转发

集中转发也称隧道转发，如图 5-22 所示。业务数据报文由 LAP 统一封装后到达 WLC 进行转发，WLC 不仅对 LAP 进行管理，还作为 LAP 流量的转发中枢，即 LAP 管理流与 LAP 数据流都被封装在 CAPWAP 隧道中，先到达 WLC，然后由 WLC 发送到交换式网络。

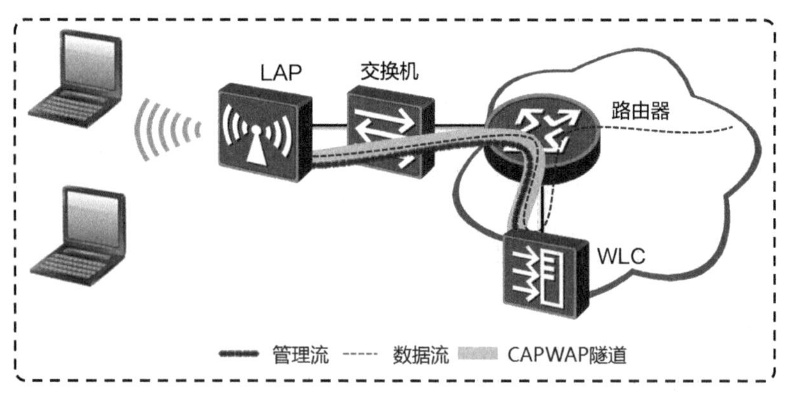

◎ 图 5-22　集中转发

3. 数据转发方式的正确选用

对于自主式 AP 来说，从客户端发出的流量通常要经过自主式 AP 才能到达另一个客户端。集中式架构也与此类似，如图 5-23 所示，客户端流量在通过 CAPWAP 隧道返回另一个客户端之前，通常要在 LAP 和 WLC 之间建立 CAPWAP 控制隧道。

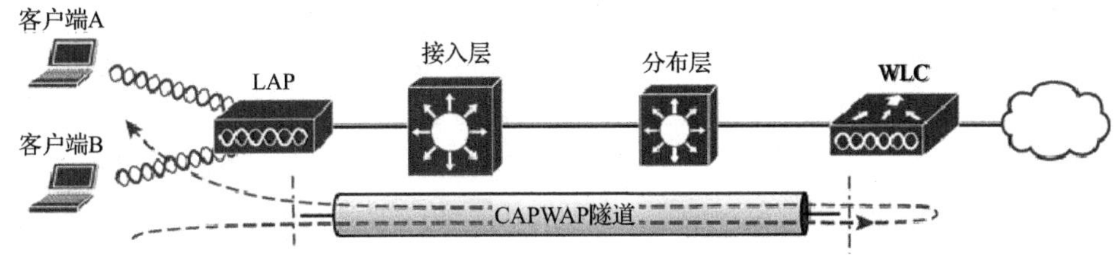

◎ 图 5-23　集中转发方式对数据转发的影响

对于交换式园区网络基础设施来说，WLC 位于中心位置且带宽足够大，因而此时的流量模型不会造成网络瓶颈问题。但是，在配置了 LAP 的多个远程 STA 且总部园区网络中只有一个 WLC 的应用场景中，将强制无线流量先经过远程 STA 的 LAP 和总部 WLC 之间的 CAPWAP 隧道，再通过该 CAPWAP 隧道返回远程 STA，这会导致流量路径的传输效率非常低。

为了解决这个问题，可以在远程 STA 的 LAP 上使用本地转发方式。此时，管理流量穿越 CAPWAP 隧道去往 WLC，数据流量无须穿越 CAPWAP 隧道，直接在远程 STA 的 LAP 上交换即可。

5.2.4　LAP 注册到 WLC 的过程

学习提示

通常 LAP 被设计为“免触碰”设备，即无须通过控制台端口或网络对其进行配置，只需简单地拆箱取出新的 LAP 设备并连接到有线网络即可。当然，也要为 LAP 所连接的交换机端口进行接入 VLAN、接入模式及线内供电等正确设置。如果 LAP 没有和 WLC 建立正确的连接关系，那么是不能正常工作的，因此深入理解 LAP 注册到 WLC 的过程有助于构建集中式 WLAN 架构并排除网络故障。

1. LAP 的运行状态

LAP 从加电到最终提供全功能的 BSS 需要经过多种运行状态，这些状态的详细信息由 CAPWAP 来定义。LAP 每进入一种状态都要遵循一定的顺序，这种状态顺序被称为状态机。不同厂商的 LAP 状态机有所不同，思科 LAP 常见状态机如图 5-24 所示。

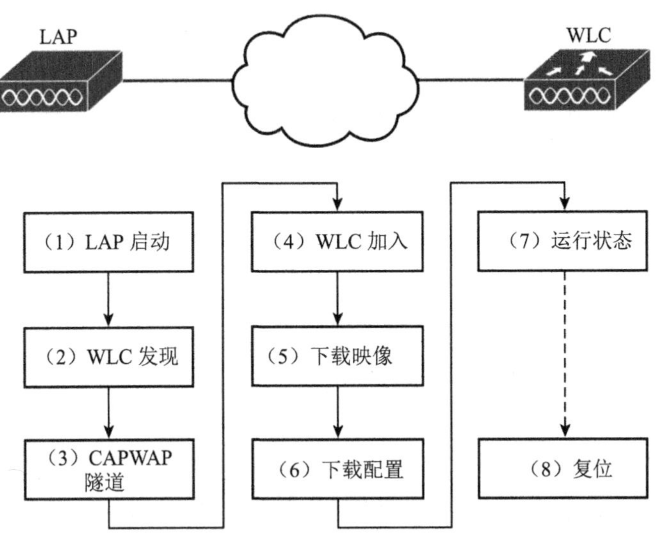

◎ 图 5-24　思科 LAP 常见状态机

（1）LAP 启动。

LAP 加电之后就以很小的 IOS 映像启动，从而能够完成其余状态并通过网络连接进行通信。LAP 需要从 DHCP 服务器获取一个 IP 地址才能通过网络进行通信。

（2）WLC 发现。

LAP 通过一系列操作步骤发现一个或多个可加入的 WLC。

（3）CAPWAP 隧道。

LAP 试图与一个或多个 WLC 建立 CAPWAP 隧道，该隧道将为后续 LAP 和 WLC 之间的控制消息提供 DTLS 隧道。LAP 和 WLC 通过交换数字证书来完成相互认证。

（4）WLC 加入。

LAP 从候选 WLC 列表中选择 WLC，并向其发送 CAPWAP 加入请求消息，WLC 发送 CAPWAP 加入回应消息作为回应。

（5）下载映像。

WLC 向 LAP 通告其软件版本，如果 LAP 的软件版本与此不同，那么 LAP 将从 WLC 下载匹配的软件映像并重启。需要注意的是，LAP 运行的软件映像版本无法人为控制。

（6）下载配置。

LAP 从 WLC 下载配置参数并利用这些参数更新现有配置，设置包括射频、SSID、安全和 QoS 等在内的参数。

（7）运行状态。

LAP 初始化完成之后，WLC 将其置为“运行”状态，之后 LAP 和 WLC 就开始提供 BSS 并接收无线客户端。

（8）复位。

如果 LAP 被 WLC 复位，那么 LAP 将拆除现有的无线客户端关联关系和去往 WLC 的 CAPWAP 隧道。此后，LAP 将重启并再次经历上述状态机。

2. 发现 WLC 的过程

LAP 必须尽力发现所有可能加入的 WLC，这一点无法进行人为预配置。为了完成发现 WLC 的工作，LAP 使用了多种发现机制。发现进程的目的就是建立一个可用的活跃候选 WLC 列表。

为了发现 WLC，LAP 需要向 WLC 的 IP 地址发送单播 CAPWAP 发现请求消息或者在本地子网上进行广播。如果 WLC 存在且处于工作状态，则向 LAP 回应 CAPWAP 发现回应消息。发现 WLC 的方法有 3 种：在本地子网上进行广播、使用 DHCP 和使用 DNS。下面介绍较为通用的方法，即使用 DHCP 来发现 WLC。

为 LAP 提供 IP 地址的 DHCP 服务器可以发送 option 43（不同厂商使用的选项值可能不一样，如锐捷的 WLC 使用 option 138），向 LAP 建议一个 WLC 列表。下面举例说明使用 option 43 字段指定 WLC 的 IP 地址的通信过程。

在图 5-25 所示的网络拓扑结构中，假定 WLC 在 172.16.1.0/16 网段，LAP 和 DHCP 服务器在 192.168.1.0/24 网段，两个网段之间路由可达，DHCP 服务器已经配置好使用 option 43 来提供 WLC 的 IP 地址信息。当 LAP 加电启动时，它首先发送 DHCP 请求报文以从 DHCP 服务器中获得一个 IP 地址，DHCP 应答报文中包含 WLC 的地址信息，LAP 将向 option 43 中的每个 WLC 发送一个单播的 DHCP 发现请求报文，接收到该请求报文的 WLC 向 LAP 发送 DHCP 发现响应报文，开始整个注册过程。

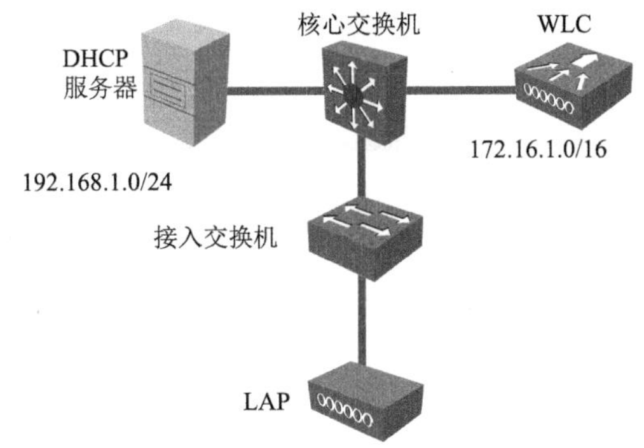

◎ 图 5-25　使用 DHCP 服务实现 LAP 的注册

5.2.5　集中式无线局域网的组网模式

学习提示

LAP 和 WLC 共同为交换式网络和无线客户端提供连接，交换式网络基础设施也负责传送 LAP 和 WLC 之间的 CAPWAP 隧道承载的数据包，因此 WLAN 的组网内容主要是 WLC、交换机（核心、汇聚和接入交换机）和 LAP 之间的连接与配置。

1. WLC 的接口部署

对于思科 WLC 而言，端口是一个实实在在的、可以触摸到的物理端口，而接口是逻辑接口，可以是静态的，如管理接口、AP 管理接口、虚拟接口等服务于特定目的的接口，不能被删除；也可以动态的，如 VLAN 接口等，由管理员自定义。无论硬件型号如何，思科 WLC 都包含下述类型的接口。

1）管理接口

管理接口用于在网络中控制所有物理端口的通信，建立到 WLC 的 Web、Telnet 或 SSH 会话。在没有配置 AP 管理接口的情况下，LAP 使用管理接口来发现 WLC。

2）AP 管理接口

分配给 AP 管理接口的 IP 地址用作 LAP 和 WLC 之间通信的源地址，WLC 也在该接口上侦听 LAP 试图发现 WLC 时发送的子网广播。

3）虚拟接口

虚拟接口是用于中继来自无线客户端的 DHCP 请求的逻辑接口，给该接口分配一个伪造（但唯一）的静态 IP 地址，这样无线客户端就把该接口地址视为其 DHCP 服务器，在同一个移动组中所有 WLC 都必须使用相同的虚拟接口地址。

4）集散系统接口

将 WLC 连接到园区网中交换机上的一个端口，通常是一个中继端口，用于传输覆盖了 LAP 和 VLAN 的数据流。

5）动态接口（也称用户接口）

动态接口使用的 IP 地址属于无线客户端 VLAN 的子网。在通常情况下，预留一个管理 VLAN 和子网供 WLC 与 CAPWAP 使用，可以将管理子网中的 IP 地址分配给管理接口和 LAP 管理器接口（必须在同一个 VLAN 中），如图 5-26 所示。所有来自外部的管理数据流（基于 Web、Telnet、SSH 或 AAA）和 CAPWAP 隧道数据流都将到达这些地址。LAP 将被放置到网络的各个地方，甚至不同的交换模块中，因此 LAP 数据流被视为外部数据流。

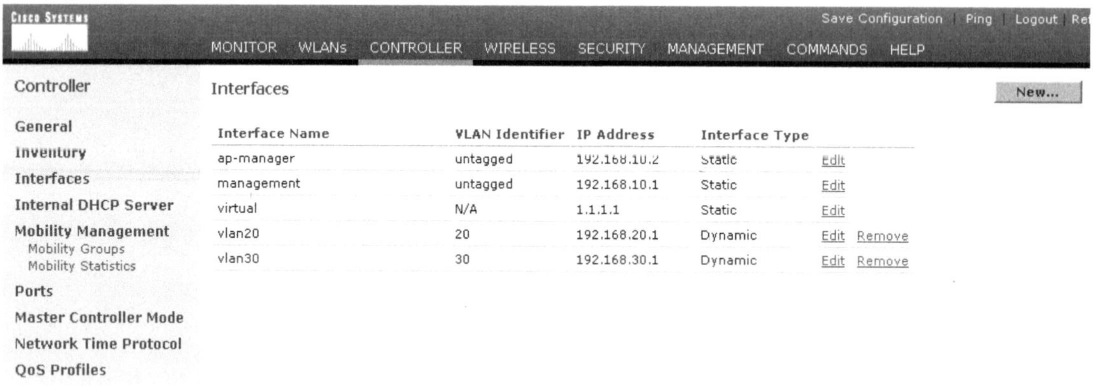

Cisco Systems　Save Configuration | Ping | Logout | Re

MONITOR　WLANs　CONTROLLER　WIRELESS　SECURITY　MANAGEMENT　COMMANDS　HELP

Controller

General
Inventory
Interfaces
Internal DHCP Server
Mobility Management
Mobility Groups
Mobility Statistics
Ports
Master Controller Mode
Network Time Protocol
QoS Profiles

Interfaces　New...

Interface Name	VLAN Identifier	IP Address	Interface Type		
ap-manager	untagged	192.168.10.2	Static	Edit	
management	untagged	192.168.10.1	Static	Edit	
virtual	N/A	1.1.1.1	Static	Edit	
vlan20	20	192.168.20.1	Dynamic	Edit	Remove
vlan30	30	192.168.30.1	Dynamic	Edit	Remove

◎ 图 5-26　各类接口配置界面

分配给 LAP 的 IP 地址（一般是通过 DHCP 服务器获取的）不必属于 LAP 管理子网。在小型网络中，LAP 和 WLC 可能位于同一个子网中，因此它们在第二层是相邻的；在大型网络中，LAP 分散在不同的交换模块中，LAP 和 WLC 的 IP 地址各不相同，因为它们不是第二层邻居，所以这些 IP 地址将不属于 LAP 管理子网。

需要注意的是，LAP 需要动态获取两个 IP 地址：一个用于与 WLC 建立 CAPWAP 隧道（管理功能）；另一个用于传输数据（和动态接口有关）。

典型例题

如果要访问 WLC 以运行其初始安装向导，那么需要通过 Web 浏览器连接到下面的（　　）地址上。

A. 虚拟接口　　B. 控制台端口　　C. 动态接口　　D. 服务端口

解析：应该连接服务端口的 IP 地址。无法通过控制台端口使用 Web 浏览器，虚拟接口和动态接口也无法使用，因为这些接口必须在完成初始安装向导之后才能进行配置。

答案：D

2. WLC 接口部署举例

某公司的 WLC 接口布局如图 5-27 所示，其中包含各种 WLC 接口及这些接口的 IP 地址和所属的 VLAN 规划，WLC 的集散系统接口实际上是一条中继链路，承载 WLC 和 AP 管理子网。在这个例子中，WLC 上所有的接口都映射到物理端口 1 上，通过物理端口 1 连接到思科 3750 交换机的 g1/0/1 端口。WLC 上配置了两个 WLAN：一个基于开放式认证（使用 Web portal 认证，SSID 为开放的），另一个采用 EAP 认证（SSID 为加密的）。开放的 SSID 和加密的 SSID 分别创建了一个动态接口并同相应的 VLAN 关联，开放的 SSID 同 VLAN 3 关联，加密的 SSID 同 VLAN 4 关联，管理接口和 AP 管理接口都使用 VLAN 60。为了使配置简单些，忽略了服务端口，所有的网络服务（AAA、DHCP、DNS）都使用 VLAN 50，AP 连接到 VLAN 5 中。

3. LAP 和 WLC 之间的连接模式

LAP 和 WLC 之间的网络可以是二层网络也可以是三层网络，因此 WLAN 的组网架构分为二层组网模式和三层组网模式。

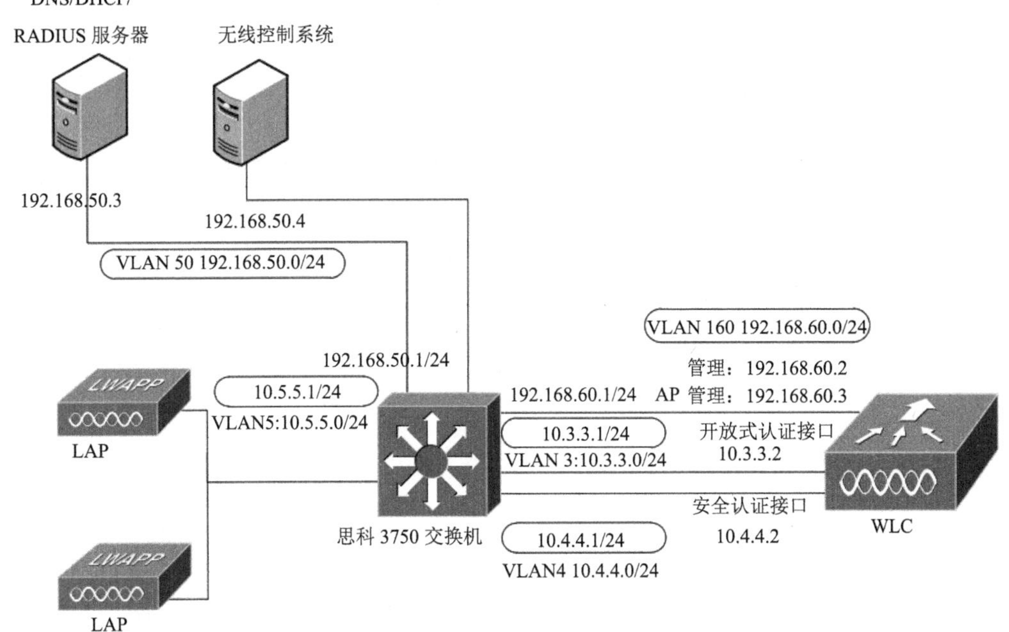

◎ 图 5-27　某公司 WLC 接口布局

1）二层组网模式

当 LAP 和 WLC 之间为直连或二层网络时，称这种组网模式为二层组网模式，如图 5-28 所示。LAP 和 WLC 之间通过二层交换机互连，同属于一个二层广播域。二层组网模式比较简单，适用于小规模网络环境。

2）三层组网模式

当 LAP 和 WLC 之间为三层网络时，称这种组网模式为三层组网模式，如图 5-29 所示。LAP 和 WLC 属于不同的网段，因此它们之间的通信需要通过路由器或三层交换机的路由功能来完成。

在实际网络部署中，一个 WLC 可以连接几十甚至几百个 LAP，组网模式一般比较复杂。例如，在企业网络中，LAP 可以布置在办公室、会议室、会客间等场所，而 WLC 可以布置在公司网络中心机房，这样 LAP 和 WLC 之间的网络就是比较复杂的三层网络。

◎ 图 5-28　二层组网模式　　　◎ 图 5-29　三层组网模式

LAP 和 WLC 之间的连接方式还可以根据 WLC 在网络中的位置来进行划分，可以分为直连组网模式和旁挂组网模式。

（1）直连组网模式。

如图 5-30 所示，在直连组网模式中，WLC 具有汇聚交换机的功能，LAP 的数据流和管理流都由 WLC 集中转发与处理。直连组网模式可以认为是 LAP、WLC 与上层网络串联在一起，所有数据必须通过 WLC 到达上层网络。这种组网模式架构清晰，实施起来比较简单，但对 WLC 的吞吐量及处理数据能力要求较高，否则 WLC 会是整个无线网络带宽的瓶颈。

（2）旁挂组网模式。

如图 5-31 所示，在旁挂组网模式中，WLC 旁挂在 LAP 与上行网络的直连网络上，LAP 的数据流可以不经 WLC 而直接到达上行网络。在实际组网的过程中，WLAN 的覆盖往往是在现有网络的基础上扩展而来的，旁挂组网模式比较容易实施，只需将 WLC 旁挂在现有网络中，不用改变原有网络结构，所以这种组网模式使用率比较高。

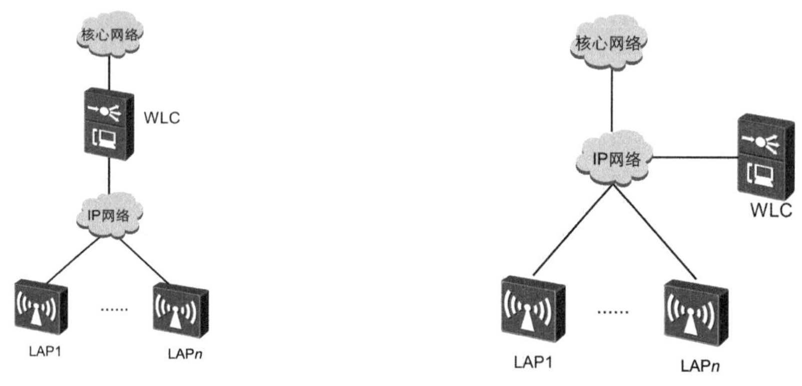

◎ 图 5-30　直连组网模式　　◎ 图 5-31　旁挂组网模式

在旁挂组网模式中，WLC 只承载对 LAP 的管理功能，管理流被封装在 CAPWAP 隧道中传输。数据流可以通过 CAPWAP 数据隧道经过 WLC 转发，也可以不必经过 WLC 直接转发，这取决于预先制定的数据转发策略。

5.2.6　集中式无线局域网架构组件

学习提示

集中式 WLAN 架构组件包括 AP、WLC、PoE 模块及管理这些设备的平台等，不同厂商生产的这些设备，其技术指标会有所不同。

1. 思科 Aironet AP 和 WLC 系列产品介绍

思科 Aironet AP 和 WLC 系列产品介绍

1999 年，思科收购了 Aironet，进入无线市场，推出企业级 AP 系列产品，如图 5-32、图 5-33 所示。思科 Aironet AP 系列产品能够提供多个配置选项，其中一些支持外接天线，一些支持内置天线；一些部署在室外，一些部署在室内；一些既是自主式 AP 又是 LAP，一些只能是 LAP，还有一些是作为网桥而设计的。

思科 WLC 系列产品包括虚拟控制器、适用于 ISR G2 的控制器、2500 系列、5500 系列、5760、3850 WiSM2、Flex 7500 系列、8500 系列和 9800 系列等。思科 8510 WLC 和思科 9800-L WLC 如图 5-34、图 5-35 所示。思科 WLC 系列产品提供了适用于中小型企业、中型和大型单一站点企业、分支机构环境和多站点部署、大型多站点或单站点企业和服务提供商等

不同应用场景的解决方案。素材“思科 Aironet AP 和 WLC 系列产品介绍”中详细总结了 AP 和 WLC 的技术指标，供部署无线网络时选用。

◎ 图 5-32 思科 Aironet 4800 AP

◎ 图 5-33 思科 Catalyst 9115 AP

◎ 图 5-34 思科 8510 WLC

◎ 图 5-35 思科 9800-L WLC

2. 锐捷 AP 和 WLC 系列产品介绍

锐捷 AP 和 WLC 产品特性介绍

锐捷早在 2000 年就已涉足 WLAN 市场，2002 年单独设立无线业务部门，2007 年已具备完整的无线产品线，2015 年正式成立无线产品事业部。锐捷始终秉承自主研发、创新进取的发展观念，从 AP 到 WLC，从软件到硬件，从设备到平台，从管理到应用，不断发展壮大。据 IDC 2022Q1 和 CCW 2022 统计数据，锐捷无线产品在教育、互联网、服务行业的市场份额处于第 1 位；中国企业级 WLAN 市场份额处于第 2 位；中国企业级 Wi-Fi 6 的出货量处于第 1 位。

锐捷坚持场景化创新，服务政府、金融、互联网、交通、教育、医疗等领域，推出大量契合行业应用特点的 WLAN AP 创新产品和解决方案。锐捷 AP 推出了四大类系列产品，即放装型 AP、墙面型 AP、智分型 AP 和室外 AP，每种类型的 AP 再细分为多种不同的系列。锐捷放装型 AP 系列产品如图 5-36 所示。图 5-37 展示了 RG-AP880-AR（高密放装型 AR 系列 AP）的外观、尺寸和支持的接口。

2系列AP
单频单流到双频双流，外置天线到内置天线，支持802.11n

3系列AP
性能更强，内置天线，天线安装更便捷，设备更美观，支持802.11n

5系列AP
内置天线，性能提升，支持802.11ac，有更加漂亮的外观

7系列AP
内置天线，支持802.11ac Wave 2，引入超薄和三频设计，待机时间大大提升

8系列AP
内置天线，性能提升，支持802.11ax

◎ 图 5-36 锐捷放装型 AP 系列产品

锐捷 WLC 产品主要有 3 系列、5 系列、6 系列和高性能无线控制业务模块，专为中小型无线网络设计，可突破三层网络保持与 AP 的通信，可部署在任何二层或三层网络结构中，无须改

动网络架构和硬件设备，从而提供无缝的安全无线网络控制。图 5-38、图 5-39 分别展示了锐捷 RG-WS7880 产品的外观和锐捷 RG-M8600E-WS-ED 模块的外观。

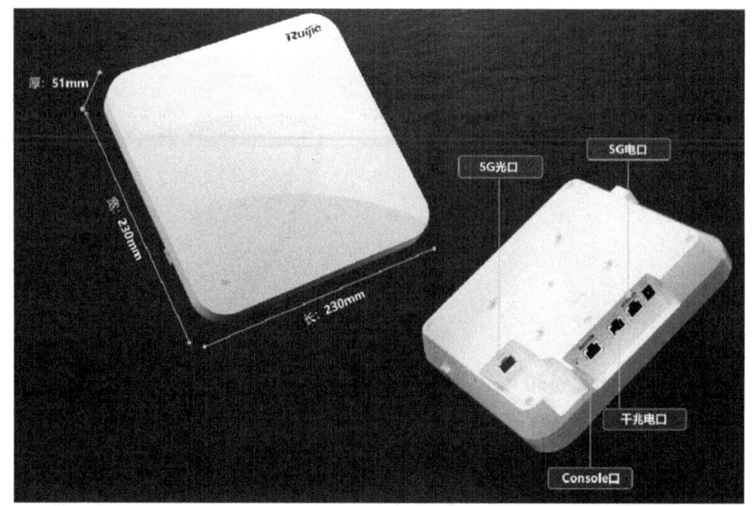

◎ 图 5-37　锐捷 RG-AP880-AR 的外观、尺寸和支持的接口

◎ 图 5-38　锐捷 RG-WS7880 产品的外观

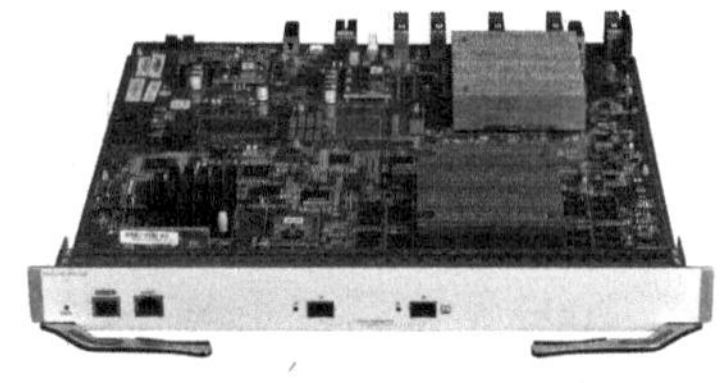

◎ 图 5-39　锐捷 RG-M8600E-WS-ED 模块的外观

3. PoE 模块

PoE 标准介绍

PoE 是指在现有以太网布线（CAT-5）基础架构不做任何改动的情况下，在能保证 IP 电话机、AP、网络摄像机及其他基于 IP 的终端传输数据的同时，还能保证拥有为此类终端提供直流电的能力。为了尽可能方便及最大限度地降低成本，IEEE 于 2003 年 6 月批准了一项新的 PoE 标准，即 IEEE 802.3af，以确保用户能够利用现有的结构化布线为此类新的应用设备供电的能力。PoE 不是 Wi-Fi 技术，也并非无线设备专用，它是为企业级 AP 供电的主要方法。下面举例说明 PoE 模块的使用方法。

PoE 管理拓扑结构如图 5-40 所示，思科 3650 交换机具有 PoE 模块。VOIP 电话机的背面如图 5-41 所示，有 3 个接口，其中 Switch 接口与思科 3650 交换机的 g1/0/1 接口相连，PC 接口与终端 PC 相连，电话机电源插口与电源适配器相连。AP 有一个以太网接口（与思科 3650 交换机的 g1/0/2 接口相连）和一个电源插口。

1）为交换机添加交流供电模块

打开交换机配置界面，单击 Physical 菜单，在右侧窗格中选中 AC Power Supply，按住鼠标左键不放将其拖曳到电源模块的插槽内，则交换机自动上电开机启动。

2）查看交换机供电模块的供电能力

在交换机配置界面中，执行 show environment power 命令，在输出结果中可以看到交换机上有两个供电模块，每个供电模块可提供的最大功率为 640W。

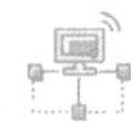

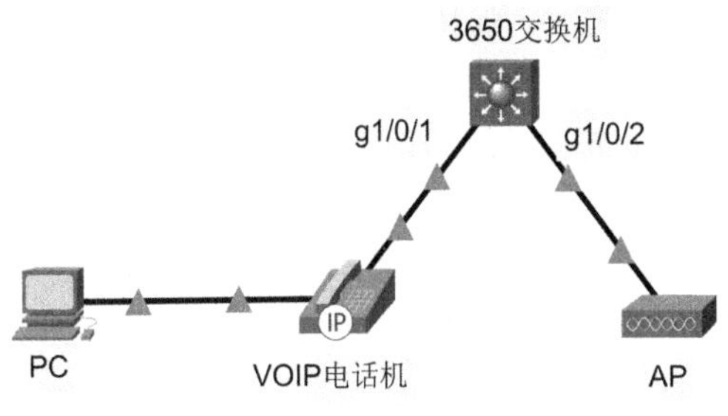

◎ 图 5-40　PoE 管理拓扑结构

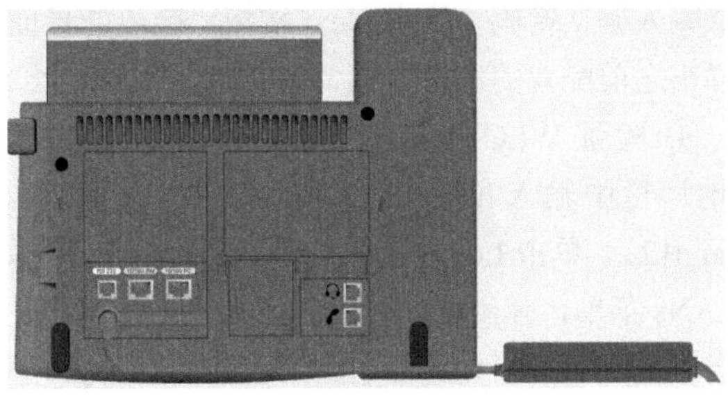

◎ 图 5-41　VOIP 电话机的背面

3）设置每个以太网接口的供电能力

选定 g1/0/1 接口，执行 power inline auto 命令，开启 PoE 模块。选定 g1/0/2 接口，执行 power inline never 命令，关闭 PoE 模块。将 VOIP 电话机用网线与思科 3650 交换机的 g1/0/1 接口连接起来，将 AP 用网线与思科 3650 交换机的 g1/0/2 接口连接起来。此时，思科 3650 交换机的以太网接口为 VOIP 电话机提供电力，在没有其他供电源的情况下也能正常工作，而思科 3650 交换机以太网接口没有为 AP 供电，AP 需要额外电源供给才能工作。

4）查看交换机 PoE 情况

执行 show power inline 命令，输出结果反映了思科 3650 交换机的最大 PoE 能力为 780W，目前使用了 10W，还剩余 770W，PoE 端口上连接的设备是 7690 VOIP 电话机。

这里总结一下，PoE 模块可靠的最大供电距离为 100m，只有支持 PoE 特性的交换机才能在 PoE 端口为设备供电，并且使用 PoE 模块供电设备的功率不能超过交换机的额定功率。

【任务实施】

集中式无线网络组建 - 锐捷设备

本任务使用 Packet Tracer 来完成。具备锐捷无线设备组网条件的，请参考素材“集中式无线网络组建 - 锐捷设备”中的实施步骤来完成。

（1）搭建图 5-15 所示的网络。

（2）添加 PoE 模块。

① 查看添加的 PoE 模块。交换机加电后自动完成启动过程，使用命令 show environment power 可以查看已加载的两个 PoE 模块。每个 PoE 模块可供电 680W。

② 查看 PoE 情况。LAP 使用网线与三层交换机相连后，三层交换机会使用 PoE 模块向 LAP 供电，可以使用 show power inline 命令查看 PoE 情况。

（3）初始化 WLC 。

① 配置 WLC 的初始管理 IP 地址。单击 WLC 2504，选择 Config 菜单，在左侧菜单中选择 Management 选项，在 IP Address 文本框中输入 IP 地址 192.168.1.1，在 Subnet Mask 文本框中输入子网掩码 255.255.255.0。

② 设置管理终端 IP 地址。单击管理终端，选择 Desktop 菜单，单击 IP Configuration，在弹出的对话框中设置 IP 地址为 192.168.1.2、子网掩码为 255.255.255.0。

③ 通过管理终端登录 WLC。单击管理终端的 Web 浏览器，在 IP 地址栏中输入 http://192.168.1.1，在弹出的界面中创建登录账号，设置输入用户名为 admin，密码为 Admin123。单击 Start 按钮，弹出初始化界面，设置 System Name 为 WLC，在管理 IP 地址栏中输入 192.168.1.1，在掩码栏中输入 255.255.255.0，在网关栏中输入 192.168.1.10。单击 Next 按钮，进入配置网络参数界面，在 Network Name 栏中输入 CQCET，加密方式选择 WPA2- 个人，设置密码为 1234567890，

再次输入确认密码，单击 Next 按钮，弹出的界面不做任何修改，保持默认，继续单击 Next 按钮，会弹出之前配置的汇总界面，单击 Apply 按钮，重启 WLC，使配置生效。

④ 验证 WLC 的初始化配置。待 WLC 重启后，重新进入管理终端的 Web 浏览器，在 IP 地址栏中输入 https://192.168.1.1 并按回车键，输入之前创建的账号的用户名 admin 和密码 Admin123，单击 Login 按钮登录，弹出 WLC 初始化后的配置界面，如图 5-42 所示。单击上方的 WLANs 菜单，弹出初始化配置的相关 WLAN 信息，此次配置无须修改。如果需要修改，则可以单击 ID 下的 1 进行修改，修改完后单击 Apply 按钮保存。

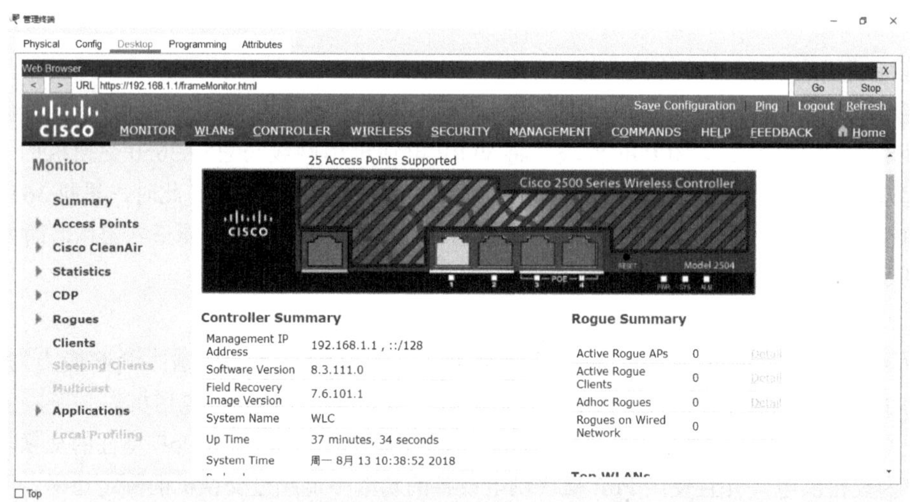

◎ 图 5-42 WLC 初始化后的配置界面

（4）LAP 注册到 WLC。

① 开启三层交换机的路由功能和 DHCP 服务。进入交换机的配置界面，使用命令 ip routing 和 server dhcp 开启路由功能与 DHCP 服务。

② 配置 SVI 接口和 IP 地址。DHCP 服务器本身有一个 IP 地址，这里先使用默认的 VLAN 1 来创建一个 SVI 接口（使用 interface vlan 1 命令），配置 IP 地址为 192.168.1.10（使用 ip add 192.168.1.10 255.255.255.0 命令），然后激活 SVI 接口（使用 no shutdown 命令）。

③ 配置 DHCP 服务。首先排除可能静态分配的 IP 地址，这里排除 192.168.1.0 网段的前面 10 个地址（使用 ip dhcp excluded-address 192.168.1.1 192.168.1.10 命令）。其次建立一个名为 server 的地址池（使用 ip dhcp pool server 命令），宣告需要分配的网段（使用 network 192.168.10.0 255.255.255.0 命令），指定默认网关（使用 default-router 192.168.1.10 命令），使用 option 43 选项指定 WLC 的 IP 地址（使用 option 43 ip 192.168.1.1 命令），使 LAP 获取 IP 地址后能够找到 WLC。

④ 验证 DHCP 服务。进入 LAP 的配置界面，选择 Config 菜单，选中下方 interface 中的 g0 号接口，可以看到已成功获取 IP 地址。

【任务验收】

（1）查看 LAP 是否注册成功。在管理终端上通过 Web 页面登录到 WLC，在 WLC 的配置页面中，单击 WIRELESS 菜单，弹出图 5-43 所示的页面。从该页面中可以看到 LAP 已成功上线，其获得的 IP 地址是 192.168.1.4。

（2）测试无线客户端与 LAP 之间的无线连接。在接入终端 1 和接入终端 2 上，按照图 5-44 所示的页面设置无线参数和动态获取 IP 地址后，接入终端 1 和接入终端 2 就可以关联到 LAP，

如图 5-45 所示，可以看到无线连接成功。

◎ 图 5-43　LAP 注册到 WLC 的配置页面

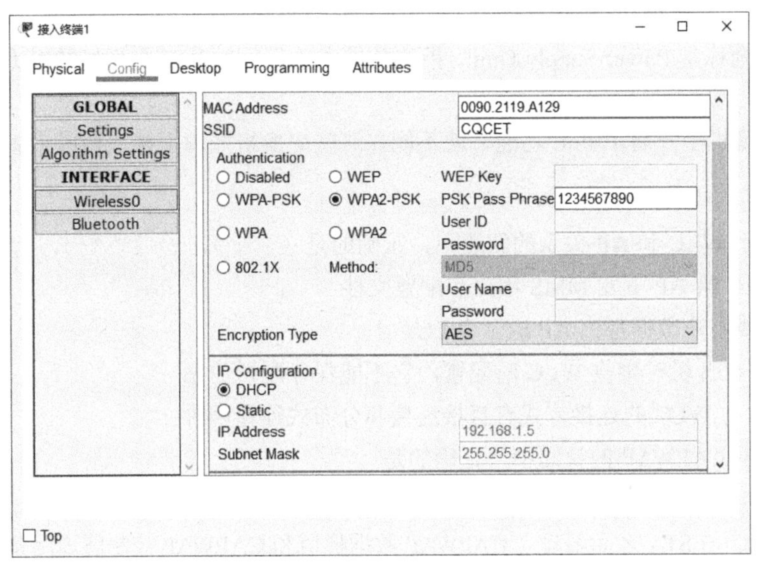

◎ 图 5-44　接入终端设置界面

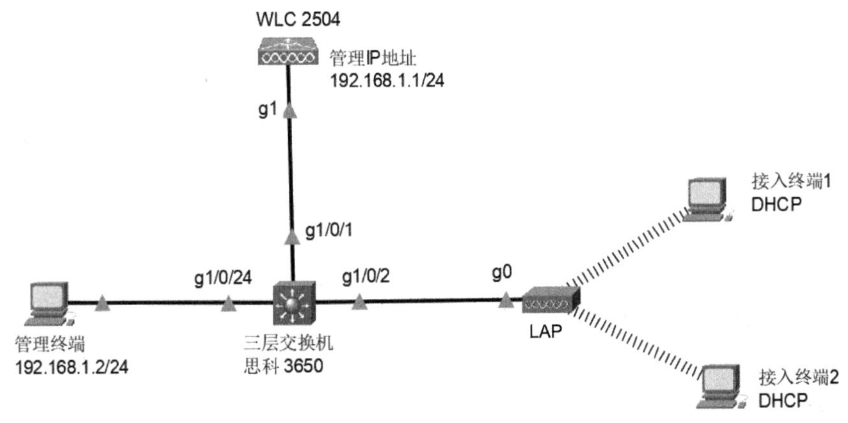

◎ 图 5-45　接入终端成功关联上 LAP

【任务小结】

LAP+WLC 组网模式能够实现对 LAP 的集中配置管理，支持 LAP 零配置启动，扩展性较好。LAP 和 WLC 之间通过建立 CAPWAP 隧道交换管理报文和业务报文。LAP+WLC 是目前大中型企业组建 WLAN 时最常使用的组网模式之一。

【课后作业】

一、判断题

1. 用 Web 方式对一个 WLC 进行配置管理，需要使用它的管理地址。（　　）
2. 在核心交换机上要创建交换机管理 VLAN、AP VLAN、无线客户端 VLAN。（　　）
3. 在 AP 接入交换机上要创建交换机管理 VLAN、AP VLAN、无线客户端 VLAN。（　　）
4. AP 接入交换机与核心交换机连接的端口要配置为 Trunk 模式。（　　）
5. 根据 AP 与 WLC 之间的网络架构可将组网模式分为二层组网模式和三层组网模式。（　　）
6. 如果一个企业无线网络组网模式为直接转发，那么“瘦”AP 可以将 802.11 数据报文转化为以太网报文，再将报文进行 CAPWAP 封装，通过 CAPWAP 隧道传送给 WLC。（　　）
7. PSU 的全称是 Power Supply Unit，指的是供电单元，如 PoE 交换机的以太网端口。（　　）
8. 如果交换机上开启了 PoE 功能，就不能在这些交换机端口上接入传统设备。（　　）

二、选择题

1. 下列关于 WLC 和 AP 关系的叙述中，正确的是（　　）。

   A. WLC 给 AP 下发 MMS 程序和配置文件

   B. 无线用户数据都由 AP 送至 WLC

   C. AP 在开机时接收 WLC 的配置，它不能保存配置信息

   D. AP 与 WLC 的连接方式有直接连接和分布式连接两种

2. 下列关于 CAPWAP 的说法中，正确的是（　　）。

   A. CAPWAP 的中文意思是 AP 的控制和配置

   B. WLC 与 STA 之间要建立 CAPWAP 数据隧道和 CAPWAP 控制隧道两条隧道

   C. WLC 通过 CAPWAP 隧道将配置信息传送至 AP

   D. AP 将 SAT 的数据封装在 CAPWAP 隧道中发送给 WLC

3. 在组建 WLAN 时要实现动态分配 IP 地址，可以采用的方法有（　　）。

   A. 在组建的 WLAN 中设置一个 DHCP 服务器

   B. 选用能提供 DHCP 服务的 WLC

   C. 选用能提供 DHCP 服务的核心交换机

   D. 在网络中使用能提供 DHCP 服务的其他设备

4. 下列关于配置 DHCP 服务器的作用域选项 043 的说法中，正确的是（　　）。

   A. 作用域选项 043 是指供应商特定信息

   B. 在 WLAN 中，由于三层组网模式的 AP 和 WLC 处在不同的网段，对 AP 所在的作用域配置 043 选项用来决定 AP 要与哪个 WLC 建立联系

   C. 在 WLAN 中，配置 043 选项的操作是单击 AP 所在的作用域名称，选择“043 供应

商特定信息"，并在 ASCII 下输入 WLC 的 IP 地址

D．三层组网模式的 AP 和 WLC 处在不同的网段，其中 WLC 设置静态 IP 地址，AP 的地址由 DHCP 服务器提供

5．下列关于 LAP 的描述中，正确的是（　　）。

A．LAP 又称无线路由器

B．LAP 由于功能欠缺，正逐渐被自主式 AP 取代

C．LAP 无法单独配置，必须与 WLC 配合使用

D．LAP 可以实现 802.1x 认证、加密等功能，其他功能（如漫游）都是在 WLC 上实现的

6．下列关于 CAPWAP 的描述中，错误的是（　　）。

A．LAP 和 WLC 之间的传输协议

B．LAP 与无线客户端之间的传输协议

C．由 CAPWAP 工作组制定

D．CAPWAP 的制定吸取了其他协议的有用特性

7．当 WLC 为旁挂组网模式时，如果数据是直接转发的，则数据流（　　）WLC；如果数据是隧道转发的，则数据流（　　）WLC。

A．不经过，经过　　　　B．不经过，不经过

C．经过，经过　　　　D．经过，不经过

8．下列关于 WLC+LAP 组网架构的描述中，错误的是（　　）。

A．AP 不能单独工作，需要由 WLC 集中代理维护和管理

B．可以通过 WLC 增强业务 QoS、安全等功能

C．AP 本身零配置，适用于大规模组网

D．必须通过网管系统实现对 AP 和用户的管理

9．在大型无线网络部署场景下，WLC 配置成"三层组网 + 旁挂组网 + 直接转发"模式时，无线用户的网关应当位于（　　）。

A．汇聚层三层交换机上　　　　B．单臂路由器上

C．WLC 上　　　　D．AP 上

10．下列关于组网模式的描述中，正确的是（　　）。

A．相对于三层组网模式，二层组网模式更适用于园区、体育场馆等大型网络

B．三层组网模式的优势在于配置简单、组网容易

C．如果 WLC 处理数据的能力比较弱，则推荐使用旁挂组网模式

D．在直连组网模式中，AP 的业务数据可以不经过 WLC 直接到达上行网络

11．（　　）为 PoE 模块的供电标准。

A．IEEE 802.3ae　　　　B．IEEE 802.3af

C．IEEE 802.3as　　　　D．IEEE 802.3ah

12．为了方便管理和维护，AP 供电方式一般优先选择（　　）进行供电。

A．独立电源适配器　　　　B．PoE 交换机

C．PoE 适配器　　　　D．交流供电

三、填空题

1．CAPWAP 的中文名称是 ________。

2．CAPWAP 支持的两种数据转发模式为 _______ 和 ______。

3．LAP 和 WLC 之间的连接模式为 ______ 和 ______。

四、简答题

1．简述集中转发和本地转发的区别。
2．简述 CAPWAP 的工作流程。
3．简述 LAP 注册到 WLC 的过程。
4．简述 WLAN 中的主要设备 WLC 和 AP 的主要作用。

任务 5.3　部署无线漫游网络

【任务描述】

本任务采用图 5-46 所示的网络，实现在同一 WLC 内跨 AP 设备的二层漫游功能，确保移动终端在办公室内移动时不会造成网络中断。

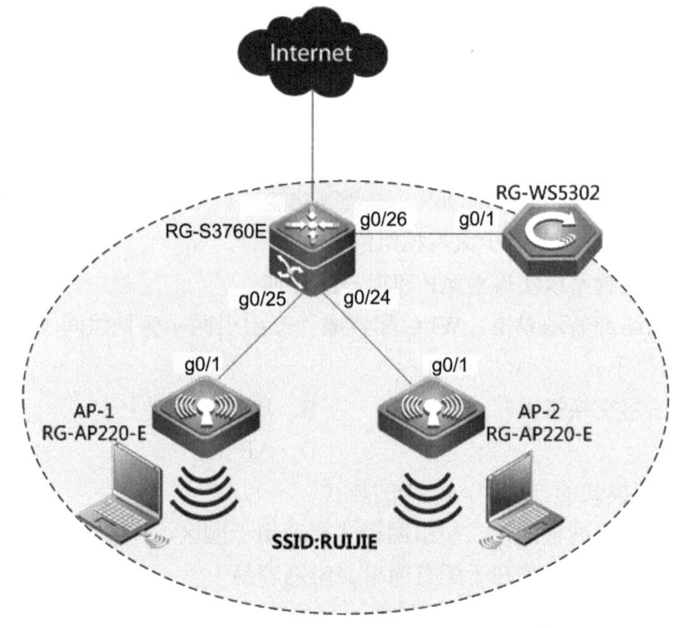

◎ 图 5-46　跨 AP 设备的二层漫游配置拓扑结构图

【任务要求】

（1）设备：笔记本电脑 2 台，WLC 1 个（RG-WS5302），AP 设备 2 个（RG-AP220-E），三层交换机 1 个（RG-S3760E），PoE 模块 2 个（RG-E-130），网线 5 根。

（2）两个 AP 关联在同一个 WLC 上，配置 SSID 为 cqcet，WPA2 加密，密钥为 1234567890。

（3）合理规划 IP 地址和 VLAN，移动终端能动态获取 IP 地址。

（4）移动终端的无线数据转发方式为本地转发。

（5）按规范制作任务实施文档和 PPT 并分组展示任务的完成效果。

知识准备

漫游动画

5.3.1　无线局域网的漫游

学习提示

一个 AP 的覆盖范围终究是有限的，在某些场景下需要部署大量的 AP，但是移动设备跨度过大，会造成业务的中断。例如，你在一个酒店的大厅办理服务时连接了无线网络，当你进入房间后，可能需要重新进行认证再连接网络，但是本质上这两个网络是同属于一个网络的，那么 WLAN 的漫游技术就可以很好地解决这个问题。

1. 漫游的概念

802.11 WLAN 的每个 STA 都与一个特定的 AP 相关，如果 STA 从一个 AP 覆盖无线区域（SiteA）切换到另一 AP 覆盖无线区域（SiteB），能获得透明的无缝连接，就叫作漫游（Roaming），如图 5-47 所示。

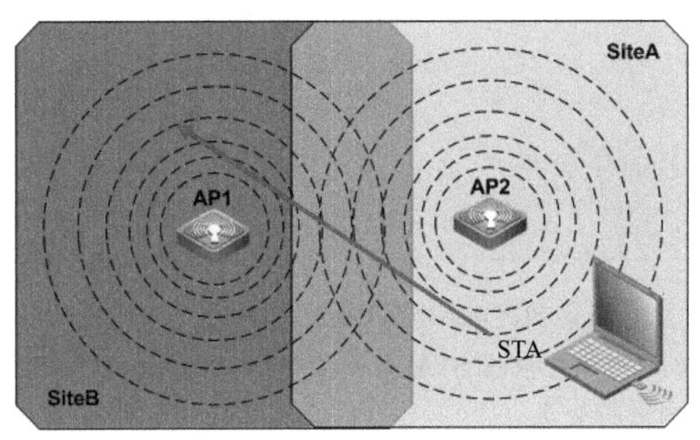

◎ 图 5-47　WLAN 的漫游

典型例题

移动客户端利用下面(　　)类型的帧在BSS之间进行无缝漫游(相同ESS和相同的SSID内)。

A. 关联请求　　B. 解除关联　　C. 重关联　　D. 漫游请求

解析：只要移动客户端能够从一个 BSS 迁移到另一个 BSS，且不会丢失信号，或者被解除关联或解除认证，就能探测到新 AP，并利用现有的 SSID 向新 AP 发送重关联帧以重新建立关联关系。

答案：C

2. 漫游的条件

（1）不存在同频干扰。移动客户端漫游的条件是什么呢？首先，应将相邻的 AP 信道配置为非重叠信道。例如，使用信道 1 的 AP 不能与其他也使用信道 1 的 AP 相邻。为了避免与信道 1 的频率出现重叠，相邻 AP 应使用信道 6 或者编号更大的信道，从而保证移动客户端在接收到附近 AP 信号的情况下不会受到干扰。

（2）接收信号的强度。漫游进程完全是由移动客户端的驱动程序驱动的（而不是由 AP 发起的），如图 5-48 所示。无线客户端根据各种条件来判断漫游的时机，由于漫游方法的私有性质，因此在这些条件中最重要的还是接收信号的强度。

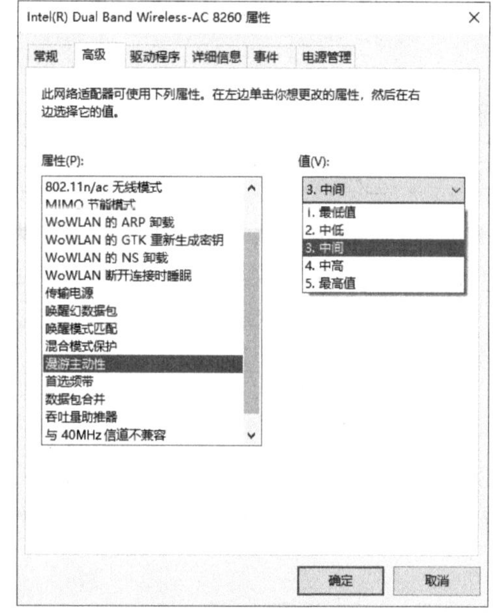

◎ 图 5-48　漫游进程条件

5.3.2　无线局域网漫游的分类

学习提示

漫游的目的是使用户在移动的过程中可以通过不同的 AP 设备来保持对网络的持续访问。漫游的分类方法有两种：一种是根据 STA 是否在同一 WLC 管理范围内分类；另一种是根据 STA 是否在同一个子网内进行分类。

1. WLC 内漫游与 WLC 间漫游

根据漫游过程前后 STA 接入的 AP 设备所属 WLC 设备的不同，可以分为 WLC 内漫游和 WLC 间漫游，如图 5-49 所示。WLC 内漫游是指用户漫游过程中的两台 AP 设备由同一台 WLC 设备进行管理。WLC 间漫游是指用户漫游过程中的两台 AP 设备分别由不同的 WLC 设备进行管理。

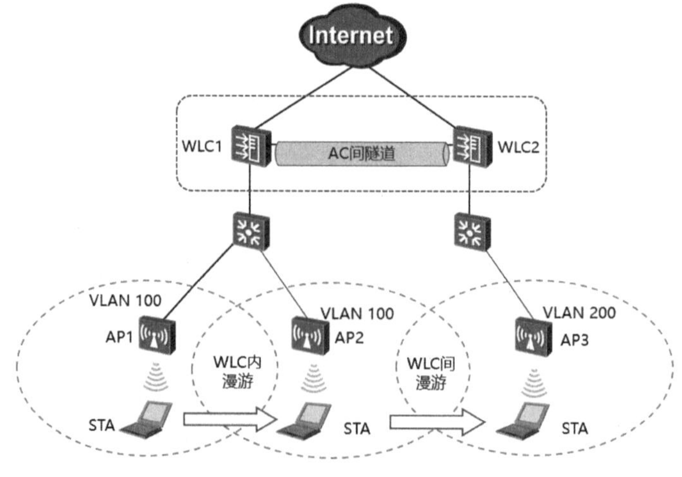

◎ 图 5-49　WLC 内漫游和 WLC 间漫游

2. 二层漫游与三层漫游

根据 STA 在漫游前后是否在同一个子网内，可将漫游分为二层漫游和三层漫游。二层漫游是指 STA 在漫游前后属于同一个业务 VLAN，即同一个 IP 地址段。在图 5-49 中，AP1 和 AP2 的业务 VLAN 均为 VLAN 100，因此从 AP1 漫游到 AP2 属于二层漫游。STA 在二层漫游时业务 VLAN 及 IP 地址没有任何变化，在漫游过程中没有丢包和断线重连的现象，它是一种平滑过渡的漫游。二层漫游可以在 WLC 内漫游实现，也可以在 WLC 间漫游实现。三层漫游是指 STA 在漫游前后属于不同的业务 VLAN，即不同的 IP 地址段。在图 5-49 中，AP2 和 AP3 的业务 VLAN 分别为 VLAN 100 和 VLAN 200，因此从 AP2 漫游到 AP3 属于三层漫游。

5.3.3 无线局域网漫游的工作原理

学习提示

在集中式 WLAN 架构中，LAP 通过 CAPWAP 隧道绑定到 WLC 上。WLC 内漫游进程类似于自主式 AP 漫游进程，客户端在移动的时候也必须关联到新 AP 上，唯一的区别在于由 WLC 来处理漫游进程。

1. 建立漫游数据库

在图 5-50 和图 5-51 所示的两个 AP 网络场景中，两个 AP 都连接到了 WLC1 上，客户端 1 关联到 AP1，AP1 通过 CAPWAP 隧道连接 WLCl。WLC1 维护了一个客户端数据库，其中包含如何到达和支持每个客户端的详细信息。为简化起见，在图 5-50 和图 5-51 中将该数据库显示为一张列表，其中包含 AP、已关联的客户端和正在使用的 WLAN。实际的数据库还包含客户端 MAC 地址和 IP 地址、QoS 参数，以及其他信息。

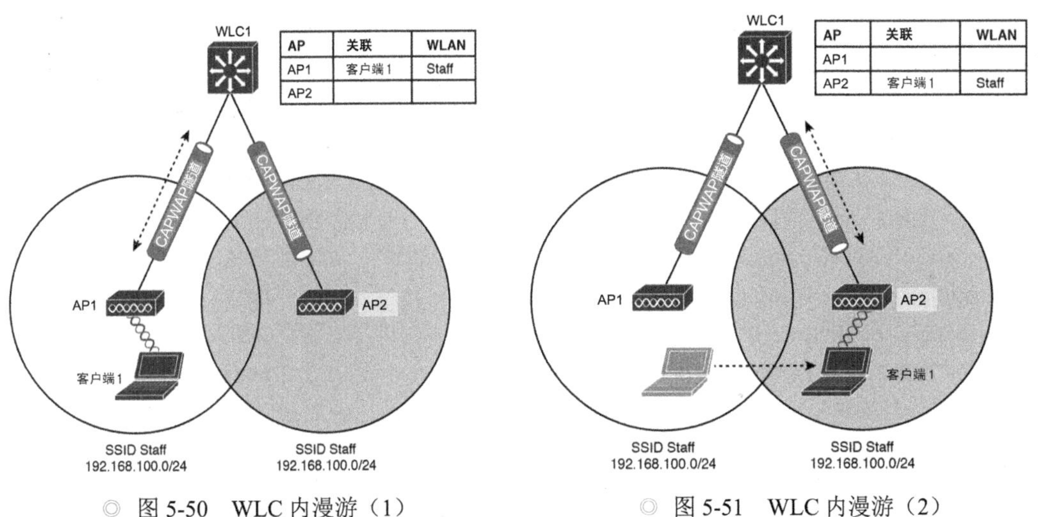

◎ 图 5-50　WLC 内漫游（1）　　◎ 图 5-51　WLC 内漫游（2）

2. 漫游实现过程

客户端 1 开始移动并最终漫游到 AP2，如图 5-51 所示。除 WLC1 将客户端关联关系从 AP1 改变为 AP2 以外，其他无变化。由于 AP1 和 AP2 均绑定到了 WLC1 上，整个漫游过程都发生在 WLC 内，因此被称为 WLC 内漫游。

如果客户端漫游进程涉及的两个AP都绑定在同一个WLC上，该漫游进程就会显得简单高效。WLC需要更新客户端关联列表，从而知道应该使用哪条CAPWAP隧道去往客户端。WLC内漫游很简单，整个漫游操作最快只要10ms就能完成，该时间就是WLC将客户端关联关系从AP1切换到AP2所需的处理时间。从客户端的角度来看，WLC内漫游与其他漫游并没有什么区别，客户端根本不知道这两个AP是通过CAPWAP隧道相互通信的，客户端要做的就是根据信号分析结果来决定在两个AP之间进行漫游。

【任务实施】

（1）基本拓扑连接。

根据图5-46所示的拓扑结构图将设备连接起来，并注意设备状态灯是否正常。

（2）三层交换机的配置。

将移动终端的DHCP服务部署在三层交换机上，无线用户AP的网关也部署在三层交换机上。

```
Ruijie(config) thostname RG-3760E                                   // 为交换机命名
RG-3760E (config)#vlan 10                                           // 创建 AP1 所在的 VLAN
RG-3760E (config)#vlan 20                                           // 创建 AP2 所在的 VLAN
RG-3760E(config)#vlan 100                                           // 创建无线用户所在的 VLAN
RG-3760E(config)#service dhcp                                       // 启用 DHCP 服务
RG-3760E(config)#ip dhcp pool ap-pool                               // 创建地址池，为 AP 分配 1P 地址
R6-3760E(dhcp-config)#option 138 ip 9.9.9.9             // 配置 option 138 选项，地址为 AC 的环回接口地址
RG-3760E(dhep-config)#network 192.168.10.0 255.255.255.0            // 指定地址池
RG-3760E(dhcp-config)#default-router 192.168.10.254                 // 指定默认网关
RG-376CE(config)#ip dhcp pool vlan100                               // 创建地址池，为用户分配 1P 地址
RG-3760E(dhcp-config)#domain-name 202.106.0.20                      // 指定 DNS 服务器
RG-3760E (dhcp-config)#network 192.168.100.0 255.255.255.0          // 指定地址池
RG-3760E(dhcp-config)#default-router 192.168.100.254                // 指定默认网关
RG-3760E(config)#interface   VLAN10                                 // 创建 VLAN 10 接口
RG-3760E(config-VLAN 10)#ip address 192.168.10.254 255.255.255.0    // 配置 VLAN 10 接口 IP 地址
RG-3760E(config)#interface   VIAN 20 !                              // 创建 VLAN 20 接口
86-3760E(config-VLAN20)#ip address 192.168.11.2 255.255.255.0       // 配置 VLAN 20 接口 IP 地址
RG-3760E(config)#interface   VLAN 100                               // 创建 VLAN 100 接口
RG-3760E(config-VLAN 100)#ip address 192.168.100.254 255.255.255.0  // 配置 VLAN 100 接口 IP 地址
RG-3760E(config)#interface FastEthernet 0/24                        // 选定 fa0/24 接口
RG-3760E(config-if- FastEthernet 0/24)#switchport access vlan 10     // 将接口加入 VLAN 10
RG-3760E(config)#interface FastEthernet 0/25                        // 选定 fa0/25 接口
RG-3760E(config-if- FastEthernet 0/24)#switchport access vlan 10     // 将接口加入 VLAN 10
RG-3760E(config)#interface FastEthernet 0/26                        // 选定 fa0/26 接口
RG-3760E(config-if- FastEthernet 0/26)#switchport mode trunk         // 将接口设置为 Trunk 模式
RG-3760E(config)#ip route 9.9.9.9 255.255.255.0 192.168.11.1        // 设置静态路由
```

（3）无线交换机配置。

```
Ruijie(config)#hostname AC                                          // 命名无线交换机
AC(config)#vlan 10                                                  // 创建 VLAN 10
AC(config)#vlan 20                                                  // 创建 VLAN 20
```

```
AC(config)#vlan 100                                          // 创建 VLAN 100
AC(config)#wlan-config 1 cacet                               // 创建 WLAN，SSID 为 cqcet
AC(config-wlan)#enable-broad-ssid                            // 允许广播
AC(config)#ap-group default                                  // 提供 WLAN 服务
AC(config-ap-group)# interface-mapping 1 100
// 配置 AP 提供 WLAN1 接入服务，配置用户的 VLAN 为 100
AC(config)#ap-config 001a.a979.40e8                          // 登录 AP
AC(config-AP)#ap-name AP1                                    // 命名 AP
AC(config)#ap-config 001a.a979.5fd2                          // 登录 AP
AC(config-AP)#ap-name AP2                                    // 命名 AP
AC(config-AP)#interface GigabitEthernet 0/ 1                 // 选定接口
AC(config-if-GigabitEthernet 0/ 1)#switchport mode trunk     // 将接口设置为 Trunk 模式
AC(config)#interface Loopback 0                              // 选定环回接口
AC(config-if-Loopback 0)#ip address 9.9.9.9 255.255.255.255  // 为环回接口配置 IP 地址
AC(config)#interface VLAN10                                  // 激活 VLAN 10 接口
AC(config)#interface VLAN 20                                 // 激活 VLAN 20 接口
AC(config)#interface VLAN 100                                // 激活 VLAN 100 接口
AC(config)#ip route 0.0.0.0 0.0.0.0 192.168.11.2             // 配置默认路由
```

（4）配置 WPA2 加密。

```
AC(config)#wlansec 1
AC(wlansec)#security rsn enable
AC(wlansec)#security rsn ciphers aes enable
AC(wlansec)#security rsn akm psk enable
AC(wlansec)#security rsn akm psk set-key ascii 0123456789
```

【任务验收】

（1）在 WLC 上查看 CAPWAP 的运行状态：show capwap state 命令。

（2）在 WLC 上查看 AP 是否上线：show ap-config summary 命令。

（3）在 WLC 上查看 WPA2 的设置情况：show wlan security 1 命令。

（4）打开命令行窗口，使用 ipconfig 命令查看移动终端获取 IP 地址的情况。

（5）在移动终端上打开无线功能，扫描到 cqcet 无线网络，测试是否能连接上 cqcet 无线网络。

（6）在移动终端的命令行窗口使用 ping 命令测试移动终端之间的网络连通性。

（7）漫游测试。

第一种方法：①先将移动终端关联上其中一个 AP 设备，并长 ping 网关，然后将 STA 从 AP1 移向 AP2，由于漫游是由 STA 主动发起的，因此两个 AP 设备的距离需为 20m 以上。②可以通过关闭该 AP 的射频接口（或者直接给该 AP 断电）来模拟漫游场景，STA 应该会丢 1 个或 2 个 ping 包，但是 IP 地址没有发生变化，这样便完成了漫游过程。

第二种方法：①在 STA 上打开命令行窗口，使用 ping 命令与网关进行 ICMP 测试，这时拔掉这个 AP 设备的电源，丢弃 1 个或 2 个 ping 包后，就能正常通信。②在无线交换机上可以使用 ac-config client summary by-ap-name 命令来查看其状态。

【任务小结】

相比有线网络，WLAN 的一个显著优点是无线用户可以在 AP 覆盖范围内灵活移动，使用户得以摆脱线缆的束缚。一个 AP 的覆盖范围是有限的，在一个由大量 AP 组成的无线网络环境中，当用户从一个 AP 移动至另一个 AP 时，基本的要求是保持业务的连续性，即让用户在不受明显影响的情况下通过另一个 AP 接入 WLAN，在 WLAN 中实施漫游技术可以满足这个要求。最简单的漫游是 WLC 内二层漫游，即漫游前后无线用户属于相同的二层网络，且两个 AP 关联到同一个 WLC。

【课后作业】

一、判断题

1. AP 接入交换机与核心交换机连接的端口要配置为 Trunk 模式。 (　　)

2. 同一 WLC 内的二层漫游是指 STA 在同一个 WLC 控制下的不同 AP 间漫游，漫游前后都在同一个子网内。 (　　)

3. 对于有漫游需求的区域，相邻 AP 的覆盖范围保持 50% 以上的重叠，以保证移动终端在 AP 间的平滑切换。

二、选择题

1. 基于 WLC 架构的漫游分为（　　）。

A. 子网内漫游　　B. 子网间漫游

C. WLC 内漫游　　D. WLC 间漫游

2. 以下选项中，（　　）不是漫游的主要目的。

A. 避免漫游过程中的认证时间过长导致丢包，甚至业务中断

B. 保证用户授权信息不变

C. 保证用户 IP 地址不变

D. 保证用户网络速率不变

三、填空题

1. 如果漫游过程中关联的是相同 WLC，则这种漫游方式被称为 ________。

2. 根据 STA 在漫游前后是否在同一个子网内，可将漫游分为 _______ 和 ______。

四、简答题

1. 简述漫游的主要过程。

2. 简述不同漫游类型的主要特征。

任务 5.4　提高无线局域网的可靠性

【任务描述】

本任务采用旁挂二层组网模式，配置 WLC 主备工作方式的双链路热备，拓扑结构图如图 5-52 所示。

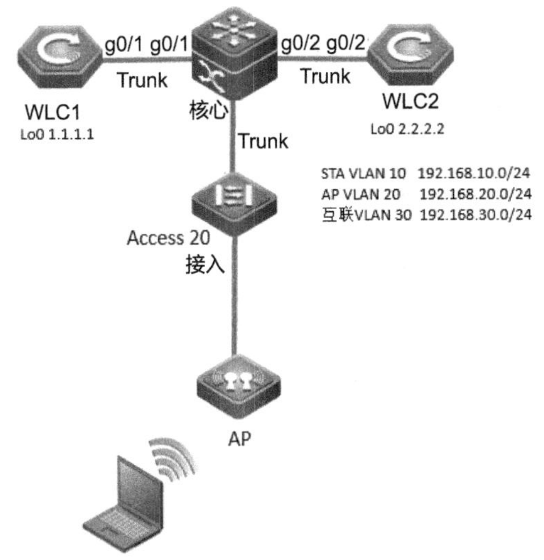

◎ 图 5-52　双链路热备中的 WLC 主备工作方式拓扑结构图

【任务要求】

（1）条件：WLC2 个，三层交换机 1 个，二层交换机 1 个，AP 设备 1 个，PoE 模块 1 个，测试移动终端 1 台，网线 5 根。

（2）AP 和移动终端的 DHCP 服务配置在核心交换机上，WLC1 和 WLC2 通过环回接口建立 CAPWAP 隧道。

（3）合理规划路由信息，确保网络能联通。

（4）无线网络名称规划为 CQCET，加密方式为 WPA2，密钥为 1234567890。

（5）按规范制作任务实施文档和 PPT 并分组展示任务的完成效果。

知识准备

5.4.1　双链路热备中的 WLC 主备工作方式

学习提示

在 LAP+WLC 的网络架构中，WLC 集中管理和控制无线用户的 WLAN 业务，一个 WLC 往往控制几百个 AP 和上万个 STA。WLC 出现故障或 WLC 与 AP 之间的链路出现故障，都会导致 WLC 关联的用户业务中断，影响用户业务的使用。双链路热备中的 WLC 主备工作方式可以在主 WLC 之间或主 WLC 和 AP 之间的链路出现故障时，启用备 WLC 继续控制无线用户的 WLAN 业务，减少业务中断时间。

1. WLC 备份的概念

WLC 备份是指为防止 WLC 故障影响 AP 和 STA 业务，在 WLAN 中部署两个或多个 WLC，如图 5-53 所示。一旦一个 WLC 出现故障，其他 WLC 可以代替故障 WLC 工作，继续管理和维护 AP，确保用户可以正常使用无线网络，或者尽量减小 WLC 故障对用户的影响。

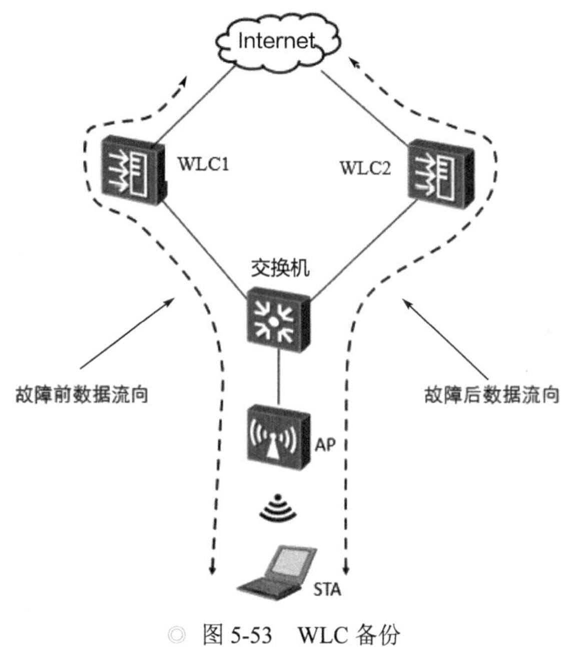

◎ 图 5-53 WLC 备份

2. WLC 的角色

采用 WLC 备份机制组建 WLAN 时，至少需要两个 WLC，而且 WLC 之间有角色之分。WLC 的角色分为主和备，即一个是主 WLC，另一个是备 WLC。主 WLC 在网络正常运行时管理和维护 AP。备 WLC 是主 WLC 的备份，当主 WLC 因为网络或设备产生故障时代替主 WLC 管理和维护 AP。

3. WLC 的状态

在 WLC 备份机制下，WLC 的状态分为工作状态和备份状态。工作状态是指 WLC 当前正在管理和维护 AP，并为 AP 和 STA 提供服务。备份状态是指 WLC 当前不负责管理和维护 AP，也不为 AP 和 STA 提供服务。处于备份状态的 WLC 在网络或设备出现故障时进入工作状态。WLC 的状态会随着网络或设备故障的出现或恢复而发生变化。不管是主 WLC 还是备 WLC，都可能处于工作状态或备份状态。

4. WLC 的数据同步方式

数据备份是通过热备（HSB）机制来实现的。热备的主要功能体现在建立主备份通道和维护备份通道链路状态。热备支持 3 种数据同步方式，即批量备份、实时备份和定时同步。

（1）批量备份：当有新加入的备 WLC 时，主 WLC 将已有信息一次性地批量同步到备 WLC 上，使主 WLC 和备 WLC 保持数据一致。

（2）实时备份：当主 WLC 正常工作时，将新产生或发生变化的信息实时同步给备 WLC。

（3）定时同步：备 WLC 定时检查自身的信息是否与主 WLC 一致。如果不一致，则要求主 WLC 将信息同步到备 WLC。

5. 双链路热备中的主备工作方式概述

在双链路热备中的 WLC 主备工作方式中，如图 5-54 所示，AP 与主 WLC 建立主 CAPWAP 链路，与备 WLC 建立备 CAPWAP 链路。主 WLC 和备 WLC 分别处于工作状态和备份状态。主

WLC通过热备服务仅将STA信息同步给备WLC。当主WLC发生故障时，备WLC切换到工作状态，代替主 WLC 提供业务服务。

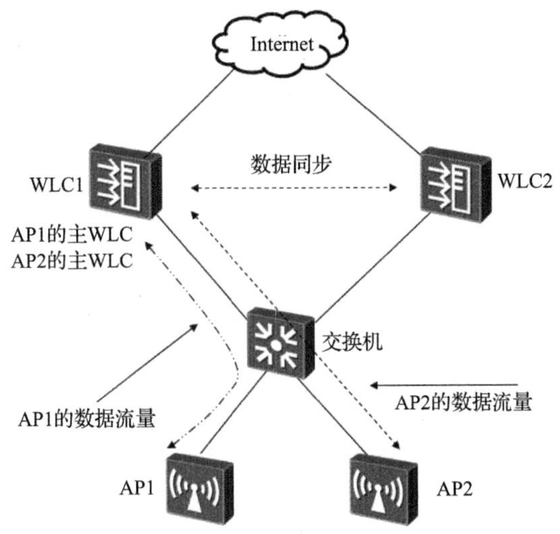

◎ 图 5-54　双链路热备中的 WLC 主备工作方式

5.4.2　双链路热备中的 WLC 负载均衡工作方式

如图 5-55 所示，AP 分别与两个 WLC 建立 CAPWAP 隧道，通过 WLC 下发的 CAPWAP 报文中的优先级判断主 WLC 与备 WLC。两个 WLC 之间建立双机热备 HSB 隧道。在正常情况下，对于 AP1 上的业务流量，WLC1 是主设备，WLC2 是备份设备，WLC1 处理所有业务，并将产生的会话信息通过主备通道传送到 WLC2 进行备份；WLC2 不处理业务，只用于备份。对于 AP2 上的业务流量，WLC2 是主设备，WLC1 是备份设备，WLC2 处理所有业务，并将产生的会话信息通过主备通道传送到 WLC1 进行备份；WLC1 不处理业务，只用于备份。这样，AP1 的业务流量通过 WLC1 转发，AP2 的业务流量通过 WLC2 转发，实现了流量的负载分担。

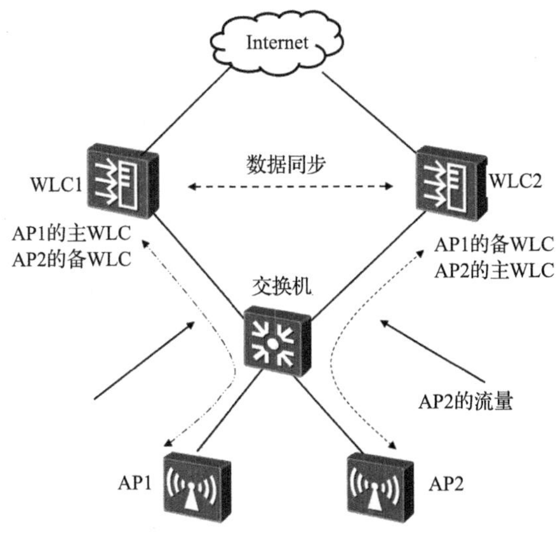

◎ 图 5-55　双链路热备中的 WLC 负载均衡工作方式

如果 WLC1 发生故障，对于 AP1 上的业务流量，会自动切换到 WLC2 进行转发，保证了网络的可靠性；但是对于 AP2 上的业务流量，WLC2 正常工作，流量转发路径不变。当原来的主设备故障恢复之后，用户可以根据需要配置是否将业务流量回切到原来的主设备上。

5.4.3 WLC 集群

学习提示

集群的原意是一组协同工作的服务实体，用以提供比单一服务实体更具扩展性与可用性的服务平台。在 WLAN 项目内，集群特指一组协同工作的 WLC。与单一 WLC 模型相比，一组协同工作的 WLC 对外提供高可用性（冗余错误恢复）和负载均衡。

1. WLC 集群的工作原理

AP 在无线网络中要能为无线用户提供服务，必须与某个 WLC 保持连接。如果该 WLC 意外故障，AP 就无法顺利同 WLC 连接，服务失败。为了增强服务的可用性，引入了 WLC 集群功能。WLC 集群就是为 AP 指定多个 WLC，当 AP 到某个 WLC 的连接不通时，AP 就可以使用备 WLC。WLC 集群增强了无线网络的可靠性，避免因某个 WLC 故障而导致其下接的 AP 都不能提供服务。

2. WLC 集群的应用场景

（1）对无线网络的稳定性和防灾能力要求较高，允许 AP 和 WLC 之间短暂通信中断（数秒）。

（2）对无线数据进行负载均衡和互为备份，即一部分 AP 下的客户端的无线流量发往一个 WLC，另一部分 AP 下的客户端的无线流量发往另一个 WLC，同时 WLC 之间互为备份。

3. WLC 集群的优缺点

（1）优点：增强了无线网络的稳定性和防灾能力，对无线数据进行负载均衡。

（2）缺点：需要增加 WLC 数量，业务切换需要的时间比 WLC 热备方案长，增加额外配置。

4. 锐捷 WLC 集群配置举例

主 WLC 和备 WLC 上对于 wlan-config、ap-group 的编号和名字都要一样。

（1）主 WLC1 配置。

```
Ruijie(config)#ac-controller
Ruijie(config-ac)#ac-name WLC1
Ruijie(config-wlc-1)#exit
```

（2）备 WLC2 配置。

```
Ruijie(config)#ac-controller
Ruijie(config-ac)#ac-name WLC2
Ruijie(config-wlc-2)#exit
```

（3）在两个 WLC 上对 AP 进行相同配置。

主 WLC1 配置（AP 已经上线）：

```
Ruijie(config)#ap-config 0001.0000.0001
Ruijie(config-ap)#primary-base WLC1 1.1.1.1
Ruijie(config-ap)#secondary-base WLC2 2.2.2.2
Ruijie(config-ap)#ap-group test
```

```
Ruijie(config-ap)#ap-name AP720-L-test
Ruijie(config-ap)#end
```

备 WLC2 配置（AP 还未上线）：

```
Ruijie(config)#ap-config AP720-L-test
Ruijie(config)#ap-mac 0001.0000.0001
Ruijie(config-ap)#primary-base WLC1 1.1.1.1
Ruijie(config-ap)#secondary-base WLC2 2.2.2.2
Ruijie(config-ap)#ap-group test
Ruijie(config-ap)#end
```

【任务实施】

（1）规划设备互连接口，使用网线，按图 5-52 所示的拓扑结构图，将网络设备连接起来，注意正确连接设备接口。

（2）接入交换机的配置，创建并放行必要的 VLAN。

```
vlan 10                                      //创建无线用户所在的 VLAN
vlan 20                                      //创建 AP 所在的 VLAN
interface gi 0/2                             //选定接口，上连核心交换机
switchport mode trunk                        //设置 Trunk 链路
switchport trunk allowed vlan add 10,20      //放行必要的 VLAN
interface gi 0/1                             //选定接口，下连 AP
switchport mode trunk                        //设置 Trunk 链路
switchport trunk allowed vlan add 10,20      //放行必要的 VLAN
switchport trunk native vlan 10              //将无线用户所在的 VLAN 设置为本征 VLAN
```

（3）核心交换机的配置，创建并放行必要的 VLAN，部署网关、DHCP 服务和路由。

```
vlan 10                                           //创建无线用户所在的 VLAN
vlan 20                                           //创建 AP 所在的 VLAN
vlan 30                                           //创建 WLC 与核心交换机互联 VLAN
interface vlan 30                                 //创建 SVI 接口
ip address 192.168.30.254 24                      //配置 SVI 接口 IP 地址，用作网关
interface vlan 10                                 //创建 SVI 接口
ip address 192.168.10.254 24                      //配置 SVI 接口 IP 地址，用作网关
interface vlan 20                                 //创建 SVI 接口
ip address 192.168.20.254 24                      //配置 SVI 接口 IP 地址，用作网关
interface gi 0/1                                  //选定接口，互联 WLC1
switchport mode trunk                             //设置 Trunk 链路
switchport trunk allowed vlan add 30              //放行 VLAN
interface gi 0/3                                  //选定接口，互联 WLC2
switchport mode trunk                             //设置 Trunk 链路
switchport trunk allowed vlan add 30              //放行 VLAN
interface gi 0/2                                  //选定接口，下连接入交换机
switchport mode trunk                             //设置 Trunk 链路
switchport trunk allowed vlan add 30,10,20        //放行 VLAN
ip route 1.1.1.1 255.255.255.255 192.168.30.1     //达到 WLC1 的静态路由
ip route 2.2.2.2 255.255.255.255 192.168.30.2     //达到 WLC2 的静态路由
```

```
service dhcp                                                        //开启 DHCP 服务
ip dhcp pool AP                                                     //定义 AP 的 IP 地址池
network 192.168.10.0 255.255.255.0 192.168.10.100 192.168.10.200 //宣告网段及 IP 地址范围
default-router 192.168.10.254                                       //下发默认网关
option 138 ip 1.1.1.1 2.2.2.2                            //指定与 WLC1 和 WLC2 建立 CAPWAP 隧道的地址
ip dhcp pool STA                                                    //定义无线终端用户 IP 地址池
network 192.168.20.0 255.255.255.0 192.168.20.100 192.168.20.200 //宣告网段及地址范围
default-router 192.168.20.254                                       //下发默认网关
```

（4）WLC1 的基础配置。

```
interface Loopback 0                           //选定环回接口
ip address 1.1.1.1 32                          //配置 IP 地址
vlan 30                                        //创建互联 VLAN
interface gi 0/2                               //选定接口，与核心交换机相连
switchport mode trunk                          //设置 Trunk 链路
switchport trunk allowed vlan add 30           //放行 VLAN
interface vlan 30                              //创建 SVI 接口
ip address 192.168.30.1 24                     //配置 SVI 接口 IP 地址
ip route 0.0.0.0 0.0.0.0 192.168.30.2          //配置达到其他网段的默认路由
```

（5）WLC2 的基础配置。

```
interface Loopback 0                           //选定环回接口
ip address 2.2.2.2 32                          //配置 IP 地址
vlan 30                                        //创建互联 VLAN
interface gi 0/3                               //选定接口，与核心交换机相连
switchport mode trunk                          //设置 Trunk 链路
switchport trunk allowed vlan add 30           //放行 VLAN
interface vlan 30                              //创建 SVI 接口
ip address 192.168.30.2 24                     //配置 SVI 接口 IP 地址
ip route 0.0.0.0 0.0.0.0 192.168.30.1          //配置达到其他网段的默认路由
```

（6）WLAN 配置，WLC1 和 WLC2 配置完全相同。

```
wlan-config 1 CQCET                            //创建 WLAN，SSID 为 CQCET
tunnel local                                   //启用本地转发
ap-group Ruijie                                //配置 AP 组
interface-mapping 1 20                         //建立 WLAN 和无线用户 VLAN 之间的映射
ap-config Ruiije                               //进入 AP 配置模式
ap-mac 0011.0022.0033                          //指定 AP 的 MAC 地址
ap-group Ruijie                                //将 AP 加入组
```

（7）在 WLC1 上配置热备功能。

```
wlan hot-backup 2.2.2.2                        //配置对端热备地址（环回接口地址）
context 10                                     //配置备份实例 10（绑定业务 VLAN）
priority level 7                               //配置自身在备份实例中的优先级（越高越优先）
ap-group Ruijie                                //绑定 AP 组
wlan hot-backup enable                         //启用热备功能
```

（8）在 WLC2 上配置热备功能。

```
wlan hot-backup1.1.1.1          //配置对端热备地址（环回接口地址）
context 10                      //配置备份实例 10（绑定业务 VLAN）
priority level 1                //配置自身在备份实例中的优先级（越高越优先）
ap-group Ruijie                 //绑定 AP 组
wlan hot-backup enable          //启用热备功能
```

【任务验收】

（1）通过 show wlan hot-backup 命令，确认 connect 状态为 channel_up。

（2）登录到 AP，使用 show capwap state 命令查看建立的两个隧道。

（3）用户连接无线网络，长 ping 网关之后重启主 WLC，检查热备切换是否成功。

（4）文档制作精良美观，内容紧扣主题，表述恰当，逻辑顺畅，整体风格统一。

（5）现场表述逻辑清晰，语言流畅，情绪饱满。

【任务小结】

对用户来说，可靠的网络意味着网络应能长时间地正常运行，或者能从网络故障中尽快恢复。提高 WLAN 的可靠性旨在延长网络正常运行的时间，在网络出现故障时尽快解决问题并恢复网络正常运行。WLC 备份是提高 WLAN 可靠性的主要技术。在不同的网络环境中，通常选择不同的 WLC 备份方式以满足差异化的可靠性需求。

【课后作业】

一、判断题

1．WLC 集群是一种 WLC 冗余热备技术。（　　）

2．WLC 备份技术不会导致网络中断。（　　）

二、选择题

1．下列关于双链路热备组网的描述中，不正确的是（　　）。

A．双链路热备技术在网络重要节点提高了网络可靠性，保证了业务稳定性

B．备 WLC 要一直处于上电状态

C．在 AP 与主 / 备 WLC 建立主 / 备链路的过程中，先建立的链路定为主链路

D．主 / 备 WLC 上的网络业务配置要保持一致

2．在双链路热备组网中，AP 会根据（　　）区分主 WLC 和备 WLC。

A．优先级　　B．WLC 的 IP 地址

C．WLC 负载情况　　D．WLC 响应 AP 的先后时间

三、填空题

1．_______ 可以在主 WLC 之间或主 WLC 和 AP 之间的链路出现故障时，启用备 WLC 继续控制无线用户 WLAN 业务，保障用户的业务不中断或减少业务中断时间。

2．双链路热备的组网形式主要有 _______ 双链路热备和 ________ 双链路热备。

四、简答题

1．简述双链路热备过程。

2．简述双链路热备工作原理。

项目 6

无线局域网安全保护

知识目标

（1）了解增强 WLAN 安全的措施。

（2）掌握共享密钥认证和 802.1x 认证等无线客户端认证的方式。

（3）掌握 WPA 和 WPA2 等数据机密性和完整性校验方法。

（4）掌握可扩展身份认证系统的组件及工作原理。

能力目标

（1）能熟练配置基于 WEP 和 WPA 的无线安全网络。

（2）能熟练配置基于 802.1x 认证的无线安全网络。

素质目标

（1）引导学生树立维护国家安全的意识。

（2）增强学生筑牢网络安全防线和坚守网络安全底线的意识。

（3）培养学生良好的职业道德，引导学生做良好的网络安全卫士。

项目引例

中国无线电之父李白

通过前面的学习我们已经了解了 WLAN 的复杂性，需要利用大量技术和协议来支持终端用户以移动且稳定的连接连到有线网络的基础设施上。在无线电波覆盖范围内，所有用户都能侦听到传送的数据，如图 6-1 所示，因此 WLAN 的安全问题成为备受关注的核心问题，保护 WLAN 的安全成为一项非常重要的任务。

```
Packet Info      Packet Number=43 Flags=0x00000000 Status=0x00000000 Packet Length=13
[0-23]   802.11 MAC Header Version=0 Type=%00 Management Subtype=%1000 Beacon Duration=0 Mi
802.11 Management - Beacon
  Timestamp:          33110733185  Microseconds [24-31]
  Beacon Interval:    100 [32-33]
  Capability Info=%000001000011000l
  SSID ID=0 SSID Len=6 SSID=wyfyan
  Rates= ID=1 Rates: Len=8 Rate=1.0 Mbps Rate=2.0 Mbps Rate=5.5 Mbps Rate=11.0 Mbps Rate=6.0 M
  DSPS= ID=3 DSPS: Len=1 Channel=3
  TIM= ID=5 TIM: Len=4 DTIM Count=0 DTIM Period=1 Bitmap Control=%0000000 Part Virt Bmap=0x00
  ERP= ID=42 ERP: Len=1
  Extended Supported Rates ID=50 Extended Supported Rates Len=4 Rate=9.0 Mbps Rate=18.0 Mbps
  WPA ID=221 WPA Len=22 OUI=00-50-F2-01 Version=1 Multicast cipher OUI=00-50-F2-02 TKIP Number
  Vendor Specific ID=221 Vendor Specific Len=9 Value=0x00037F01010008FF7F
  Vendor Specific ID=221 Vendor Specific Len=26 Value=0x00037F0301000000000027193A47180227193A4
[135-138]   FCS:        FCS=0xD8E4F5A6
```

图 6-1　侦听到的 WLAN 中的用户数据

WLAN 安全问题的综合解决方案应该聚焦以下领域：识别无线连接的端点，识别终端用户，防止无线数据被窃听，防止无线数据被篡改。识别工作由各种认证机制来完成，而保护无线数据安全则包含加密和帧认证等多项安全功能。WLAN 安全部署图如图 6-2 所示，WLAN 安全部署示例如表 6-1 所示。

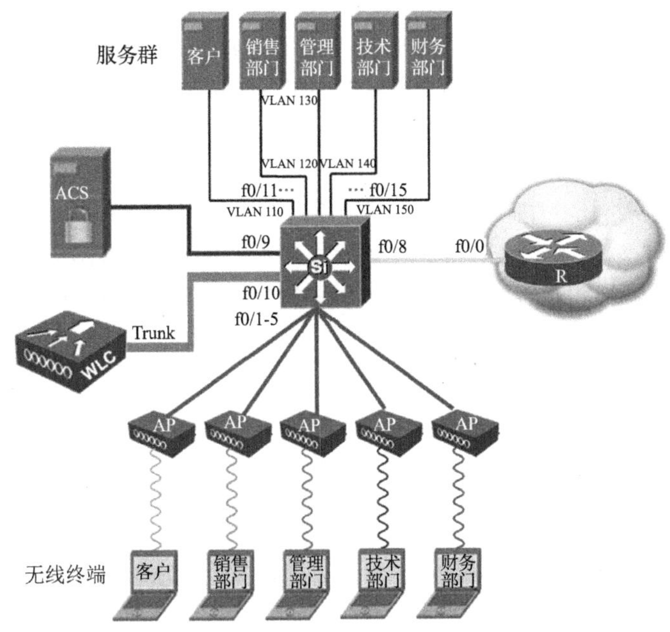

◎ 图 6-2　WLAN 安全部署图

表 6-1　WLAN 安全部署示例

<table>
<tr><th>名　称</th><th>SSID</th><th colspan="2">安全认证方式</th></tr>
<tr><td>客户</td><td>xjwlgs-public</td><td colspan="2">无</td></tr>
<tr><td>销售部门</td><td>xjwlgs-sale</td><td>WEP 认证</td><td rowspan="5">隐藏 SSID</td></tr>
<tr><td>管理部门</td><td>xjwlgs-manage</td><td>WPA+MAC 过滤</td></tr>
<tr><td>技术部门</td><td>xjwlgs-technology</td><td>WEB 认证</td></tr>
<tr><td>财务部门</td><td>xjwlgs-finance</td><td>WCS+WEB 认证</td></tr>
<tr><td>所有部门</td><td>xjwlgs</td><td>WCS+802.1x 认证</td></tr>
</table>

采用强有力的加密和双向认证解决方案可以降低某些攻击造成的危害，但对于有些攻击，现有手段只能发现而不能阻止它们。尽管没有任何措施能百分之百地保证安全，但是采用合适的解决方案有助于增强无线网络的攻击防御能力。

密码是国家重要战略资源，是保障网络与信息安全的核心技术和基础支撑。密码工作是党和国家的一项特殊重要工作，直接关系到国家政治安全、经济安全、国防安全和信息安全，在我国革命、建设、改革的各个历史时期，都发挥了不可替代的重要作用。有这样一个人，在战争时代用他所学到的报务知识，为党和国家传递着宝贵信息，有着对国家矢志不渝的使命担当。这个人便是中国无线电波之父——李白烈士。作为时代新人，要以英雄事迹为榜样、以英雄精神为引导，继承并弘扬民族精神和时代精神，不断增强爱国之心、民族之情，不忘初心，投身于社会主义建设，为实现中华民族伟大复兴而努力奋斗。

任务 6.1　构建访客无线局域网

【任务描述】

随着 Wi-Fi 技术的普及，家庭上网通常会采用由无线路由器构成的 Wi-Fi 网络。如果朋友到访时，使用同一个家用网络，可能会造成严重的网络卡顿现象。为了有效避免此种情况的发生，可以使用无线路由器集成的一项功能，通过设置一个访客网络供朋友到访时使用，与家用网络相互隔离。

在图 6-3 所示的网络拓扑中，无线路由器使用的是思科的家用路由器，共有 6 个无线接口，其中 2 个 2.4GHz 无线接口、4 个 5GHz 接口，均可用于家用网络和访客网络。本例使用 2 个 2.4GHz 无线接口来实现家用网络和访客网络的隔离，其中家用网络的名称为 home，访客网络的名称为 guest。

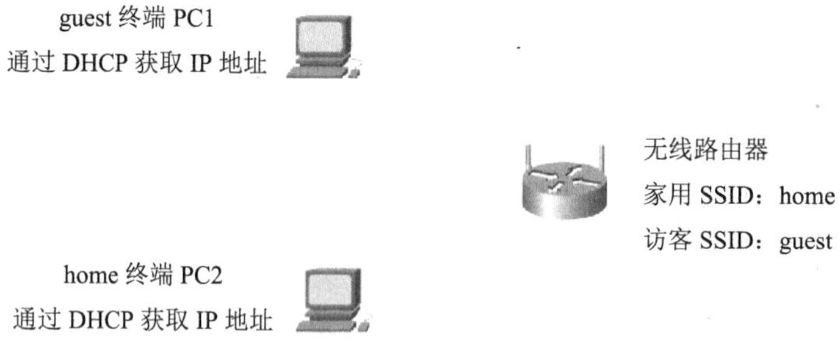

◎ 图 6-3　访客 WLAN 拓扑图

【任务要求】

（1）准备无线路由器 1 个、测试无线 2 台。
（2）创建 2 个无线网络，分别是 home 和 guest。
（3）加密方式为 WPA2- 个人，密钥为分别为 12345678 和 87654321。
（4）按规范制作任务实施文档和 PPT 并分组展示任务的完成效果。

知识准备

6.1.1　无线局域网安全连接剖析

学习提示

在如图 6-4 所示的应用场景中，无线客户端与远程实体之间打开了一个会话并共享机密的密码信息。由于该无线客户端的信号范围内还有两个非受信用户，这些用户可以通过抓取该信道上发送的数据帧来获取该密码信息，因此无线通信的便利性也给恶意用户侦听并非法获取所传输的数据提供了方便。

如果通过开放的空间发送数据，那么应该如何加强安全机制以保证数据的私密性和完整性呢？ 802.11 标准提供了一种安全机制框架，下面对其进行简要介绍。

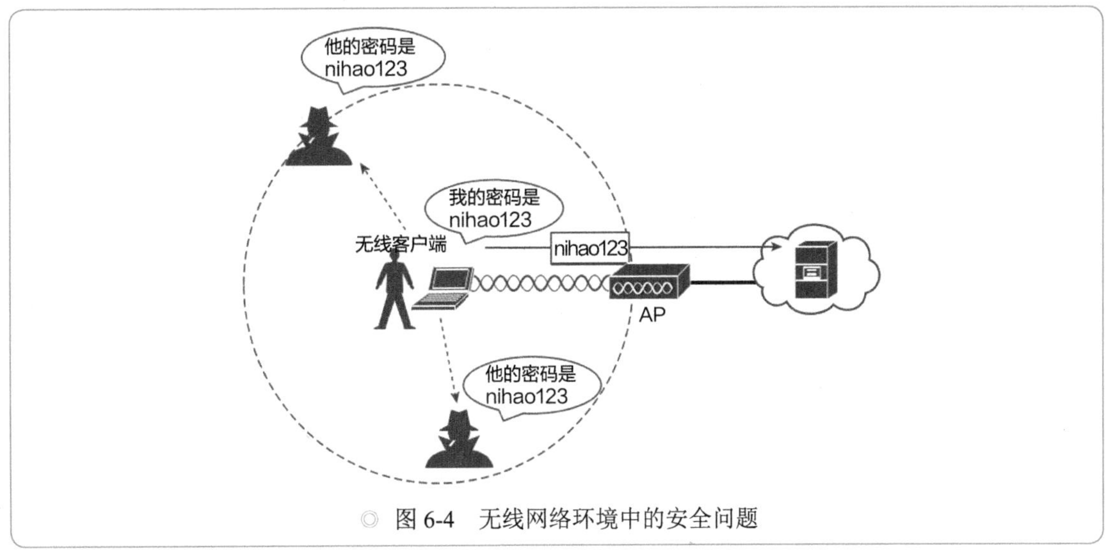

◎ 图 6-4　无线网络环境中的安全问题

1. 认证方式

无线客户端必须发现 BSS，并请求与其建立关联关系。无线客户端在成为 WLAN 的成员之前，必须通过某种方式的认证，理由如下：假设无线网络连接到可以访问机密信息的企业资源，那么应该仅允许受信且期望的设备访问该资源；对于访客，应该仅允许其加入只能访问非机密信息的资源或公开的访客资源的 WLAN；对于非期望或不受欢迎的欺诈客户端，不允许其进入企业网络。

为了控制接入行为，无线网络可以在允许无线客户端建立关联关系之前对无线客户端的设备进行认证，潜在的无线客户端必须向 AP 提交某种形式的证书来标识自己。无线客户端的认证过程如图 6-5 所示。

无线认证的形式是多种多样的，某些认证方式仅需要提供对所有受信无线客户端和 AP 都相同的静态文本字符串。该文本字符串存储在无线客户端上，在需要的时候直接交给 AP。如果设备被盗或丢失将会怎样？最可能的情况就是，使用该设备的任何用户都能通过网络的认证。其他较为严格的认证方式需要与企业用户数据库进行交互，此时终端用户必须输入有效的用户名和密码，这些用户名和密码对于窃贼或入侵者来说是不可知的。

2. 数据机密性

如图 6-6 所示，假设无线客户端必须在加入无线网络之前进行认证，那么有可能会同时认证 AP 及其管理帧。虽然此时无线客户端与 AP 之间的信任关系得到确认，但往来于该无线客户端的数据仍然可能被同一个信道上的其他设备窃听。

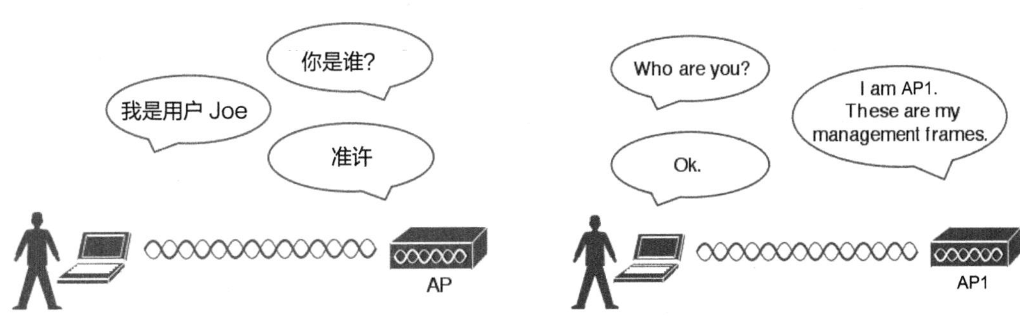

◎ 图 6-5　无线客户端的认证过程　　◎ 图 6-6　无线信号易泄露

为了保证无线数据的私密性，当数据在自由空间进行传输时，应该对这些数据进行加密。实现方法是在发送数据帧之前，先对帧中的数据净载荷进行加密，再在接收端进行解密。

对于无线网络来说，每个 WLAN 仅支持一种认证和加密方案，所以所有无线客户端在关联同一个 WLAN 时都必须使用相同的加密方法。大家可能会认为，无线客户端都使用相同的加密方法可能会导致每个无线客户端都能窃听其他无线客户端的数据，但事实并非如此，AP 会与每个关联无线客户端都安全地协商一个不同的加密密钥。

在理想情况下，AP 与无线客户端是唯一拥有相同加密密钥的两个设备，因而它们可以相互理解对方的数据，其他设备则无法知道或使用相同的密钥来窃取并解密数据。如图 6-7 所示，无线客户端的密码信息已经在传输之前进行了加密操作，只有 AP 能够在其转发到有线网络之前解密该信息，其他设备都无法解密。

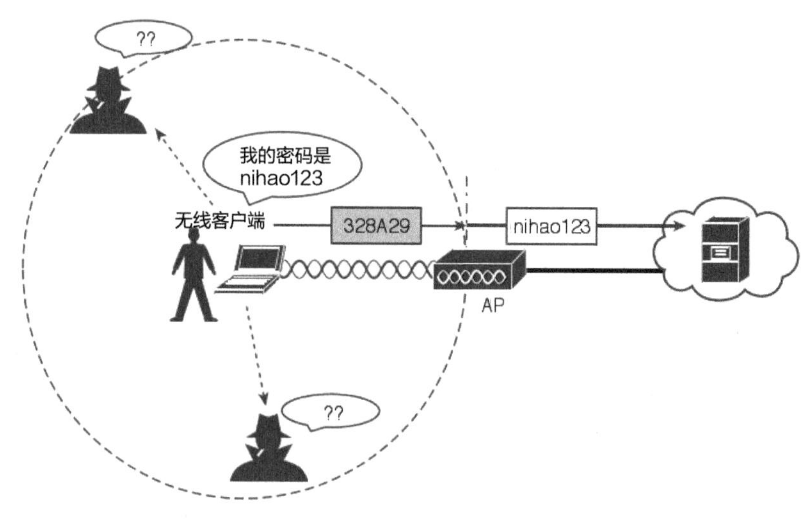

◎ 图 6-7　无线数据加密传输

3. 数据完整性

在数据穿越公共网络或非受信网络时，对数据进行加密可以保证其私密性。虽然接收端能够解密该信息并恢复原始内容，但是如果有人设法在途中更改了内容，该如何处理呢？无线数据完整性校验是一种可以防范数据被篡改的安全工具。可以将该工具想象为发送端在加密后的数据帧上加盖了一个秘密邮戳，该邮戳是基于所要传输的数据比特内容建立的。接收端解密数据帧后，将该秘密邮戳与自己所认识的邮戳进行对比，如果两个邮戳完全相同，则接收端认为数据未被篡改，如图 6-8 所示。

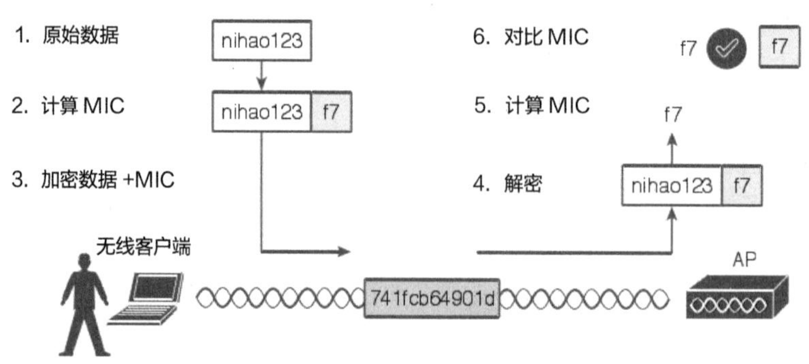

◎ 图 6-8　无线数据完整性校验

交流思考

数据机密性、数据完整性与数据可用性之间有什么关系？

4. 入侵保护

现在许多安全框架关注的都是不允许攻击者加入无线网络及篡改现有的关联关系，但无线攻击并不会停止，它们会从不同角度或通过不同载体来进行恶意攻击操作。无线入侵防御系统（Wireless Intrusion Protection System，WIPS）可以监控无线攻击行为并与已知的签名或特征数据库进行对比。

尽管已经尽力做好了每个无线网络组件的配置和安全保障工作，但总会有人将自己的 AP 或无线路由器连接到有线网络上。虽然欺诈 AP 不属于无线网络基础设施，但如果欺诈 AP、正常 AP 和无线客户端之间的距离足够近，就会导致信号被侦听或产生干扰。所有关联到欺诈 AP 上的客户端都被称为欺诈客户端，思科的 WLC 能够发现欺诈 AP 和欺诈客户端。

WIPS 可以定位欺诈 AP，从而找到这些欺诈 AP，如图 6-9 所示。此外，WIPS 还可以通过发送特殊的探测帧来确定有线网络上是否连接了欺诈 AP。如果欺诈 AP 通过 WLAN 接收到了探测帧，又通过有线网络传送回 WLC，就可以确定有线网络连接上了欺诈 AP。

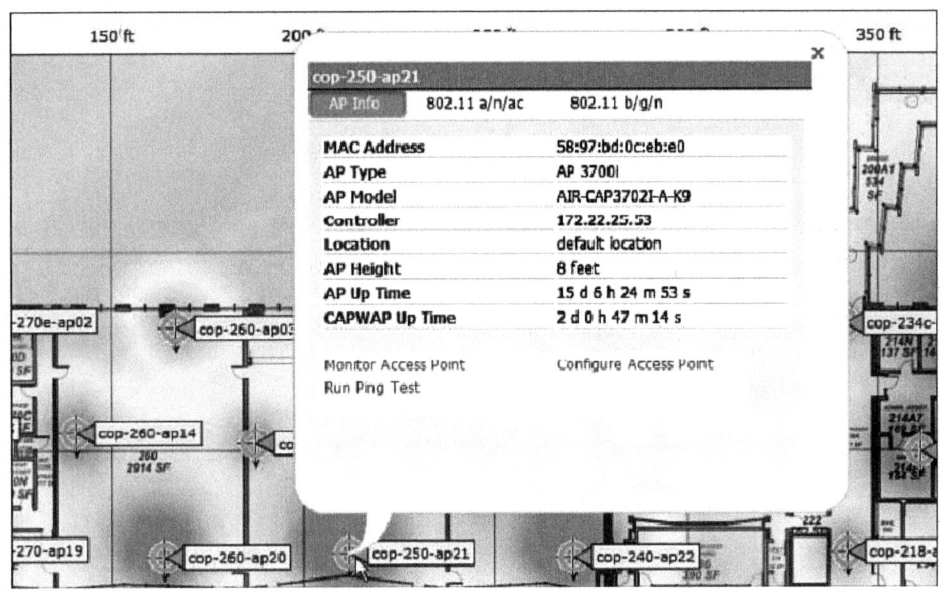

◎ 图 6-9 WIPS 找到欺诈 AP

WIPS 甚至还可以抑制欺诈 AP，防止其给网络带来安全威胁，如图 6-10 所示。无线欺诈抑制功能是通过侦听与欺诈 AP 建立关联关系的客户端来实现的，WLC 可以向这些客户端发送欺骗性的解除认证帧，使这些客户端认为欺诈 AP 已经与自己解除了关联关系。

根据 WLC 收集到的信息，WIPS 可以检测出多种无线攻击行为，包括完全被动性的攻击（如窃听者偷偷地抓取无线帧）及试图破坏无线服务的主动性攻击（如攻击者可能会以伪造的潜在客户端向 AP 发送大量关联请求，使 AP 不堪重负，无法为真正的客户端提供服务，如图 6-11 所示）。还有一种攻击是欺诈抑制，攻击者会向合法客户端发送欺骗性的解除认证帧，导致这些客户端与网络的连接中断，如图 6-12 所示。

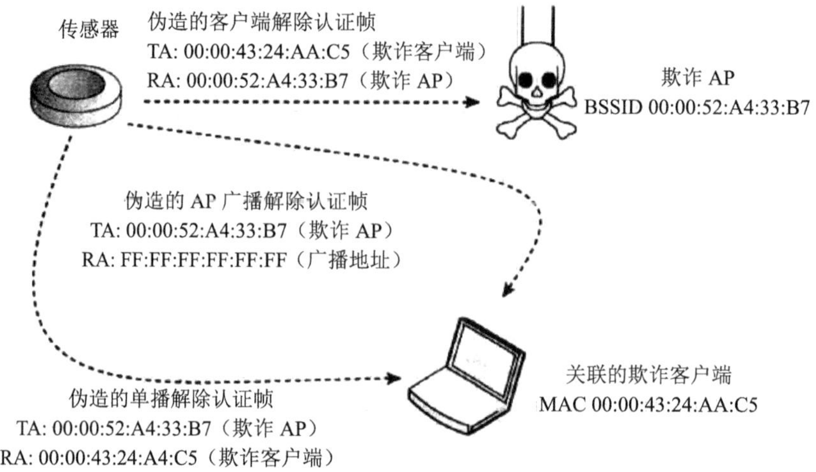

◎ 图 6-10　WIPS 抑制欺诈 AP

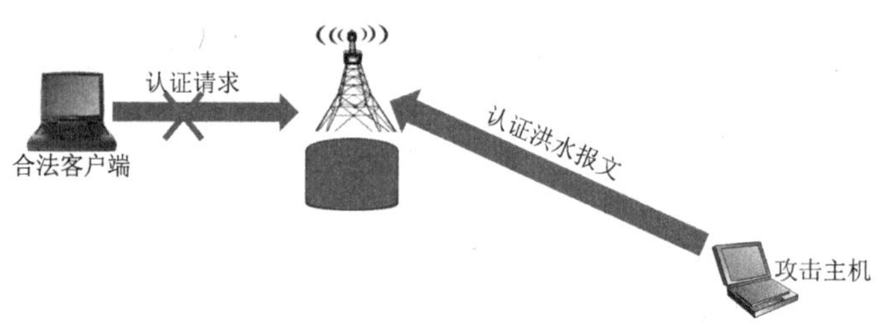

◎ 图 6-11　拒绝服务攻击示意图

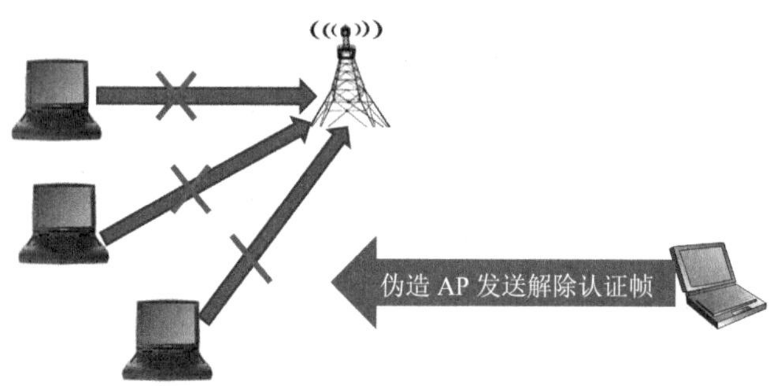

◎ 图 6-12　欺诈抑制攻击示意图

6.1.2　无线客户端的认证方式

学习提示

当无线客户端试图关联到无线网络时，可以采取多种方式来认证。最初的 802.11 标准仅规定了两种无线客户端认证方式：开放式认证和共享密钥认证。在讲述关联的概念、自主式 AP 和 WLC 的配置时，很多场景都使用过这两种认证方式，下面对其进行详细阐述。

1. 开放式认证

开放式认证是一种不进行任何类型客户端认证的身份认证，客户端和 AP 之间进行了一些 Hello 包的交互，设备之间没有进行任何身份信息的交互或认证，也被称为空身份认证。开放式

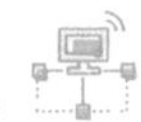

认证过程如图 6-13 所示。

那么什么时候使用开放式认证呢？大家可能在公共场所发现过使用开放式认证的 WLAN，大多数操作系统都会警告用户，如果加入该无线网络，将无法保障无线数据的安全性。如图 6-14 所示，基于 Windows 操作系统的客户端上显示了开放的 WLAN，左上角有一个盾形警告图标，表示该网络是不安全的。

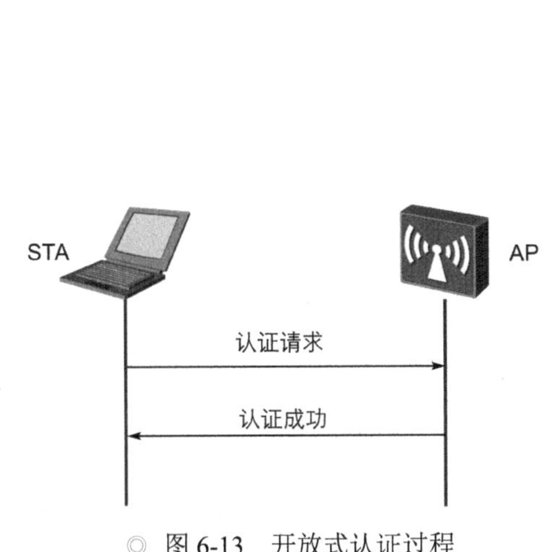

◎ 图 6-13　开放式认证过程

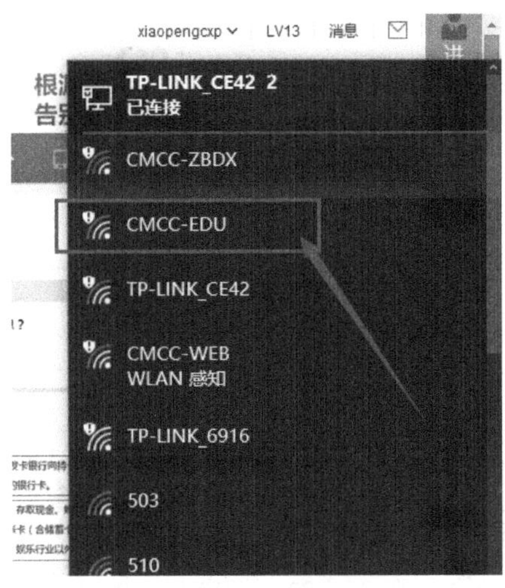

◎ 图 6-14　开放式认证网络

2. 共享密钥认证

开放式认证无法为客户端与 AP 之间传输的数据提供任何隐藏或加密功能。因此，802.11 标准定义了另外一种认证方式，无线等效私密性（Wireless Equivalent Privacy，WEP）认证，可以让无线链路的安全性等效于有线连接。

1）WEP 加密

WEP 使用 RC4 算法来保证每个无线网络数据帧的私密性，使窃听者无法破解这些数据，该算法使用一个比特串来生成一个加密密钥，如图 6-15 所示。需要注意的是，发送端的数据加密算法与接收端的数据解密算法必须相同。

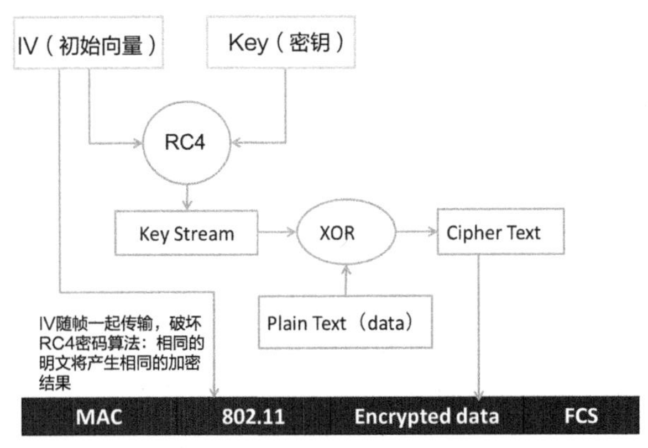

◎ 图 6-15　WEP 加密算法过程

2）WEP 认证

WEP 除了可以作为加密工具，还可以作为一种可选的认证方式。共享密钥认证使用 WEP 加密方式，要求 STA 和 AP 使用相同的共享密钥，通常被称为静态 WEP 密钥。如图 6-16 所示，WEP 认证过程包含 4 个步骤，其中后 3 个步骤包含 WEP 的加密 / 解密过程，对 WEP 加密的密钥进行验证，确保无线网卡在发起关联时与 AP 配置了相同的加密密钥。

◎ 图 6-16　WEP 认证过程

① STA 向 AP 发送认证请求。

② AP 随机产生一个“挑战短语”发送给 STA。

③ STA 将接收到的“挑战短语”复制到新的消息中，用密钥加密后发送给 AP。

④ AP 接收到该消息后，用密钥解密，将解密后的字符串和最初给 STA 的字符串进行比较。如果相同，则说明 STA 拥有与 AP 相同的共享密钥，即通过共享密钥认证；如果不同，则共享密钥认证失败。

3）WEP 加密和 WEP 认证的脆弱性

WEP 密钥长度可以是 40bit 或 104bit，分别对应 10 个或 26 个十六进制数字字符串根，如图 6-17 所示。根据经验，密钥越长，能够为加密算法提供的唯一比特就越多，相应的加密结果也就越健壮，但是这对于 WEP 加密并不合适。WEP 加密定义在 1999 年最初发布的 802.11 标准中，每个无线网卡都集成了专用的 WEP 加密硬件。到了 2001 年，人们发现 WEP 加密机制存在脆弱性，因而开始寻找更好的无线安全方法。直到 2004 年发布了 802.11i 标准之后，WEP 认证才被正式废除。人们普遍认为 WEP 加密和 WEP 认证对保证 WLAN 的安全性来说都是脆弱的。

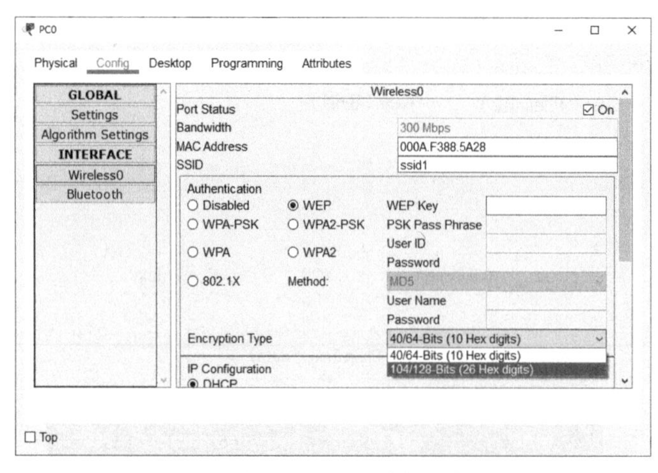

◎ 图 6-17　WEP 密钥长度

4）WEP 认证仍然存在的原因

大家可能会认为，既然替换脆弱或有缺陷的认证方式的需求如此明确，就应该很快地替换掉

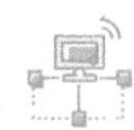

WEP 认证，但事实并非如此，WEP 认证的替换花费了很长的时间。这是因为 WEP 认证被集成在无线适配器的硬件中，任何更好的安全方案都不得不利用 WEP 认证的变种，而无法直接利用新加密硬件。此外，在 802.11 标准中的安全技术完全确定下来之前，硬件设备制造商通常也不愿意去制造新产品。因此，WEP 认证长期占据市场的主导地位，而且考虑到向后的兼容性，目前无线客户端、AP 和 WLC 都仍然支持 WEP 认证。

3. 802.1x 认证

802.1x 认证介绍

最初的 802.11 标准仅提供了开放式认证和 WEP 认证两种认证方式，因而迫切需要探索新的认证方式。客户端认证过程通常先进行一系列挑战与响应，然后获得访问授权。在认证过程的背后，除协商客户端接入必需的参数之外，还包含会话或加密密钥的交换过程。每种认证方式对无线客户端与 AP 之间传递的信息都可能规定独特的需求和方式。

1）802.1x 认证简介

802.1x 定义了基于端口的网络接入控制协议，其中端口可以是物理端口，也可以是逻辑端口，对于 WLAN 来说，“端口”就是一条信道。典型的应用环境有接入交换机的每个物理端口仅连接一个用户的 STA（基于物理端口）、802.11 标准定义的 WLAN 接入环境（基于逻辑端口）等。

802.1x 认证的最终目的是确定一个端口是否可用。对于一个端口，如果认证成功，则端口“打开”，允许所有的报文通过；如果认证不成功，则端口保持“关闭”，此时只允许 802.1x 认证报文局域网可扩展认证协议（Extensible Authentication Protocol over LANs，EAPOL）通过。

802.1x 认证过程

2）802.1x 客户端认证角色

使用 802.1x 的系统为典型的 C/S（Client/Server）体系结构，包括 3 个实体，分别为请求者、认证者和认证系统，如图 6-18 所示。

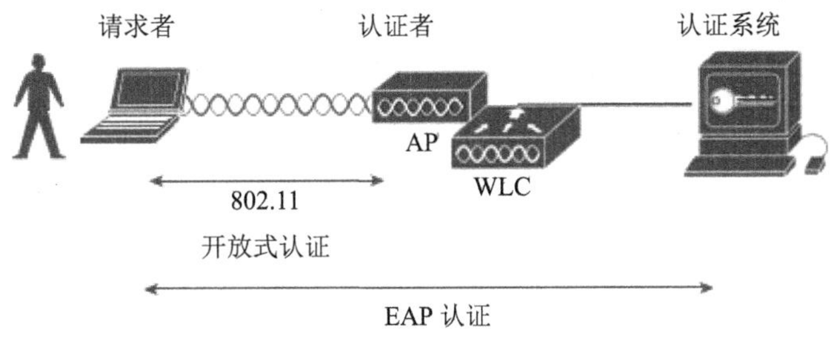

◎ 图 6-18　802.1x 认证系统构成

对于开放式认证和 WEP 认证来说，无线客户端都是在 AP 本地进行认证的，无须做进一步的干预。但是 802.1x 认证完全不同，无线客户端首先通过开放式认证与 AP 建立关联关系，然后与专用认证服务器进行真正意义上的客户端认证。WLC 在客户端认证过程中充当中间人的角色，负责利用 802.1x 机制控制用户并使用 EAP 框架与认证服务器进行通信。

802.1x 认证是一种增强型的网络安全解决方案。在采用 802.1x 认证的 WLAN 中，安装了 802.1x 客户端软件的无线终端作为请求者，内嵌 802.1x 认证代理的无线设备 AP/WLC 作为认证者，同时作为 RADIUS 服务器的客户端，负责用户与 RADIUS 服务器之间认证信息的转发。802.1x 认证优势较为明显，是理想的高安全性、低成本的网络安全解决方案，适用于不同规模的企业无线网络环境。

3）EAP 协议

802.1x 体系本身不是一个完整的认证机制，而是一个通用架构。802.1x 体系使用可扩展认证协议（Extensible Authentication Protocol，EAP），EAP 报文格式如图 6-19 所示。在 WLAN 中，EAP 在 LAN 链路上使用，报文为 EAPOL。

LAN Header	Code	Identifier	Length	Data

◎ 图 6-19　EAP 报文格式

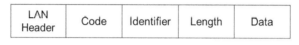

（1）Code（类型代码）：Code 字段是报文的第一个字段，长度为 1B，代表 EAP 报文类型。报文的 Data（数据）字段必须通过此字段解析。

（2）Identifier（标识符）。Identifier 字段的长度为 1B，其内容是一个无符号整数，用于请求和响应。

（3）Length（长度）。Length 字段的长度为 2B，它记载了整个报文的总字数。

（4）Data（数据）。长度不一，取决于报文类型。

4）EAP 认证的类型

EAP 的可扩展性既是优点，也是其最大的缺点。可扩展性能够在有新的需求出现时开发新的功能，但是由于具有可扩展性，所以不同的运营商或企业使用不同的 EAP，彼此之间互不兼容，这也是 802.1x 体系没有大面积覆盖的原因。EAP 认证的类型如下。

（1）EAP-MD5：最早的 EAP 认证类型，是基于用户名和密码的认证方式，认证过程与 CHAP 认证过程基本相同。

（2）EAP-TLS：一种基于证书的认证方式，是对用户端和认证服务器进行双向证书认证的认证方式。

（3）EAP-TTLS：目前是 IETF 的开放标准草案，可跨平台支持，在认证服务器上使用 PKI 证书，提供了非常高的安全性。

（4）EAP-PEAP：一种基于证书的认证方式，服务器侧采用证书认证，客户端侧采用用户名密码认证。

4. PSK 认证

一般家庭和小型公司负担不起 802.1x 认证服务器的成本，也无法提供复杂度较高的技术支持，因此通常采用预共享密钥（Pre-Shared Key，PSK）认证方式。每个使用者必须输入密语来使用网络，而密语可以是 8 ～ 63 个 ASCII 字符或 64 个十六进制数，使用者可以自行决定要不要把密语保存在计算机中以省去重复键入的麻烦，但密语一定要存在 AP 中。

PSK 认证需要在无线客户端和 AP 上配置相同的 PSK，可以通过是否能够对协商的信息成功解密来确定无线客户端配置的 PSK 是否和 AP 配置的 PSK 相同，从而完成服务器和客户端的互相认证，如图 6-20 所示。

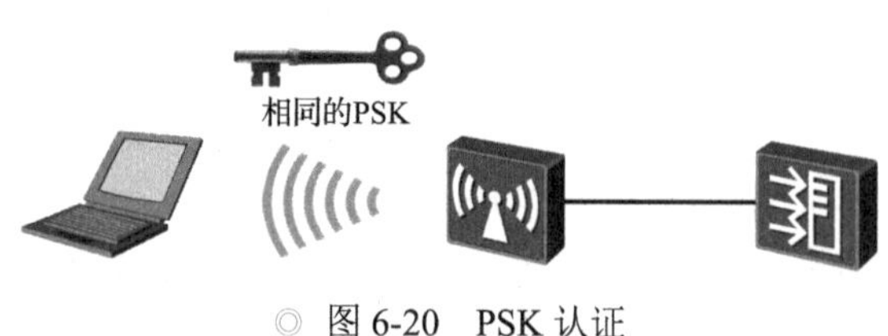

◎ 图 6-20　PSK 认证

PSK 认证方式要求在 STA 侧预先配置 Key，AP 通过 4 次握手 Key 协商协议来验证 STA 侧 Key 的合法性。对没有什么重要数据的小型网络而言，可以使用 WPA-PSK 的认证方式。PSK 认证方式中的 WPA-PSK 主要应用于小型、低风险的网络及不需要太多保护的网络。

对安全性要求较高的大企业，会更多地使用 802.1x 认证方式。

典型例题

PSK 认证用在（　　）无线网络的安全配置中。

A. WPA 个人模式　　B. WPA 企业模式

C. WPA2 个人模式　　D. WPA2 企业模式

解析：PSK 认证可用于 WPA 个人模式和 WPA2 个人模式。企业模式需要使用 802.1x 认证。

答案：AC

5. MAC 地址认证

MAC 地址认证是一种基于端口和 MAC 地址，对用户的网络访问权限进行控制的认证方式，它不需要用户安装任何客户端软件。很多无线网卡支持更改 MAC 地址，这使 MAC 地址很容易被伪造或复制。MAC 地址认证与其说是一种认证方式，不如说是一种访问控制方式。这种 STA 身份认证方式不建议单独使用，除非一些旧设备无法提供更好的认证机制。

另外，还可以结合 RADIUS 服务器来进行 MAC 地址认证，RADIUS 服务器内置在 WLC 中。如图 6-21 所示，将 MAC 地址控制接入表项配置在与 WLC 相连的 RADIUS 服务器中，当 MAC 接入认证发现当前接入的客户端为未知客户端时，会主动向 RADIUS 服务器发起认证请求，在 RADIUS 服务器完成对客户端的认证后，认证通过的客户端可以访问无线网络和相应的授权信息。

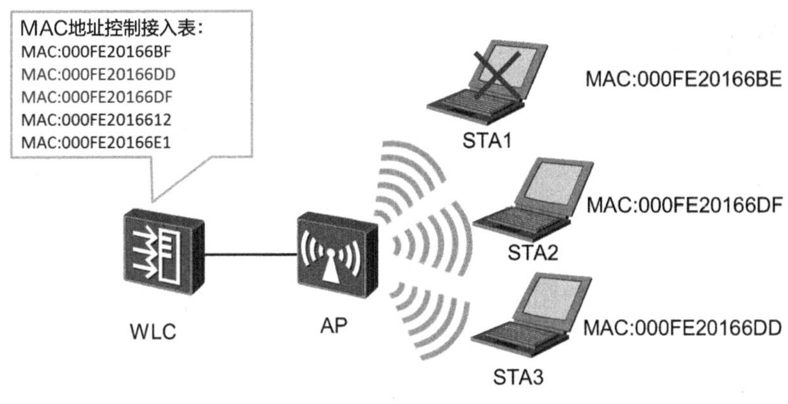

◎ 图 6-21　MAC 地址认证

6. WAPI 介绍

WAPI（WLAN Authentication and Privacy Infrastructure，无线局域网鉴别与保密基础结构）是在 2009 年 6 月 15 日的 ISO/IECJTC1/SC6 会议上由中国提出的、以 802.11 协议为基础的无线安全国际标准，是中国 WLAN 强制性标准中的安全机制，仅允许建立 RSNA（Robust Security Network Association）的安全服务，提供比 WEP 和 WPA 更高的安全性。WAPI 的以太网类型字段为 0x88B4，可通过信标帧的 WAPI IE（Information Element）中的指示来标识。

1）技术背景

802.11 体系存在一些问题，如没有从根本上改变二元认证架构、AP 没有独立的身份、AP 对网络的主要标准就是 SSID 等。这使系统的安全并没有从根本上得到保护，出现了 MD5 被攻破的情况，还增加了新的攻击点。WAPI 是基于三元对等鉴别的访问控制方式，AP 有独立身份，在三元对等架构上做了双向的认证，是在 WLAN 领域应用的一个实例。

2）WAPI 的鉴别及密钥协商交互过程

WAPI 的鉴别及密钥协商交互过程如图 6-22 所示。AP 为提供无线接入服务的 WLAN 设备，鉴别服务器主要帮助无线客户端和无线设备进行身份认证，AAA 服务器主要提供计费服务。

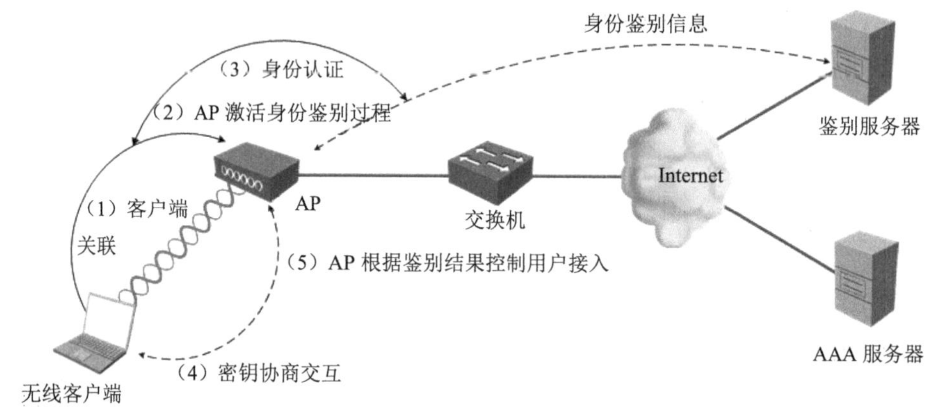

◎ 图 6-22　WAPI 的鉴别及密钥协商交互过程

（1）客户端关联。无线客户端首先和 AP 进行 802.11 链路协商。无线客户端主动发送探测请求消息或侦听 AP 发送的 Beacon 帧，借此查找可用的网络，支持 WAPI 安全机制的 AP 将会回应或发送携带 WAPI 信息的探测应答消息或 Beacon 帧。在搜索到可用网络后，无线客户端继续发起链路认证交互和关联交互。

（2）AP 激活身份鉴别过程。无线客户端成功关联到 AP 后，AP 在判定该用户为 WAPI 用户时，会向无线客户端发送鉴别激活触发消息，触发无线客户端发起 WAPI 鉴别交互过程。

（3）身份认证。无线客户端在发起接入鉴别后，AP 会向远端的鉴别服务器发起证书鉴别请求，鉴别请求消息中同时包含无线客户端和 AP 的证书信息。鉴别服务器对二者身份进行鉴别，并将验证结果发给 AP。如果 AP 和无线客户端任何一方发现对方身份非法，将主动中止无线连接。

（4）密钥协商交互。无线客户端和 AP 进行密钥协商，AP 经鉴别服务器认证成功后，会发起与无线客户端的密钥协商交互过程，先协商出用于加密单播报文的单播密钥，再协商出用于加密组播报文的组播密钥。

（5）AP 根据鉴别结果控制用户接入。

课堂讨论

WAPI

根据素材“WAPI”的介绍，查阅相关资料，从认证机制与加密机制等多个方面列表对比 WAPI、802.11 和 802.11i，说明 WAPI 研发团队是如何突破发达国家及其跨国公司的技术垄断，使 WAPI 成为我国网络安全的重要创新成果的。

6.1.3　无线机密性和完整性方法

学习提示

最初的 802.11 标准只支持采用 WEP 认证方式来防范数据被窃听。通过对 6.1.2 节内容的学习，我们了解到 WEP 认证已经被废除，不再是 WLAN 的推荐安全机制。那么还有哪些方法能够在数据穿越自由空间的同时对其进行加密并保护其完整性呢？

1. TKIP

开发 TKIP（Temporal Key Integrity Protocol，临时密钥完整性协议）的主要目的是升级旧式 WEP 硬件的安全性，TKIP 增加了以下功能。

（1）信息完整性检验（Message Integrity Check，MIC）：防止数据被篡改。MIC 通过以下因素计算：MIC Key、DA（目的 MAC 地址）、SA（源 MAC 地址）和 Payload（有效载荷，即数据），如图 6-23 所示。

（2）时间戳：防范重放攻击。

（3）发送端的 MAC 地址：作为帧源端的认证。

（4）TKIP 序数计数器：提供从唯一 MAC 地址发送出来的帧记录，防止帧重放攻击。

◎ 图 6-23　MIC 过程

（5）密钥混合算法：为每个帧计算一个唯一的 128bit WEP 密钥。

（6）更长的 IV：从 24bit 增加到 48bit，几乎无法通过穷举所有 WEP 密钥的方式暴力破解。

TKIP 可以满足 802.11i 标准正式发布之前的需求，自然地成为一种应急网络安全方法。目前已经有一些专门针对 TKIP 的攻击手段，因此如果有更好的安全机制，最好避免使用 TKIP。事实上，TKIP 已经被 802.11-2012 标准废除了。

2. CCMP

CCMP（Counter Mode with Cipher Block Chaining MAC Protocol，计数器模式 + 密码块链认证码协议）基于 AES（Advanced Encryption Standard）加密算法和 CCM（Counter-Mode/CBC-MAC）认证方式，大大提高了 WLAN 的安全性，是实现健壮安全网络（RSN）的强制性要求。由于 AES 对硬件要求比较高，因此 CCMP 无法通过在现有设备的基础上进行升级实现。CCMP 是独立的设计，不是妥协的产物，能提供可靠的高安全性。

（1）AES：于 2001 年成为美国政府的加密标准，用于取代 DES。该标准使用了由两个比利时人发明的 Rijndael 分组加密算法，采用了 128bit 的分组长度和 128/192/256bit 的密钥长度，进行 10/12/14 轮迭代，安全性极高。

（2）CCM：于 20 世纪 70 年代提出，目前均已实现标准化。CCMP 使用 CBC-MAC 计算 MIC 值，使用 Counter 进行数据加密。CCMP 定义了一套 AES 的使用方法，AES 与 CCMP 的关系就像 RC4 与 TKIP 的关系一样。

（3）安全性：美国政府认为其安全性满足政府保密数据的加密要求。

（4）破解情况：对于 AES 加密算法本身，目前还没有发现其破解方法。

【任务实施】

构建访客 WLAN 实战

（1）配置 DHCP 服务。

打开无线路由器配置界面，单击 GUI 选项卡，在弹出的界面中单击 Setup 菜单，保持默认配置，如图 6-24 所示。

（2）禁用不使用的 5G 接口。

在 GUI 选项卡下单击 Wireless 菜单，在弹出的界面中单击 Basic Wireless Settings 子菜单，在 2.4GHz 文本框中将 Network Name（SSID）项设置为 home，其他项采用默认设置。在 5GHz-1 文本框和 5GHz-2 文本框中将 Network Model 设置为 Disable，将滚动条拉至最后，单击 Saves 按钮使配置生效。

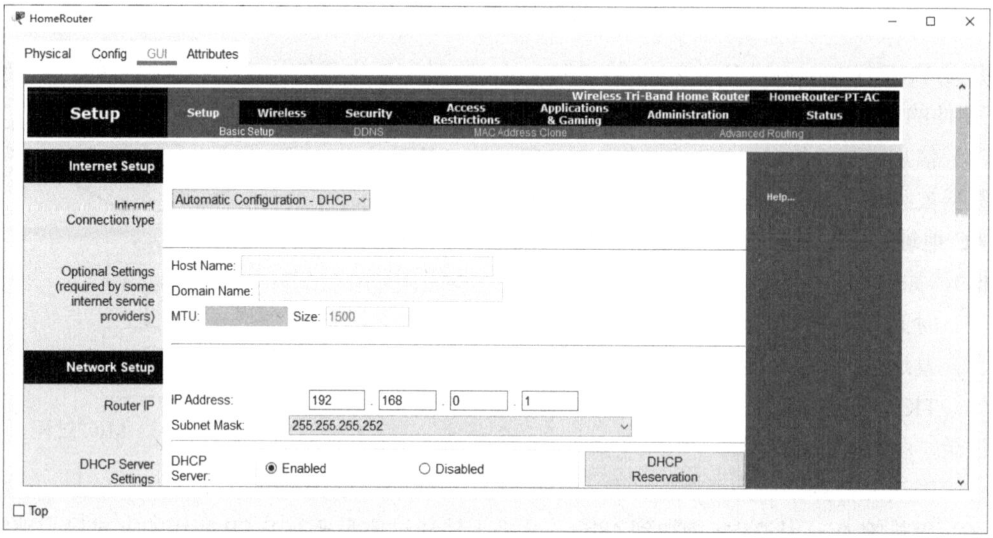

◎ 图 6-24　DHCP 服务配置界面

（3）设置家庭无线网络安全密码。

单击 Wireless Security（无线安全）子菜单，在 2.4GHz 项的网络模式下拉菜单中选择 WPA2 Personal 选项，在弹出界面的 Passphrase（密码短语）文本框中输入密码 12345678，其他项采用默认设置，将滚动条拉至最后，单击 Saves 按钮使配置生效。

（4）设置访客网络。

单击 Guest Network（访客网络）菜单，先在弹出界面中 2.4GHz 项的 Enable Guest Profile（使能访客配置文件）前打对钩√，然后将网络名称修改为 guest，在 Wireless Security（无线安全）下拉菜单中选择 WPA2 Personal 选项，在弹出界面的 Passphrase（密码短语）文本框中输入密码 87654321，其他项采用默认设置，将滚动条拉至最后，单击 Saves 按钮使配置生效。

（5）无线客户端配置。

在前面的实践中已经多次提及无线客户端的配置，这里不再赘述。

【任务验收】

（1）配置结果验证。

配置好无线客户端，home 客户端和 guest 客户端都能连接无线路由器，如图 6-25 所示，并能正确获取 192.168.0.0/24 网段的 IP 地址。在 home 客户端的命令行界面中执行 ping guest 客户端的 IP 地址命令，结果 ping 不通，如图 6-26 所示，原因是它们位于两个不同的网络。

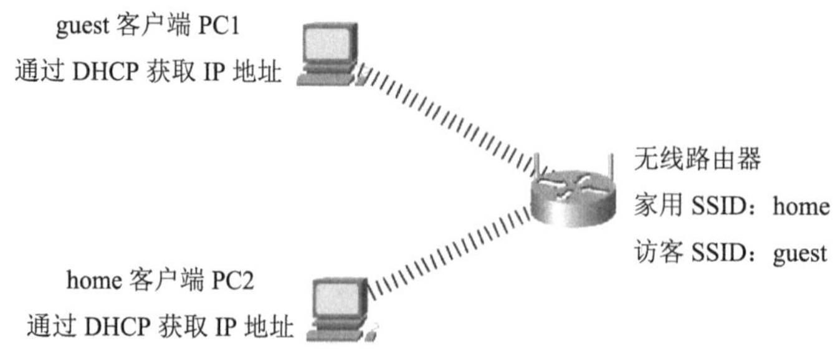

◎ 图 6-25　无线客户端连上无线路由器

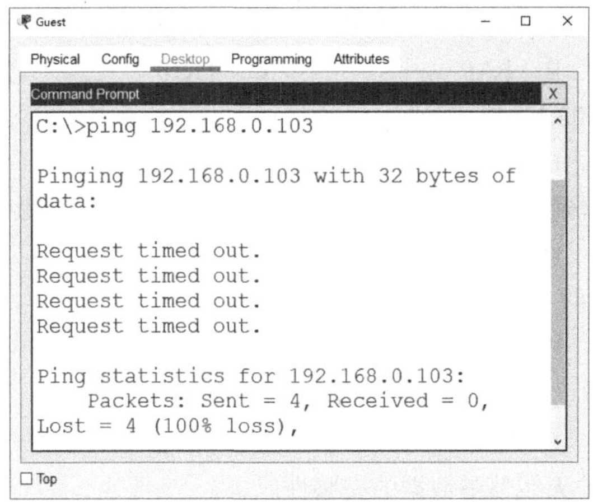

◎ 图 6-26　访客网络与家用网络隔离验证结果界面

（2）文档制作精良美观，内容紧扣主题，表述恰当，逻辑顺畅，整体风格统一。

（3）现场表述逻辑清晰，语言流畅，情绪饱满。

【任务小结】

WLAN 安全是指保证数据的机密性、完整性和合法性。STA 需要通过认证被赋予相应的访问权限才可以传输个人数据或访问资源。为了保证用户的数据不被非法窃取，可以通过加密技术对需要传送的数据报文进行加密，确保只有特定设备才可以接收数据并成功解密。

【课后作业】

一、判断题

1. 破解 WEP 密码抓取数据包时间越长越好。（　　）
2. AP 使用 PoE 模块供电会对 WLC 造成威胁。（　　）
3. Authentication Flood 攻击属于拒绝服务攻击。（　　）
4. AES 可以使用 192bit 的密钥。（　　）
5. IEEE 规定的网络安全标准是 802.11i。（　　）
6. 利用 TKIP 传送的每个数据包都具有独有的 64bit 序列号。（　　）

二、选择题

1. （　　）认证是一种基于端口和 MAC 地址对用户的网络访问权限进行控制的认证方式。

A．WEP　　B．802.11i　　C．MAC　　D．802.1x

2. AES 不可以使用的密钥长度是（　　）bit。

A．64　　B．128　　C．192　　D．256

3. 利用 TKIP 传送的每个数据包都具有独有的（　　）bit 序列号。

A．16　　B．32　　C．48　　D．64

4. 许多 AP 都包含一个属性，允许 AP 只与某些特定节点关联，该属性被称为（　　）。

A．选择性授权　　B．许可的节点接入列表

C．MAC 过滤　　D．以上都可以

5. WEP 安全协议中使用的加密方法是（　　）。

A．3DES　　B．DES　　C．PKI　　D．RC4

6．在 802.11i 标准中，以下（　　）标准对 WEP 安全性能进行了提高。

A．802.1x　　B．EAP　　C．TKIP　　D．WPA

7．产生临时密钥的 802.11i 协议是（　　）。

A．AES　　B．EAP　　C．TKIP　　D．WPA2

8．使用（　　）过程确定一个人的身份或证明特定信息的完整性。

A．关联　　B．认证　　C．证书　　D．加密

9．（　　）安全威胁的主要目的是使网络资源超过负荷，导致网络用户无法使用资源。

A．拒绝服务　　B．入侵　　C．拦截　　D．ARP 欺骗

10．（　　）属于安全无线连接的必要组件。

A．加密　　B．认证　　C．WIPS　　D．以上答案全部正确

11．（　　）可以保护无线帧中数据的完整性。

A．WIPS　　B．WEP　　C．MIC　　D．EAP

12．（　　）加密方法比较脆弱且不推荐使用。

A．AES　　B．WPA　　C．EAP　　D．WEP

13．对于无线数据来说，（　　）是目前最安全的数据加密和完整性方法。

A．WEP　　B．TKIP　　C．CCMP　　D．WPA

三、填空题

1．所有 IEEE 网络的网络安全标准是 ________。

2．2004 年 6 月，IEEE 批准了 ________WLAN 安全标准。

3．为了提高 WEP 的安全性，在其中添加的临时协议是 ________。

4．标准的 64bit WEP 使用 ________bit 的密钥接上 ________bit 的初向量成为 RC4 用的密钥。

5．WEP 共享密钥输入方式有 ________ 和 ________ 两种。

6．WEP 中使用的加密算法是 ________。

7．如果 AP 或无线路由器设置了 WEP 密钥并选择了 ________ 认证，则 WLAN 内的主机必须提供与此相同的密钥才能通过认证，否则无法关联此 WLAN，也无法进行数据传输。

8．WEP 密钥长度可以是 64bit、128bit 和 152bit。如选择 64bit 密钥，则需要输入 ________ 个十六进制字符或者 ________ 个 ASCII 字符。

四、简答题

1．802.11 无线网络安全框架包含哪几部分？

2．常见的客户端认证方式有哪些？

3．常见的保证数据机密性和数据完整性的算法有哪些？

任务 6.2　组建安全的无线局域网

【任务描述】

本任务使用图 6-27 所示的网络，实现 WLC 对 LAP 的统一管理，RADIUS 服务器对 802.1x 接入的无线客户端采用统一身份认证。

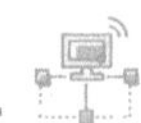

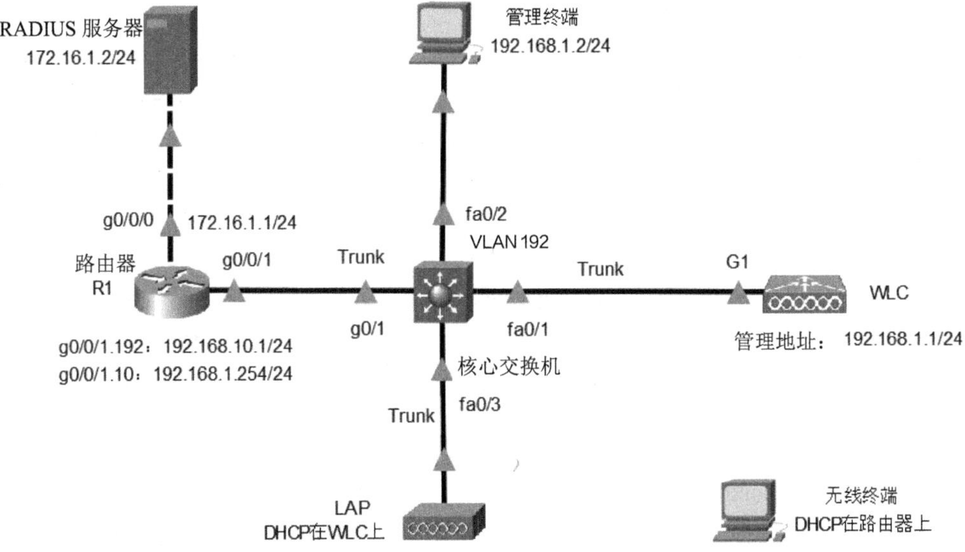

◎ 图 6-27　802.1x 认证无线网络拓扑图

【任务要求】

（1）准备 WLC 1 个，核心交换机 1 个，LAP 设备 1 个，路由器 1 个，RADIUS 服务器 1 个，管理终端和无线终端各 1 台，PoE 模块 1 个，网线 5 根。

（2）在 WLC 上创建无线网络 VLAN192 和设置 802.1x 认证。

（3）在 RADIUS 服务器上创建用户 user，密码为 1234567890。

（4）客户端加密方式为 WPA2- 企业。

（5）按规范制作任务实施文档和 PPT 并分组展示任务的完成效果。

知识准备

6.2.1　WPA/WPA2 安全技术

学习提示

CCMP 无法用在仅支持 WEP 或 TKIP 的传统设备上，那么如何知道设备是否支持 CCMP 呢？前面也讨论了多种加密及消息完整性校验算法，在配置 WLAN 的无线安全性时会面临选择哪一套组合方案、哪些认证方式与哪些加密算法兼容等问题。

1. WPA

WPA 是 Wi-Fi 保护接入（Wi-Fi Protected Access）的缩写，是由 Wi-Fi 联盟推出的商业标准。由于早期的 WEP 认证被证明很不安全，市场急需推出 WEP 的替换品，因此在 802.11i 标准正式推出前，Wi-Fi 联盟推出了针对 WEP 改良的认证方式，即 WPA。WPA 针对 WEP 的各种缺陷进行了改进，核心的数据加密算法仍然使用 RC4 算法，其又被称为 TKIP 加密算法。

2. WPA2

802.11i 标准正式发布之后，Wi-Fi 联盟在 WPA 版本 2（WPA version 2，WPA2）标准中完全包含了 802.11i 标准。WPA2 具有 WPA 的能力，与 WPA 后向兼容，而且增加了高级的 CCMP 算法。

3. WPA 与 WPA2 的比较

虽然 WPA 与 WPA2 都指定了 802.1x 认证（基于 EAP 的认证）方式，但 WPA 和 WPA2 并不需要指定任何特定的 EAP 方法，而由 Wi-Fi 联盟认证与 EAP、LEAP、EAP-TLS、EAP-TTLS、PEAP 等的互操作性来决定。WPA 与 WPA2 的比较如表 6-2 所示。

表 6-2 WPA 与 WPA2 的比较

对 比 项	WPA	WPA2
认证	Pre-Shared Key 或 802.1x	Pre-Shared Key 或 802.1x
加密算法的 MIC	TKIP 或 AES（CCMP）	AES（CCMP）
密钥管理	Dynamic Key Management	Dynamic Key Management

基于不同的部署规模，WPA 和 WPA2 支持以下两种认证模式。

（1）个人模式（Personal Mode）：使用 PSK 来认证 WLAN 上的客户端。

（2）企业模式（Enterprise Mode）：必须使用 802.1x 基于 EAP 的认证方式来认证客户端。

4. WPA 的应用

在最新的实现中，不管是 WPA 还是 WPA2，都可以使用 802.1x 认证或 PSK 认证，并且可以使用 TKIP 加密或 CCMP 加密。

5. WPA3

WPA3 用于加密公共 Wi-Fi 网络上的所有数据，可以进一步保护不安全的 Wi-Fi 网络。特别是当用户使用酒店、旅游景点的 Wi-Fi 热点等公共网络时，借助 WPA3 可以创建更安全的连接，使黑客无法窥探用户的流量，难以获得用户私人信息。相对于 WPA 和 WPA2，WPA3 主要有以下 4 项新功能。

（1）对使用弱密码的人采取“强有力的保护”。如果密码多次输错，将锁定攻击行为，屏蔽 Wi-Fi 身份验证过程来防止暴力攻击。

（2）WPA3 简化显示接口受限，甚至包括不具备显示接口的设备的安全配置流程。

（3）在接入开放性网络时，通过个性化数据加密增强用户隐私的安全性，这是对每个设备与路由器或 AP 之间的连接进行加密的一个特征。

（4）WPA3 的加密算法与之前的 128bit 加密算法相比，增加了字典暴力密码破解的难度，并且使用新的握手重传方法取代了 WPA2 的 4 次握手。

典型例题

当在 WLAN 上配置 WPA2 个人模式时，应该选择下面（　　）项。

A. 802.1x　　B. PSK　　C. TKIP　　D. CCMP

解析：WPA2 个人模式需要 PSK，必须在 WLAN 上配置相同的密钥，WLAN 除要将密钥传送给 WLAN 中的所有客户端以外，还要传送给加入 WLC 的所有 AP。

答案：B

6.2.2 无线局域网接入认证

学习提示

在运营商 WLAN 使用过程中，最多的场景是只使用 Portal 认证。也就是说，WEP、WPA、

WAPI 都没有使用，WLAN 完全工作在明文方式下。由此可见，目前大量使用的公共 WLAN 的安全性都是比较低的，需要应用层来保证其安全性，而企业 WLAN 是通过使用 WPA2+802.1x 认证来保证企业 WLAN 用户的安全性的。

1. 接入控制服务器

思科接入控制服务器（Access Control Server，ACS）是一个高度可扩展、高性能的接入控制服务器，提供全面的身份识别网络解决方案。ACS 在一个集中身份识别联网框架中将身份验证、用户或管理员接入及策略控制结合起来，强化了接入安全性，使网络具有更高的灵活性和移动性。

ACS 是思科网络准入控制的关键组件，支持广泛的接入类型，包括有线局域网、WLAN、拨号、宽带、内容、存储、VoIP、防火墙和 VPN。

2. AAA 技术

AAA（Authentication、Authorization、Accounting，认证、授权、计费）技术提供对认证、授权、计费 3 种功能进行统一配置的框架，是对网络安全的一种管理方式。AAA 系统框架如图 6-28 所示。

（1）认证：哪些用户可以访问网络服务。

（2）授权：具有访问权的用户可以得到哪些服务。

（3）计费：如何对正在使用网络资源的用户进行计费。

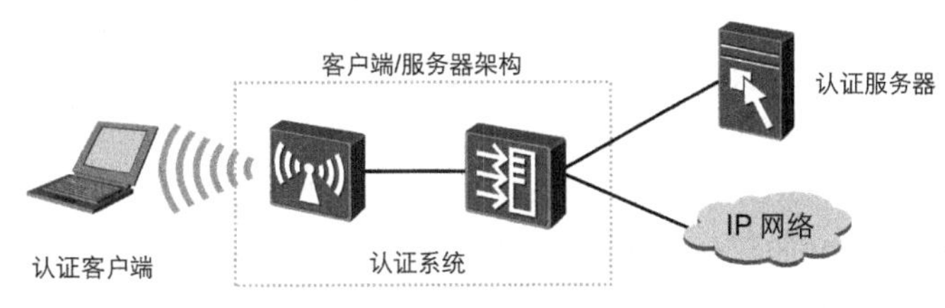

◎ 图 6-28　AAA 系统框架

3. 认证通信协议

AAA 是一种管理框架，可以用多种协议来实现。在实践中，人们可以使用 RADIUS 服务器来实现 AAA。RADIUS 服务器包括以下 3 个组成部分，如图 6-29 所示。

（1）协议：基于 UDP 层定义了 RADIUS 帧格式及其消息传输机制，并定义了 1812 作为认证端口，1813 作为计费端口。

（2）服务器：RADIUS 服务器运行在中心计算机或 STA 上，通常是在 UNIX 或 Windows Server 上运行的一个监护程序，包含相关的用户认证和网络服务访问信息。

（3）客户端：位于网络接入服务器侧，可以遍布整个网络，通常是一个路由器、交换机或 WLC。

另外，RADIUS 服务器还能作为其他 AAA 服务器的客户端进行代理认证或计费，常被应用在安全性要求较高，既要求保护网络不受未授权访问的干扰，又要求控制远程用户访问权限的各种网络环境中。

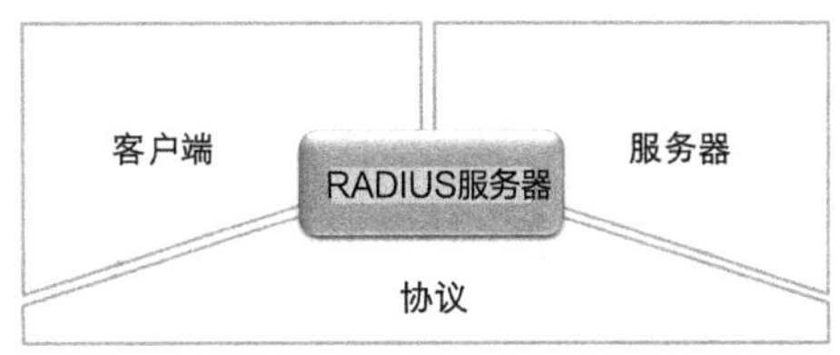

◎ 图 6-29　RADIUS 服务器的组成

4. 802.1x 认证接入过程案例

有这样一个案例：某公司内部有多个部门，在不同的 VLAN 中有各自的服务器。如果各部门单独建立一个无线网络，则会造成公司的无线网络数量过多，并且公司人员流动性较大，会给网络管理带来很大困难。因此，该公司打算通过统一的无线网络认证方式来实现各部门的接入，要求不同部门的用户输入账户信息后能够访问自己所在部门的网络资源。

一个可以实现该网络需求的解决方案是 WLC+ACS+AD（活动目录）+802.1x，不同部门逻辑划分为不同的组，不同组的用户登录到不同的 VLAN，在 ACS 上统一对用户进行认证，实现对用户集中身份认证。802.1x 认证接入过程的原理如图 6-30 所示。

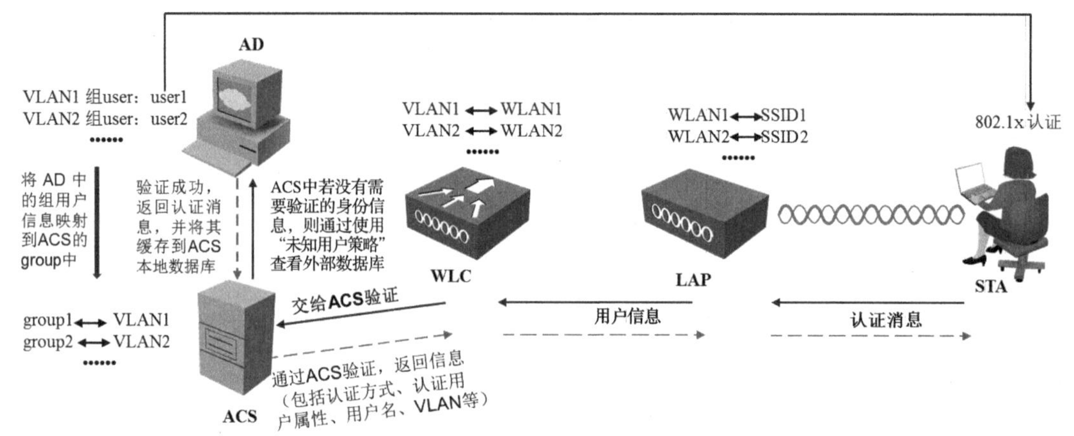

◎ 图 6-30　802.1x 认证接入过程的原理

ACS 中建立了 group 与 VLAN 之间的映射关系，身份认证信息数据库来自 AD 中建立的用户信息，因此需要将 AD 中的组用户映射到 ACS 的 group 中才能对无线用户实行 802.1x 认证。但是，802.1x 认证需要 PEAP（保护 EAP）认证的支持，除在 WLC 和无线客户端上配置支持 802.1x 认证，ACS 还需要支持 802.1x PEAP 的认证方式，但在默认情况下 ACS 不支持这一认证方式。

因此，需要在 Windows Server 中安装 AD，首先建立用户数据库，其次安装证书服务器，下载服务器安全证书到 ACS 中并安装服务器安全证书，最后设置 ACS 使用服务器安全证书以支持 802.1x PEAP 的认证方式。

有了这样的基本认识后，再来看看无线客户端使用 802.1x 认证方式是如何通过 ACS 认证的。

无线客户端要连上 LAP 广播出来的一个 SSID，会向 LAP 发送认证消息，LAP 通过 CAPWAP 隧道将用户信息发送给 WLC，WLC 先根据 SSID 获知对应的 WLAN，并根据 WLAN 获知对应的 VLAN，然后将这一信息发送给 ACS 进行验证。ACS 先通过设置的 VLAN 与 group 的对应关系得知其位于哪一个 group，然后依据 AD 中映射过来的组信息查看其中是否有此用户的信息，如果有就通过认证，并将这一消息回送给客户端（图 6-30 中的虚线箭头路径）。客户端认证成功后，便能连接上 LAP 使用授权的网络资源。

典型例题

假设 WLC 被配置为 802.1x 认证且使用外部 RADIUS 服务器，则该 WLC 的角色是（　）。

A. 认证服务器　B. 请求方　C. 认证方　D. 判决系统

解析：WLC 是 802.1x 认证过程中的认证方。

答案：C

组建一个安全的无线局域网

【任务实施】

（1）网络基本配置。

① 配置管理终端的 IP 地址为 192.168.1.2/24，默认网关为 192.68.1.254。

② 配置 RAIUDS 服务器的 IP 地址为 172.16.1.2/24，默认网关为 172.16.1.1。

③ 配置 WLC 的管理地址为 192.168.1.1/24，默认网关为 192.68.1.254。

④ 配置路由器 g0/0/0 接口的 IP 地址为 172.16.1.1/24，g0/0/1 接口的 IP 地址为 192.68.1.254，g0/0/1.192 子接口的 IP 地址为 192.168.10.1/24，分别用作 RADIUS 服务器、管理终端和 WLC、无线用户 VLAN 192 网段的网关。

⑤ 在核心交换机上创建 VLAN 192，将 g0/1、fa0/1、fa0/3 接口封装为 802.1Q 后设置为 Trunk。

⑥ 无线客户端的 IP 地址分配采用 DHCP 方式，其服务器部署在路由器上，主要配置命令如下:

```
ip dhcp excluded-address 192.168.10.1
ip dhcp pool VLAN192
network 192.16810.0 255.255.255.0
default-router 192.168.10.1
```

⑦ LAP 通过 DHCP 方式获得 IP 地址，其 DHCP 服务器部署在 WLC 上。

（2）WLC 的初始化。

具体步骤参见任务 5.2 中的任务实施部分。

（3）创建动态 VLAN 接口。

打开管理终端的浏览器，在地址栏中输入 https://192.168.1.1，使用初始化过程中设置的用户名和密码登录 WLC。

① 单击 CONTROLLER 菜单，在左侧窗格中选择 Interface 选项，可以看到默认的虚拟接口和设置的管理接口。

② 单击页面右上角的 New 按钮，在弹出界面的 Interface Name 文本框中输入 WLAN 192，VLAN ID 配置为 192，单击 Apply 按钮。

③ 在 Physical Information 对话框中将 Port Number 设置为 1，在 Interface Address 对话框中进行如下设置：IP 地址为 192.168.10.2，掩码为 255.255.255.0，网关为 192.168.10.1，主 DHCP 服务器 IP 地址为 192.168.10.1。

使用此 VLAN 接口的 WLAN 用户流量将在 192.168.10.0/24 网络上。默认网关是 R1 上 g0/0/1.192 子接口的地址，已在路由器上配置了 DHCP 池。在此处配置 DHCP 的 IP 地址，目的是告诉 WLC 将其从 WLAN 主机上接收到的所有 DHCP 请求转发到路由器的 DHCP 服务器上。

④ 单击 Apply 按钮使配置生效。

（4）创建 WLAN。

创建一个 WLAN，并对 WLAN 与 VLAN 接口建立关联关系。

① 单击 WLANs 菜单，在弹出的界面中单击 go 按钮创建新的 WLAN。

② 在弹出界面的 Profile Name 文本框中输入 WLAN 192，在 SSID 文本框中输入 VLAN 192，ID 栏中的值保持默认值。ID 是一个任意值，用作 WLAN 的标签。单击 Apply 按钮使设置生效。

③ 在弹出界面的 Status 栏中勾选 Enabled 复选框，在 Interface/Interface Group(G) 栏的下拉菜单中选择创建的 VLAN 192 接口，其他项保持默认配置。

④ 单击 Apply 按钮使配置生效。

（5）在 WLC 上设置 RADIUS 服务器。

WPA2-Enterprise 使用外部 RADIUS 服务器对 WLAN 用户进行身份验证。可以在 RADIUS 服务器上配置具有唯一用户名和密码的单个用户账户。在 WLC 可以使用 RADIUS 服务之前必须为 WLC 配置服务器地址，操作步骤如下。

① 单击 WLC 上的 SECURITY 菜单。

② 单击 New 按钮，在弹出的界面中进行如下配置：将 Server IP Address(IPv4/IPv6) 配置为 172.16.1.2，在 Shared Secret 文本框中输入 123456，在 Confirm Shared Secret 文本框中输入 123456。

其他项保持默认配置。RADIUS 服务器将先对 WLC 进行身份验证，然后才允许 WLC 访问服务器上的用户账户信息。

③ 单击 Apply 按钮使配置生效。

（6）配置 WLAN 安全认证。

① 先单击 WLANs 菜单，再单击创建的 WLAN 192 超链接，弹出新的配置界面。

② 单击 SECURITY 菜单，在 Layer 2 Security 下拉列表中选择 WPA + WPA2 选项。

③ 在 WPA + WPA2 Parameters 选项组中勾选 WPA2 Policy 复选框，出现 WPA2 Encryption 项，采用默认加密方法 AES。单击 Authentication Key Management 下的 802.1x，如图 6-31 所示，这样做的目的是告诉 WLC 使用 802.1x 协议从外部对用户进行身份验证。

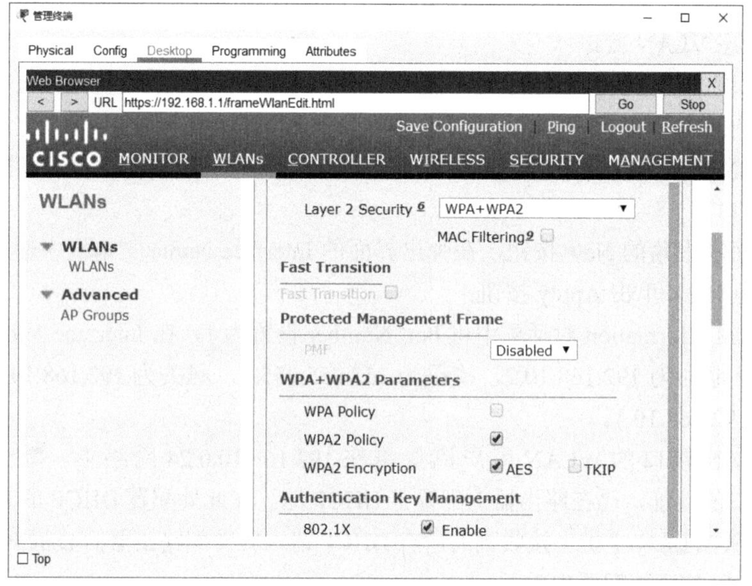

◎ 图 6-31　WPA+WPA2 配置界面

④ 单击 AAA Servers 选项卡，在 Authentication Servers 列中打开 Server 1 旁边的下拉菜单，选择在步骤（5）中配置的服务器。

⑤ 单击 Apply 按钮使配置生效。

（7）配置 DHCP 服务器作用域。

WLC 提供自己的内部 DHCP 服务器。建议不要将 WLAN DHCP 服务器用于大容量 DHCP 服务，如较大网络的用户 WLAN 需要的服务。但是，在较小的网络中，DHCP 服务器可用于向连接到有线管理网络的 LAP 提供 IP 地址。DHCP 服务器作用域的配置步骤如下。

① 单击 CONTROLLER 菜单，在左侧列表中展开 Internal DHCP Server，单击 DHCP Scope。

② 单击 New 按钮，在弹出界面的 Scope Name 文本框中输入 LAP，单击 Apply 按钮创建新的 DHCP 作用域。在 DHCP Scopes 表中单击创建的 LAP 作用域以配置作用域的寻址信息，具体配置如下：Pool Start Address 为 192.168.1.3，Pool End Address 为 192.168.1.20，Network 为 192.168.1.0，Netmask 为 255.255.255.0，Default Routers 为 192.168.1.254。

③ 单击 Apply 按钮激活配置。在短暂的延迟后，内部 DHCP 服务器将为 LAP 提供 IP 地址。当 LAP 具有其 IP 地址时将建立 CAPWAP 隧道，并且能够为无线终端提供 WLAN（VLAN 192）的访问。

（8）配置 RADIUS 服务器。

① 启用 RADIUS 服务。打开 RADIUS 服务器配置界面，单击 Servers 菜单，单击左侧窗格中的 AAA，在右侧窗格中选中 Server 项中的 on。

② 设置网络。在 Network configuration 选项组中，客户端名称设置为 WLC，客户端 IP 地址设置为 192.168.1.1，认证密钥设置为 1234567890，认证协议设置为 Radius。端口改为 1812，单击 Add 按钮。

③ 设置认证用户列表。在 User Setup 选项组中，在 Username 文本框中输入 user，在 Password 文本框中输入 1234567890，单击 Add 按钮，如图 6-32 所示。

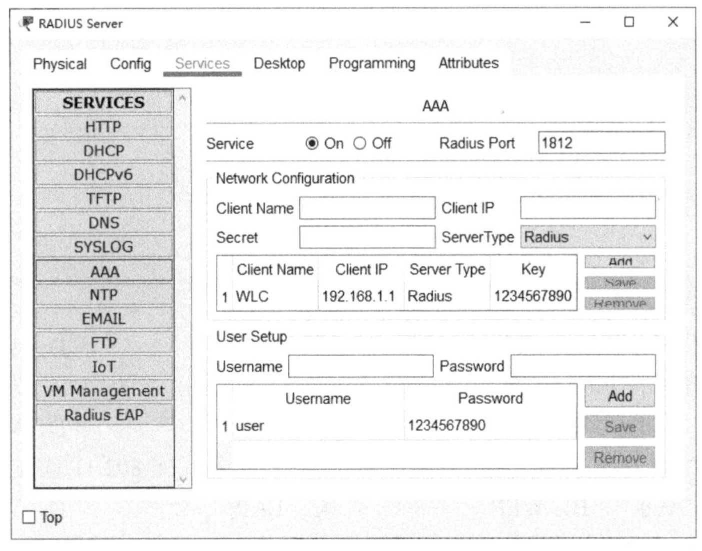

◎ 图 6-32　RADIUS 服务器配置界面

（9）将无线终端连接到网络。

① 单击无线客户端，在桌面上双击 PC Wireless 图标，打开 PC 无线应用程序。

② 单击 Profile 选项卡，单击 New 按钮创建一个新的配置文件，将配置文件命名为 WLC。

③ 在弹出的界面中将显示之前创建的 WLAN 的无线网络名称 VLAN 192，单击 Advanced Setup 按钮。

④ 验证是否存在 WLAN 的 SSID，能够看到 VLAN 192，单击 Next 按钮。

⑤ 验证是否选择了 DHCP 网络设置，单击 Next 按钮。

⑥ 在 Security 下拉列表中选择 WPA2-Enterprise 选项，单击 Next 按钮。

⑦ 输入登录名 user 和密码 1234567890，单击 Next 按钮。

⑧ 验证配置文件设置，单击 Save 按钮。

⑨ 选择 WLC 配置文件，单击 Connect 按钮。短暂延迟后，会看到无线客户端已连接到 LAP。

⑩ 确认无线客户端已连接到 WLAN。无线客户端应从 R1 上配置的 DHCP 服务器中接收 IP 地址，该地址将位于 192.168.10.0/24 网络，如图 6-33 所示。

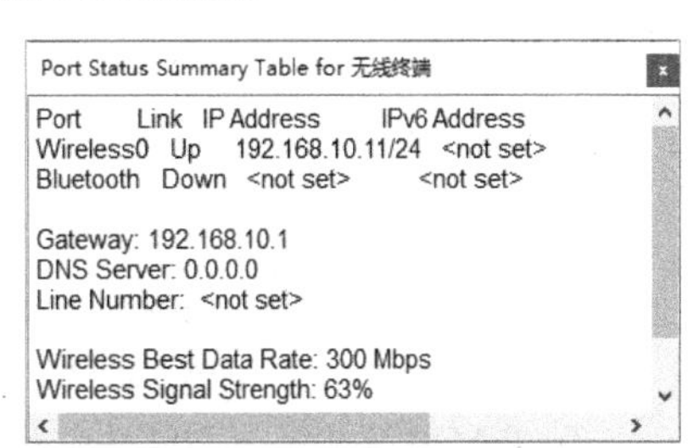

◎ 图 6-33　无线终端网络连接状态

【任务验收】

（1）硬件设备连接正确，工艺符合网络施工规范。

（2）无线终端能够搜索到无线网络 VLAN 192。

（3）无线终端能动态获取 IP 地址，使用 802.1x 认证方式连接到无线网络 VLAN 192。

（4）文档制作精良美观，内容紧扣主题，表述恰当，逻辑顺畅，整体风格统一。

（5）现场表述逻辑清晰，语言流畅，情绪饱满。

【任务小结】

在 WLAN 的实际应用中，根据不同的安全需求可以使用不同的安全标准，如 WPA、WPA2、WPA3 和 WAPI 等，这些标准既包括用户接入认证技术，又包括数据加密技术，这对提高 WLAN 的安全性发挥了重要作用。

【课后作业】

一、判断题

1．WPA 加密比 WEP 加密安全性高。（　　）

2．WAPI 标准基于 3 次握手过程完成密钥协商。（　　）

3．PKI 在发送端使用动态密钥对消息进行加密。（　　）

二、选择题

1．802.1x 体系结构中不包括（　　）组件。

A．认证系统　B．请求者　C．操作系统　D．认证服务器系统

2．支持多种方法的认证协议是（　　）。

A．AAA　B．EAP　C．WEP　D．WPA

3．如果在 WLAN 中使用 802.1x，那么下面的（　　）被用作 802.11 认证方式。

A．开放式认证　B．WEP　C．EAP　D．WPA

4．假设某思科 WLC 被配置为 802.1x 认证且使用外部 RADIUS 服务器，则该 WLC 的角色是（　　）。

A．认证服务器　B．请求者　C．认证者　D．判决系统

5．（　　）认证方式使用证书来认证 AS，但不会用来认证客户端。

A．LEAP　B．PEAP　C．EAP-FAST　D．EAP-TLS

三、填空题

1．802.1x 标准规定 ________ 使用 EAP 进行认证。

2．与其他 WLAN 安全体制相比，WAPI 认证的优越性集中体现在支持 ________ 和使用 ________ 上。

3．WAPI 标准的认证基于 WAPI 独有的 WAI 协议，使用 ________ 作为身份凭证，WAPI 标准的数据加密采用 ________ 算法。

4．802.1x 协议是一种基于 ________ 的网络接入控制协议。

四、简答题

1．一个集中式的无线身份认证系统一般包括哪几个组件？

2．简述 WPA 与 WPA2 之间的区别。

3．RADIUS 服务器对哪两件事进行了身份验证？为什么认为这是必要的？

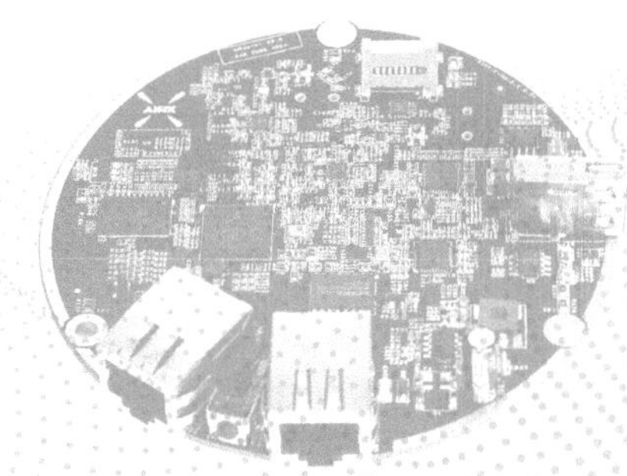

项目 7

无线局域网规划设计

知识目标

（1）了解 WLAN 现场工勘方法。

（2）掌握 WLAN 覆盖设计的内容及方法。

（3）掌握 WLAN 规划设计的内容及方法。

能力目标

（1）能够解释无线地勘的主要流程。

（2）能够进行 WLAN 的性能测试、流量测试、覆盖测试。

（3）能够进行 WLAN 现场工勘工作。

素质目标

（1）引导学生形成职业生涯规划的意识。

（2）增强学生的大局观意识。

（3）引导学生形成热爱劳动和热爱生活的品格。

项目引例

对 WLAN 的设计者和实现者来说，为了避免高代价错误的发生，能够预先放弃不适当的步骤、密切关注与 WLAN 设计相关的细节是至关重要的。WLAN 规划是一项复杂的工作，许多无线网络工程师和设计者都想寻求一个设计捷径，但这是很难的。大家都很清楚，周详的网络规划价值是无法估量的，而一个好的设计方案必定有一定的步骤。

在设计之前，首先要通过调研了解用户需求，明确网络应用背景，分析用户对象群及数量、业务特征等；其次要确定覆盖目标，对 WLAN 覆盖现场进行勘察，获得现场环境参数等。

在设计阶段，首先要确定 WLAN 的覆盖方式，即采用室内覆盖还是室外覆盖等；其次要根据现场环境参数进行链路预算，在此基础上初步确定 AP 位置及数量，根据确定的 AP 位置及数量进行合理的频率规划，规避频率干扰，力求将干扰降到最小；最后要根据用户需求进行速率、容量规划。图 7-1 所示为某高校图书馆应用场景 WLAN AP 分布图。

在 WLAN 建成之后，要进行实际的测试，进行相应的优化调整，使网络性能达到最优。WLAN 与有线网络一样，在实际运行中需要管理和维护人员进行管理与维护，以保证网络的正常使用。

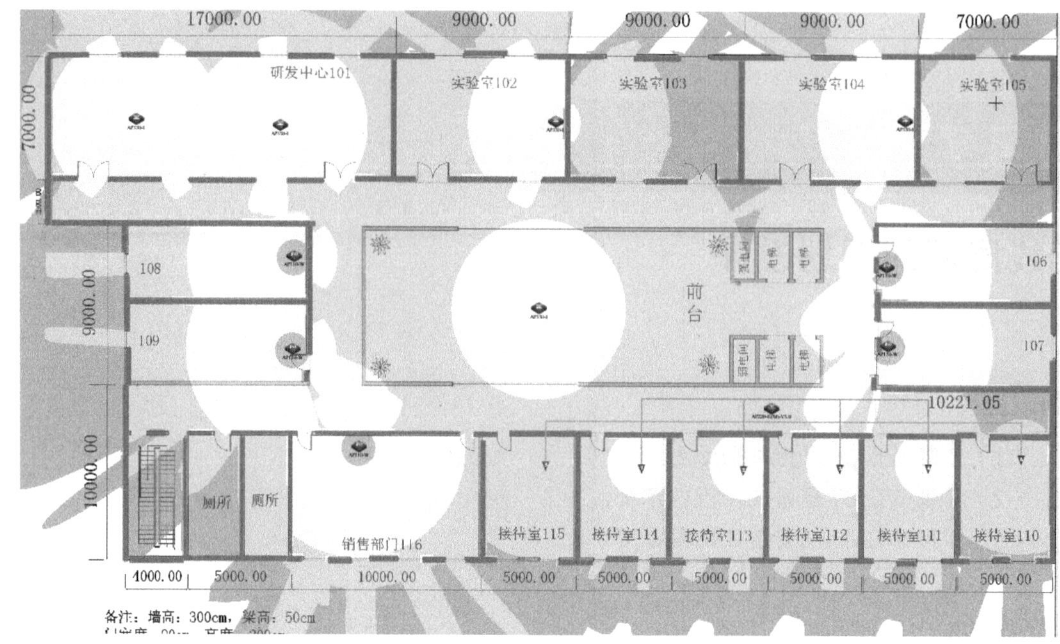

◎ 图 7-1　某高校图书馆应用场景 WLAN AP 分布图

到目前为止，前面各个项目内容的掌握主要集中于无线设备的配置与调试，这只是 WLAN 组建过程中的一小部分。如果只关注其中某一部分内容，不能从整体上（参见“无线网络建设生命周期管理”素材）把握 WLAN 的建设，就犯了“盲人摸象”的错误。WLAN 建设也要做到计划先行，用计划指导行动，这就是“凡事预则立，不预则废”的道理。在大型网络环境中，通过现场工勘获得用户第一手资料可能是一件非常艰辛的事情，因为工作周期长、工作量大。

无线网络建设生命周期管理

任务 7.1　调研无线现场需求

【任务描述】

教育是信息技术应用的重点领域。教育场景是指学校中学生密集的场所，如教室、报告厅、图书馆、实验室等。该类场景的特点是用户密度大、并发用户数多、突发流量大、用户对网络服务质量比较敏感。本任务以高职院校最常见的教室为例，勘察普通教室和阶梯教室部署 WLAN 的具体需求。

【任务要求】

（1）从学校基建办公室获得一张学校建筑平面图或绘制一张学校教学楼建筑平面图。

（2）实地勘察普通教室和阶梯教室的面积、楼层高度及满载位置数。

（3）勘察教室的墙体结构、厚度和有无吊顶。

（4）测试教室内部和周围是否存在干扰源。

（5）测试教室无线信号覆盖有无死角和信号的强度。

（6）调研教室 WLAN 应用类型和带宽需求。

（7）按规范制作勘察报告。

知识准备

无线地勘动画

7.1.1　无线地勘的准备工作

学习提示

在 WLAN 设计中，进行无线网络环境的勘察是非常重要的环节，其中的关键影响因素为现有网络状况、用户数量及用户应用。

1. 了解现有网络状况

了解现有网络状况的目的是绘制一张精确的关于当前网络环境的拓扑结构图，这类信息对以后确定新设计网络与现有网络的整合方式非常有用。需要对以下问题做出准确的评估，以校正或消除 WLAN 设计中的潜在风险：①为什么考虑部署无线解决方案？②是否能够清晰地定义无线网络的要求？③是否能够制订既节约网络成本又提高工作效率及用户满意度的无线解决方案？④有多少用户需要移动性及他们需要利用移动性来做什么？⑤哪些用户应用需要在 WLAN 上运行？⑥不同用户应用的最低带宽需求是多少（以此确定 WLAN 的候选方案）？

2. 了解用户数量及用户应用

在所给区域中定位有多少用户的目的主要是计算每个用户将拥有多少吞吐量，这个信息用于决定使用哪种技术。一个典型 6Mbit/s 带宽的 802.11b 无线频道可以支持 30 个以上的用户。对于某些特别重要的应用或用户，可以考虑配置带流量优先级管理功能的 AP，也可以选配具有同类功能的第三方厂商的独立产品，但成本要高一些。

除了要了解用户数量，还要了解用户应用。通过分析用户的行为主要是上网浏览、收发 E-mail 等文件传输，还是传送流媒体等，较正确地计算吞吐量及数据传输速率。

此外，还要了解用户是固定的还是移动的，是否存在漫游。当移动用户跨 IP 域移动时，还需要考虑使用动态 IP。

3. 现场工勘的准备工作

现场工勘分为室内工勘和室外工勘，本任务只涉及室内工勘。进行室内工勘所采取的方式有以下 3 种。

（1）客户告知：优点是能够获得用户需求及详细信息，缺点是获取的信息不完整。

（2）基建图纸：优点是内容详尽，缺点是获取的信息复杂。

（3）亲身勘测：优点是能够获得第一手信息、重点明确，缺点是获取信息时间长。

这 3 种方式并不是孤立的，需要结合使用。

进行室内工勘需要做如下准备。

（1）至少两名工作人员。

（2）1 个 WLC（带 PoE 模块）、1 个或 2 个 AP、1 根 20 ～ 30m 长的网线。

（3）1 个内置天线灵敏度高的无线网卡、较轻的笔记本电脑，用于检测不知名 AP，测试 AP 信号范围。

（4）1 台不低于 800 万像素的数码相机，用于清楚地记录建筑物的物理结构。

某办公环境如图 7-2 所示，其面积为 36m×36m，基本上属于半开放空间。办公区部分用玻璃墙隔开，另有会议室、演示厅、休息室、隔离办公室等覆盖目标地区；休息室至办公区入口处有两堵水泥墙，其他区域用木板墙隔开。

（5）获取场地的平面图，可要求业主提供，也可以自己采用 CAD 等软件绘制，将 AP 的预设位置标注在平面图上，以便现场工勘时使用。

（6）准备 WLAN 性能测试工具。

① 可以使用无线网卡自带的管理软件的信号质量测试功能测试信号效果，如图 7-3 所示。

◎ 图 7-2　某办公环境

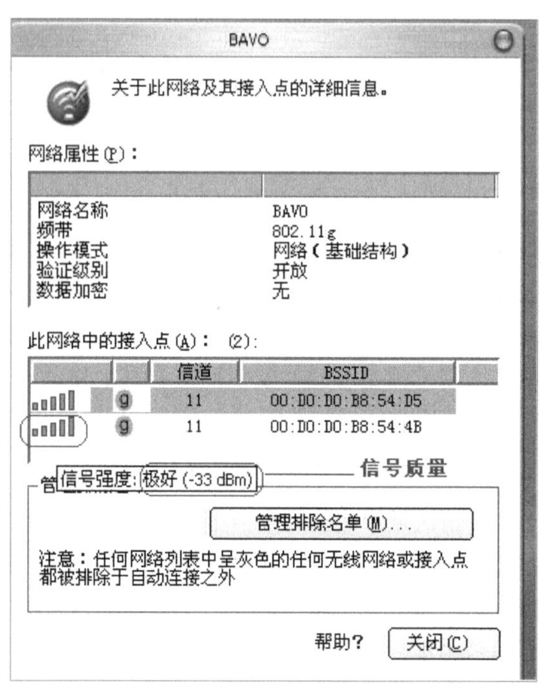

◎ 图 7-3　无线网卡自带的管理软件的测试结果

② 使用专业的 WLAN 信号测试软件，如 Network Stumbler，搜索低质量 AP 或进行信号覆盖效果测试，如图 7-4 所示。

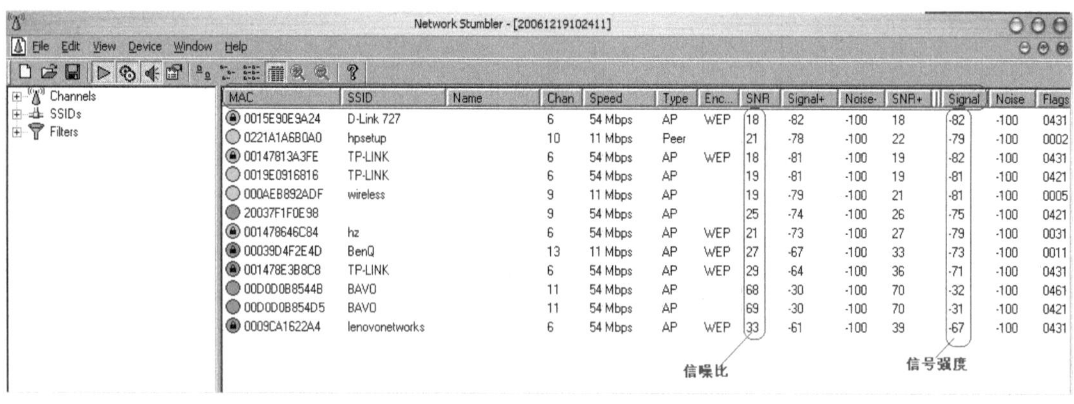

◎ 图 7-4　Network Stumbler 的测试结果

● 学习提示 ●

根据图 7-4 回答下列问题。

（1）图 7-4 中的 SSID 又可以写成（　　），经常被翻译为（　　），用于区分不同的网络 MAC 地址，即当前使用的 AP 的物理地址。当前（图 7-4 中第一行）所用的信号强度为（　　），所使用的频道是（　　）。

（2）对当前网络干扰最大的 SSID 是（　　），其 MAC 地址为（　　）。
（3）对 WLAN 影响较大的主要有（至少举出 3 例）：（　　）、（　　）、（　　）。
解析：SSID 为无线网络名，SNR 越高越好，SNR 高表明接收到的信号强度远大于底噪。
答案：
（1）ESSID　无线网络名　-82dBm　6
（2）D-Link 727　0015E90E9A24
（3）微波炉、电视机、遥控设备、视频监控设备、其他网络、同网络不同用户及频段等

③ 使用 WLAN 流量测试软件，如 NetIQ Chariot，测试网络吞吐量，如图 7-5 所示。

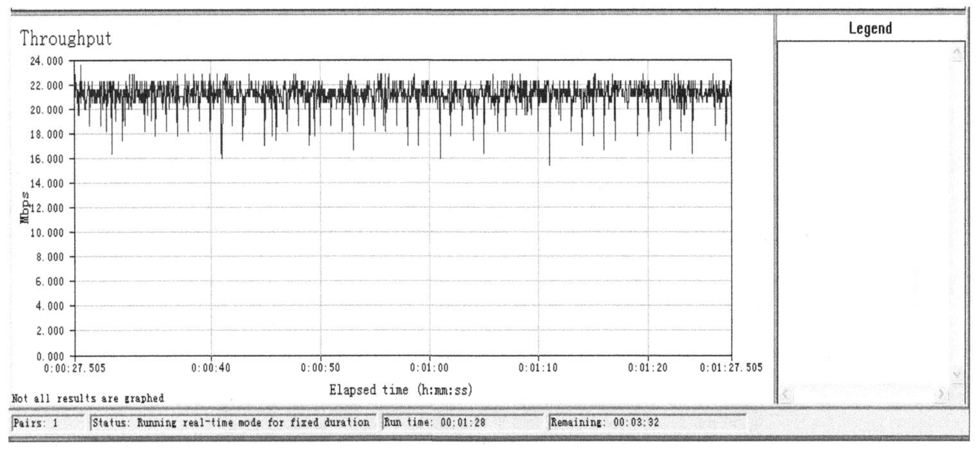

◎ 图 7-5　NetIQ Chariot 的测试结果

7.1.2　无线地勘的主要内容

考虑到周围环境中各种物体对无线电波传输、接收数据的能力及数据传输速率都会产生影响，在工勘时需要记录每一层的结构、房间数量、门的材料、窗户数量、走线方式、配线间位置、到 AP 的距离、每个房间的职能等。建筑物材质对无线电波衰减的影响程度如表 7-1 所示。

表 7-1　建筑物材质对无线电波衰减的影响程度

物　体	损耗 /dB
石膏板墙	3
金属框玻璃墙	6
煤渣砖墙	4
办公室窗户	3
金属门	6
砖墙	12.4

7.1.3　收集无线地勘信息

至少两名工勘人员到达现场后，将 WLC 放置在易于取电的位置，一人负责 AP 的摆放及固定，另一人负责用笔记本电脑读取信号强度值，测量信号的最大覆盖范围，如图 7-6 所示。AP 摆放

的位置需要结合之前在平面图上规划的 AP 预设位置，以验证实际信号覆盖效果。

◎ 图 7-6 工勘过程示意图

1. AP 的安装

与用户协商 AP 的安装位置，一般有三种情况：置于天花板内、置于天花板外和垂直挂墙。例如，锐捷 MP-71 垂直挂墙安装，MP-422A 吸顶安装（置于天花板外）。若将 AP 置于天花板内，则天线应尽量伸出。AP 应尽量摆放在待安装的位置，当 AP 实在不能摆放在天花板内或高处时，可用手举高或摆放在同一垂直位置的其他高度处。如果使用 AP 内置天线，则天线需要与地面垂直，通过固定件安装在天花板上，如图 7-7 所示。

◎ 图 7-7 AP 安装在天花板上

若 AP 外接天线，则 AP 置于天花板内，将吸顶天线安装在天花板上，如图 7-8 所示。AP 垂直挂墙安装如图 7-9 所示。

◎ 图 7-8 吸顶天线安装在天花板上

◎ 图 7-9 AP 垂直挂墙安装

2. 信号查看方法

（1）使用 Network Stumbler 查看 S/R 值，如图 7-10 所示。建议信号以 (−75±5)dBm 为标准边界。

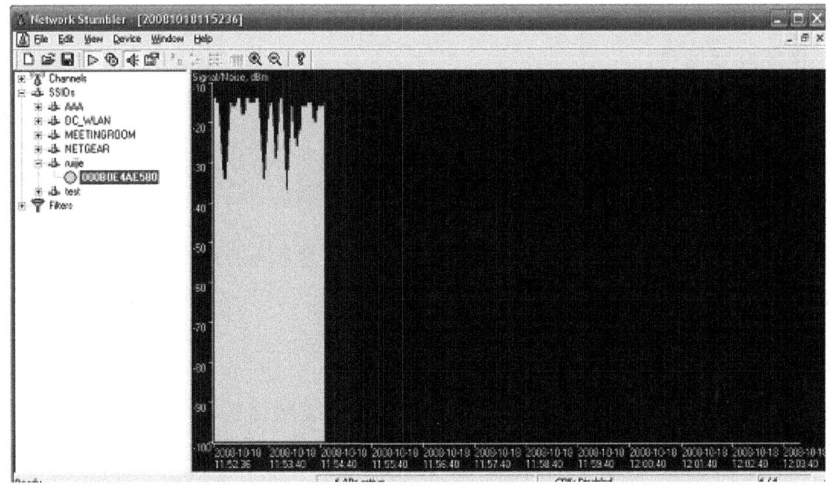

◎ 图 7-10　使用 Network Stumbler 查看 S/R 值

（2）单击 Windows 操作系统任务栏中的无线小图标，如图 7-11 所示。建议信号强度以达到 2 格或以上为标准。注意，由于不同笔记本电脑的无线网卡性能或网卡驱动存在差异，可能造成信号强度显示不准确，所以此方法只能作为参考。

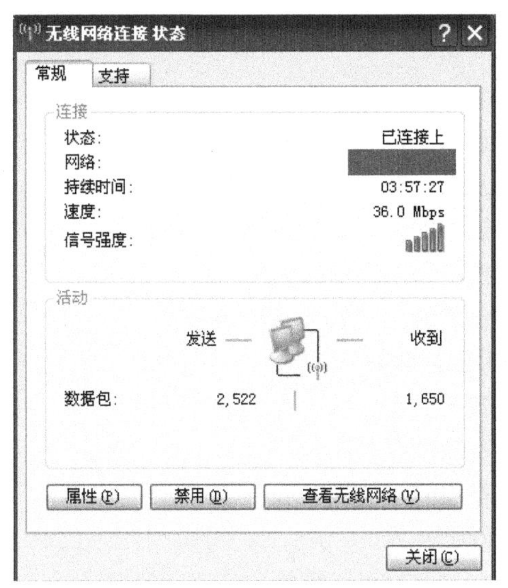

◎ 图 7-11　查看无线网络连接状态

无线地勘三部曲（上、中、下）

课堂讨论

观看“无线地勘三部曲（上、中、下）”视频，假设你是一名无线网络工程师，你将如何开展无线地勘的具体工作？请以 PPT 展示，与同学们分享。

【任务实施】

（1）将获取到的教室平面图转化为电子图片。

（2）确定建筑物材质及其对无线电波衰减的影响程度。

（3）确定干扰源的类型并测试其信号强度。

（4）确定弱电井的位置及网线的走向。

（5）确定 AP 的安装方式和位置。

（6）记录现场勘察信息。

【任务验收】

（1）制订合理的勘察计划。

（2）现场勘察报告格式符合行业规范。

（3）文档制作精良美观，内容紧扣主题，表述恰当，逻辑顺畅，整体风格统一。

（4）现场表述逻辑清晰，语言流畅，情绪饱满。

【任务小结】

无线地勘的主要目的是通过各种手段和方法获取无线网络的实际环境需求，如建筑结构、楼层高度、用户密度、干扰源、障碍物衰减等，并确定 AP 的安装方式和位置、配电走线等，为 WLAN 设计提供第一手资料。

【课后作业】

一、判断题

1. 无线地勘需要确定 AP 的型号。 （　　）
2. 无线地勘就是收集用户需求的过程。 （　　）

二、选择题

1. 下列关于无线地勘的说法中，不正确的一项是（　　）。
   A. 无线地勘的主要目的是获取无线网络的实际环境信息
   B. 无线地勘为网络规划提供必要的基础环境信息
   C. 可以不受限制地拍摄勘察现场的照片
   D. 无线地勘一般要借助特定的软件和硬件完成
2. （　　）不是无线地勘的内容。
   A. 获取环境现场建筑平面图
   B. 确定障碍物的类型和位置
   C. 确定覆盖区域内存在的干扰源
   D. 确定 AP 的信道和功率
3. 以下软件可用于现场扫描测试无线网络信号强度的有（　　）。
   A. Network Stumbler　　B. PROSet
   C. Packet Tracer　　D. IxChariot
4. 当使用 Network Stumbler 查看无线信号时，信号强度在（　　）以上可认为此信号较强。
   A. -25dBm　　B. -50dBm　　C. -75dBm　　D. -100dBm

三、填空题

1. 在部署无线网络之前对无线网络的现场环境进行勘察和评价，称为 ________。
2. 无线地勘采集的信息包括 ________ 和 ________。

四、简答题

1. 无线地勘包括哪些内容？
2. 测试无线信号强度的工具有哪些？至少列举 3 种。

任务 7.2　规划设计无线局域网

【任务描述】

根据任务 7.1 收集到的用户需求和无线地勘信息，对高职院校教学楼的普通教室、阶梯教室所覆盖的无线网络，完成 WLAN 的规划设计任务，并输出 WLAN 规划设计报告，为后续无线网络实施工作提供准确的说明及依据。

【任务要求】

（1）详细分析无线网络覆盖需求。

（2）评估无线网络覆盖面临的风险。

（3）无线设备选型。

（4）工作频段和信道规划。

（5）进行链路预算，普通教室信号强度不低于 -65dBm，阶梯教室信号强度不低于 -75dBm。

（6）容量规划。

（7）AP 发射功率符合无线电管理局的要求。

（8）按网络行业规范制作 WLAN 规划设计报告。

知识准备

7.2.1　WLAN 规划的内容

学习提示

WLAN 规划是指根据用户的需求及应用的背景和环境制订的可行规划，使用户规避一些可能产生的风险，主要涉及以下几个方面。

1. 组网规划

现在集中管理带来的便捷性得到越来越多用户的肯定，而起集中管理作用的设备是 WLC。WLC 与 AP 的组网模式有 3 种：直连组网模式、二层组网模式和三层组网模式。

2. VLAN 规划

VLAN 规划是指针对不同无线用户的应用，划分多个 VLAN 隔离广播域，制定不同的安全策略和优先级别，对无线用户的分组进行统一管理，以保证维护过程的灵活性。若无线用户采用 DHCP 服务器分配 IP 地址，则建议不使用 WLC 上的 DHCP 服务器。值得注意的是，无线用户所在的 VLAN 网段是由 WLC 而非接入交换机决定的，AP 所用的 VLAN 依附在接入交换机上。

交流思考

无线网络中需要规划哪些类型的 VLAN？在通常情况下，无线用户的 DHCP 服务器部署在哪些设备上？

3. SSID 规划

不同的应用原则上使用不同的 SSID，不同的 SSID 也对应不同的 VLAN。出于安全考虑，需要对 SSID 进行隐藏或加密，SSID 的命名尽量让人不容易猜出实际的应用，对外广播的 SSID 尽量简单明了。

WLAN 规划设计方案

4. 认证规划

为了提高 WLAN 使用的安全性，WLAN 支持主流和多种形式的无线接入认证方式，包括 Web 认证方式、MAC 认证方式和基于 RADIUS 的 802.1x 认证方式。Web 认证方式的好处是大大减少了网络管理员的工作量，对于无线用户来说，打开 IE 浏览器，输入网址便会弹出认证页面，输入正确的用户名和密码即可通过认证。对于没有 IE 浏览器或不支持 802.1x 的无线客户端，如智能手机，只能使用 MAC 认证方式。使用 MAC 认证方式对于无线用户来讲是完全没有感知的，只需要将设备的 MAC 地址输入认证数据库，WLC 就会对无线设备的 MAC 地址进行判别。企业的高级用户一般使用 802.1x 认证方式，因为其具有很高的安全性。

拓展提高

认真研读“WLAN 规划设计方案”素材，结合本项目课后作业第四题要求，撰写一份蓝天学院 WLAN 规划设计方案，要求文档制作精良美观、图文并茂，内容紧扣主题。

7.2.2 WLAN 拓扑结构选择

基于建筑图纸、墙体结构基础及是否共享 DS 等情况设计系统的拓扑、路由等，绘制楼层交换机至 AP 的网络拓扑结构图，如图 7-12 所示。网络拓扑结构图需要描述交换机的放置位置，标注交换机之间的网线距离，明确哪一台是汇聚交换机。如果汇聚交换机数量在几台以内，那么原则上无须单独部署，选取其中一台作为汇聚出口即可。

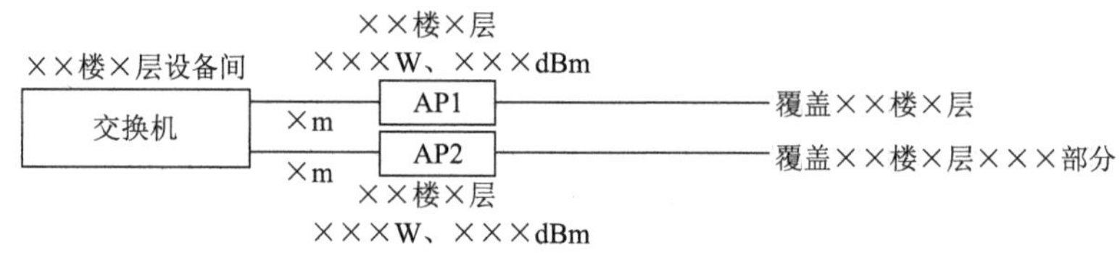

◎ 图 7-12 楼层交换机至 AP 的网络拓扑结构图

7.2.3 工作频段和信道规划

WLAN 2.4GHz 频段资源有限，为避免同频或邻频干扰，需要采取空间交错分配信道措施，两个信道的中心频率间隔不能低于 25MHz，可增加网络容量。工作频段和信道规划应遵循同频覆盖重叠范围最小化原则：同楼层各 AP 的信道交错分开；相邻楼层上下相同区域的 AP 信道交错分开；按信道 1、6、11、1、6、11 固定顺序交错排布；增加同频 AP 的物理距离。5.8GHz 频段的信道采用 20MHz 间隔的非重叠信道，采用信道 149、153、157、164、165。2.4GHz 频段的信道规划实例如表 7-2 所示。

表 7-2 2.4GHz 频段的信道规划实例

楼 层 号	一层楼 1 个 AP 信道规划	一层楼 2 个 AP 信道规划		一层楼 3 个 AP 信道规划			一层楼 4 个 AP 信道规划			
7	1	1	6	1	6	11	1	6	11	1
6	11	11	1	11	1	6	11	1	6	11

续表

楼　层　号	一层楼 1 个 AP 信道规划	一层楼 2 个 AP 信道规划		一层楼 3 个 AP 信道规划			一层楼 4 个 AP 信道规划			
5	6	6	11	6	11	1	6	11	1	6
4	1	1	6	1	6	11	1	6	11	1
3	11	11	1	11	1	6	11	1	6	11
2	6	6	11	6	11	1	6	11	1	6
1	1	1	6	1	6	11	1	6	11	1

7.2.4　覆盖规划

结合工勘和建筑图纸，明确 WLAN 的主要覆盖区域（用户集中上网区域）和次要覆盖区域（非上网需求区域）。重点针对用户集中上网区域进行覆盖规划，非上网需求区域不进行重点覆盖。

（1）主要覆盖区域：如宿舍、图书室、教室、酒店房间、大堂、会议室、办公室、演示厅等人员集中的场所。

（2）次要覆盖区域：如卫生间、楼梯、电梯、过道等区域。

覆盖规划有两种方式：单点覆盖和交叉覆盖。对于任务 7.2 任务描述中的需求，这两种覆盖规划方式都可以采用。

1. 单点覆盖

若采用 2.4GHz 频段，则 AP 在没有遮挡的条件下有很好的覆盖能力，在仅穿越一堵墙（20dB 衰减）时有较好的覆盖能力，在穿越两堵墙时覆盖能力不理想。2.4GHz 频段覆盖能力参考如表 7-3 所示。

表 7-3　2.4GHz 频段覆盖能力参考

AP 发送功率 /dBm	覆盖目标场强 /dBm	墙体数量 / 堵	覆盖半径 /m
20	-60	0	90
20	-60	1	10
20	-70	2	3

若采用 5.8GHz 频段，则 AP 在穿越一堵墙时覆盖能力受限，在空旷空间有较好的覆盖能力。5.8GHz 频段覆盖能力参考如表 7-4 所示。

表 7-4　5.8GHz 频段覆盖能力参考

AP 发送功率 /dBm	覆盖目标场强 /dBm	墙体数量 / 堵	覆盖半径 /m
20	-60	0	40
20	-60	1	13
20	-70	1	4

如图 7-13 所示，在集中办公区内有一个室内 AP，对主要办公区进行覆盖，覆盖范围用虚线勾勒。对 $A \sim H$ 测试点进行接入测试，测试结果表明 E、F 两处无法接入（水泥墙侧），休息厅无法覆盖。

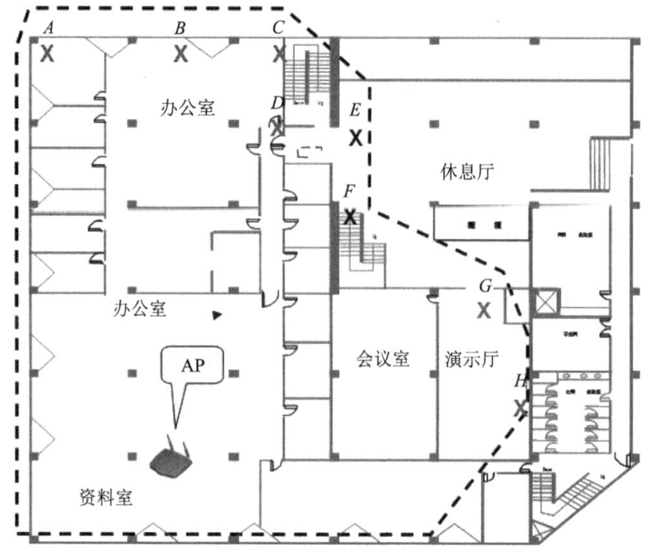

◎ 图 7-13 单点覆盖示例

2. 交叉覆盖

当容量需求较高并要求全面覆盖该楼层办公区时，可以在图 7-14 所示的位置处设置 3 个 AP，每个 AP 的覆盖范围用不同粗细的虚线勾勒。此方案采用交叉覆盖，使用 3 个 AP 辅助室内 DS，实现了整个空间的全面覆盖，同时满足了办公区有较多用户的容量需求。对同一空间中的多个 AP 信号需要合理地设置信道，本例中的 3 个 AP 分别采用相隔 25MHz 的信道 1、信道 6、信道 11，满足了信道隔离度要求，保证了空间内的信号质量。

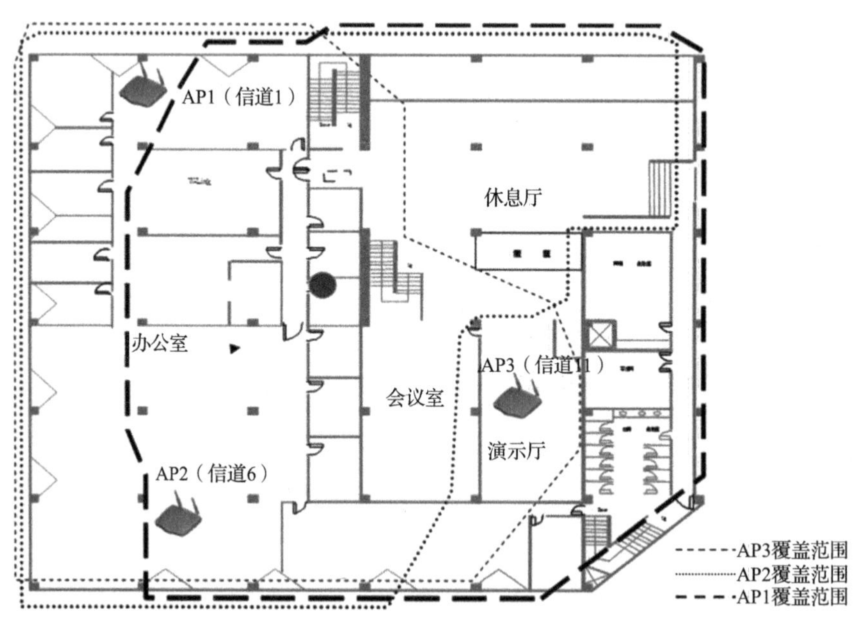

◎ 图 7-14 交叉覆盖示例

7.2.5 链路预算

WLAN 链路预算一般要经过以下几个步骤。

（1）确定边缘场强。

边缘场强结合接收灵敏度和边缘带宽需求确定，一般在 -75dBm 以上。

（2）确定空间传播损耗。

室内信号模型符合自由空间传播损耗 (L_{os}) 模型，具体公式如下：

$$L_{os}=20\lg f+20\lg d-28 \quad (f\text{单位为 MHz}，d\text{单位为 m})$$

$$L_{os}=20\lg f+20\lg d+32.4 \quad (f\text{单位为 MHz}，d\text{单位为 km})$$

$$L_{os}=20\lg f+2\lg d+92.4 \quad (f\text{单位为 GHz}，d\text{单位为 km})$$

自由空间中电波传播距离与衰减的关系如表 7-5 所示。

表 7-5　自由空间中电波传播距离与衰减的关系

传播距离 /m	5.5	10	15	20	30	40	50	60	200	300
衰减 /dBm	54.02	60.04	63.56	66.06	69.58	72.08	74.02	75.61	86.06	89.58

（3）确定电缆的传输损耗。

常见电缆的传输损耗如表 7-6 所示。由表 7-6 可知，每种馈线都有相应的频段范围，馈线直径越大，频段越低，传输损耗越小。

表 7-6　常见电缆的传输损耗

名　称	900MHz 频率每 100m 的损耗 /dB	2100MHz 频率每 100m 的损耗 /dB	2400MHz 频率每 100m 的损耗 /dB
1/2 馈线	7.04	9.91	12.50
7/8 馈线	4.02	5.48	6.80
5/4 馈线	3.12	3.76	3.76
13/8 馈线	2.53	2.87	2.87
8D 馈线	14.00	>23.00	>26.00
10D 馈线	11.10	>18.00	>21.00

（4）确定墙体等的阻隔损耗。

室内环境中多径效应的影响非常明显，会使安装在室内的 AP 的有效覆盖范围受到很大限制。由于 WLAN 信号的穿透性和衍射能力很差，一旦遇到障碍物，信号强度就会严重衰减。2.4GHz 微波对各种材料的穿透损耗如表 7-7 所示。

表 7-7　2.4GHz 微波对各种材料的穿透损耗

材　料	穿透损耗 /dB	材　料	穿透损耗 /dB
8mm 木板	1 ～ 1.8	250mm 水泥墙	15 ～ 28
38mm 木板	1.5 ～ 3	砖墙	5 ～ 8
12mm 玻璃	2 ～ 3	混凝土楼板	>30

（5）确定器件损耗和接头损耗。

射频器件（如电缆连接器、分功器、耦合器、合路器、滤波器等）都会有一定的插入损耗，一般为 0.1 ～ 0.2dB，无源器件的插入损耗可参考器件说明书。

（6）确定功率预算与损耗。

工程应用必须考虑功率预算：AP 的发送功率 + 发送天线的增益 − 路径损耗 + 接收天线的增

益 > 边缘场强。这些参数需要在工勘和工程设计方案中考虑，并计算覆盖距离。

① AP 的发送功率：由 AP 自身决定。

② 发送天线的增益：由发送天线参数决定。

③ 路径损耗：需要在工勘中核实，包括空间传播损耗、电缆的传输损耗、阻隔损耗等。

④ 接收天线的增益：无法确定每个终端的接收天线增益，一般为 2 ～ 3dBi。

⑤ 边缘场强：边缘场强的选取可参考接收灵敏度。一般 WLAN 设备在接收端向上会内置低噪声放大器，可提升 10 ～ 15dB 的接收增益，用于提高接收灵敏度，因此 WLAN 设备的实际接收灵敏度往往高于标准要求。

7.2.6 容量规划

由于 WLAN 系统总带宽需求 = 用户总数 × 并发率 × 单用户带宽需求，AP 数量 = 总带宽需求 / 每个 AP 的实际带宽，因此对 WLAN 容量（密度）的规划需要从覆盖范围、负载能力、用户使用 WLAN 的目的等几个方面考虑。

WLAN 容量体现在带宽上，以 802.11g 为例，每个 AP 的空口速率为 54Mbit/s，去除损耗，每个 AP 的实际带宽大约为 20Mbit/s。假设一层宿舍楼有 20 间宿舍，每间宿舍中 5 个人有上网需求，单用户带宽需求为 2Mbit/s；用户同时上网并发率按 30% 计算，该楼层应布放 3 个 AP（AP 数量 =20×5×2×30%/20=3）。网络容易受到在线用户数量的影响，一个 AP 实际带的用户数量不建议超过 30 个。如果覆盖区域用户过多，则应增加 AP 数量以保证用户顺利访问网络。

7.2.7 WLAN 覆盖设计举例

某宿舍楼有 7 层，每层有 20 个房间（50m×13m），每个房间住 6 个用户，单用户带宽需求为 2Mbit/s，按 30% 并发率规划 WLAN。

1. 确定带宽需求

每层总带宽需求 =20×6×2×30%=72（Mbit/s）；每层需要的 AP 数量 =72/20=3.6（个），取整数为 4 个。

2. 确定设备数量

每层需要 4 个 AP，7 层共需要 28 个 AP；汇聚设备可采用 24 口 PoE 交换机组网，并完成 PoE；WLC 与核心交换机连接。

3. 确定覆盖区域

宿舍是需要重点覆盖的区域，厕所、水房不进行重点覆盖。

4. 确定 AP 位置

根据覆盖需求确定 AP 位置。AP 安装在楼道顶部，使信号覆盖每个房间只穿越一堵墙；AP 间距为 8.5m；为保证覆盖效果，不针对厕所、水房进行覆盖。

5. 确定信道分布

信道分布遵循同频干扰最小原则，3 个 AP 分别采用相隔 25MHz 的信道 1、6、11。

【任务实施】

（1）WLAN 容量规划。

（2）无线设备选型。

（3）明确 WLC 与 AP 的组网模式。

（4）SSID 规划。

（5）IP 地址和 VLAN 规划。

（6）工作频段和信道规划

（7）无线信号覆盖的仿真。

（8）制作 WLAN 规划设计报告。

【任务验收】

（1）WLAN 规划设计报告内容包含任务实施中 8 个方面的内容。

（2）AP 位置设计和线缆走向设计合理。

（3）无线信号强度符合预设要求。

（4）无线信号覆盖教学区域，兼顾教学楼走廊区域的覆盖。

（5）文档制作精良美观，内容紧扣主题，表述恰当，逻辑顺畅，整体风格统一。

（6）现场表述逻辑清晰，语言流畅，情绪饱满。联系国家、社会和个人，谈谈自己的体会。

【任务小结】

WLAN 规划设计是指根据用户需求和无线地勘结果制订网络设计方案，包括网络覆盖规划、链路预算、容量规划等内容。WLAN 规划设计是 WLAN 建设过程的关键阶段。为了解决 WLAN 建设过程中覆盖设备数量计算困难、效率低下、准确性差、前期投入及后期维护成本高等问题，建议读者在进行 WLAN 规划设计时，可以使用无线设备商推出的无线网络规划工具，如锐捷的 WIS、华为的 WLAN Planner 等。

【课后作业】

一、判断题

1．通过室外 DS 覆盖室内时，一般考虑只穿透一堵墙，在设计过程中可不进行模拟测试。（　　）

2．WLAN 室内覆盖的天线应该尽量使天线与目标覆盖区域之间无墙体等阻挡。若需要穿透墙体实现覆盖，原则上只考虑穿透一堵墙。（　　）

3．WLAN 室内规划设计一般只考虑在同一楼层区域内通过 WLAN 方式接入该区域的数据用户，楼内不同楼层应该分别考虑进行覆盖规划。在规划设计 WLAN 时，首先应该考虑的是 AP 与无线终端之间无线信号的有效交互，其次应该考虑的是接入用户的有效带宽。（　　）

4．WLAN 系统在空旷区域覆盖时需要考虑工作频段和信道规划。（　　）

5．在安装 AP 时需要考虑到以太网交换机与 AP 之间 100m 的距离限制问题。（　　）

6．在考虑 AP 之间彼此信号覆盖范围时，不仅要考虑水平层面上的信道区别设置，还要考虑垂直层面上的信道区别设置，这一点在楼层施工时特别要考虑周全。（　　）

7．AP 安装位置的环境没有严格要求，只要安装位置不会丢失设备即可。（　　）

8．WLAN 覆盖时覆盖天线可利用房间墙壁等的隔离效果，以及降低单 AP 发射功率等方式来增加 AP 数量、缩小单 AP 覆盖范围和提高网络容量。（　　）

9．对于一个区域内存在多个 AP 的情况，由于 AP 虽然支持十几个信道，但相互无干扰的信

道间至少需要间隔5个载频，因此覆盖同一区域的AP数量最好不要超过4个。（　　）

二、选择题

1. 下列不属于无线网络建设流程的是（　　）。

A. 需求收集　　B. 网络规划　　C. 安装施工　　D. 安装应用

2. 下列关于WLAN规划设计的说法中，不正确的一项是（　　）。

A. WLAN规划设计是网络建设过程的关键阶段

B. WLAN规划设计主要关注无线设备的配置和调试

C. WLAN规划设计在很大程度上决定了网络的服务质量和用户满意度

D. 合理的WLAN规划设计可以节省网络投资成本和网络建成后的运营成本

3.（　　）不是WLAN规划设计的关注点。

A. 无线地勘　　B. AP选型及部署

C. 信号强度和覆盖范围　　D. 无线信号干扰

三、填空题

1. 在2.4GHz频段中规划AP信道时，一般使用________、________和________这3个信道。

2. 在室外环境中一般采用________的组网模式规划AP信道。

3. 无线网络覆盖规划主要关注________和________问题，而容量规划关注的则是________和________问题。

4. WLAN可以分为________和________两种覆盖场景。

5. WLAN室内覆盖场景安装AP有________、________和________三种方式。

四、简答题

1. 蓝天学院在校学生人数为3000个，笔记本电脑用户数为1500个，并发率按30%～50%计算，单用户带宽需求为512kbit/s。计算该校的WLAN容量及AP数量（写出计算公式）。

2. 为保证信道之间不相互干扰，2.4GHz频段要求两个信道的中心频率间隔不能低于25MHz，推荐信道1、6、11交错使用，设计图7-15所示的2.4GHz蜂窝的信道规划。

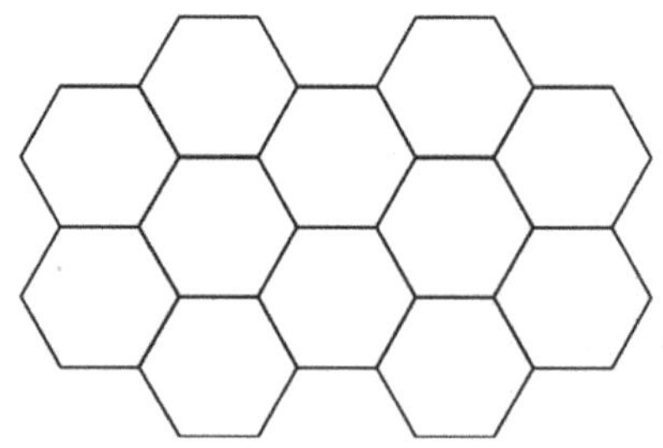

◎ 图7-15　2.4GHz蜂窝的信道规划

3. 某城区供电局大楼有6层，楼中间有楼道，办公室分布在楼道两边，每层楼有10～20个房间，一楼有一个大型会议室。现决定在该楼内以全覆盖方式部署WLAN，请从容量、覆盖的角度给出解决方案和设备选型。

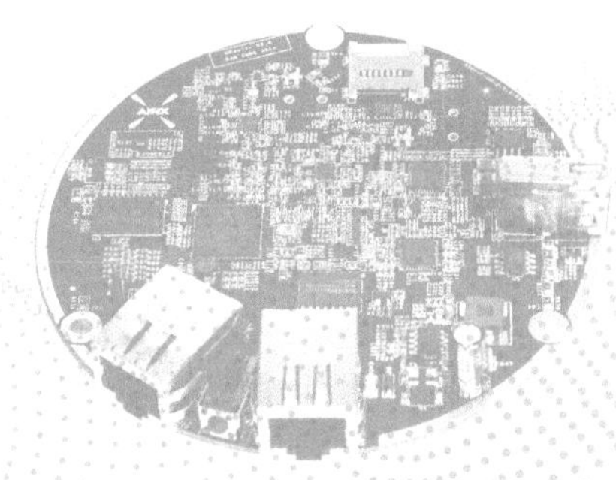

项目 8

无线局域网组建综合实战

知识目标

（1）掌握 LAP+WLC 无线网络架构。

（2）掌握集中式无线网络架构中的数据转发模式。

（3）掌握提高无线网络安全性的加密算法与认证方式。

（4）掌握 WLAN 性能优化的方法。

能力目标

（1）能够描述提高 WLAN 可靠性的技术措施。

（2）能够在实际工程环境中部署、调试无线设备。

素质目标

（1）提高学生沟通交流和自我管理的能力。

（2）培养学生严谨细致、精益求精的工匠精神。

（3）引导学生养成持之以恒的学习态度。

项目引例

通过对前面几个项目的学习，我们对 WLAN 的基本知识已经有了较深入的理解，知道集中式无线网络架构的无线设备（如思科、锐捷等厂商的无线设备）可提供强大的处理能力和多业务扩展，部署在二层或三层网络结构中，无须改动网络架构，并能提供无缝的无线网络安全控制功能。WLAN 拓扑结构图如图 8-1 所示。

综合园区网模拟项目实战需求

本项目首先对无线网络、无线安全和性能优化等方面的知识与操作进行简单回顾，其次对实际工程案例中的 WLAN 组网需求进行详细分析，最后在锐捷无线网络系列设备上完成相关配置，并对配置结果进行逐一验证。从本项目的任务实施过程中可以知道一个 WLAN 建设项目很难达到“一蹴而就”的理想效果。在中国产业向高端迈进过程中，需要为新发展格局构建夯实基础，因此需要大量高素质技能型人才。

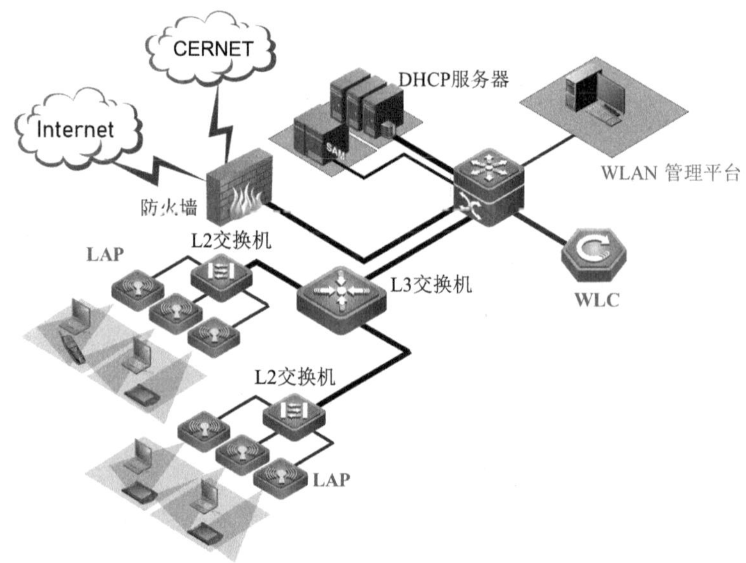

◎ 图 8-1 WLAN 拓扑结构图

任务 8.1 使用 Word 生成放装型 AP 配置脚本

【任务描述】

本任务以配置放装型 AP 为例，完成基于项目规划表的批量脚本生成工作，加快 WLAN 工程建设进程。

【任务要求】

（1）制作放装型 AP 规划表。

（2）生成放装型 AP 基础配置脚本。

（3）利用 Word 邮件合并功能为每个 AP 生成一份配置脚本。

知识准备

8.1.1 AP 命名规范

学习提示

在小型无线网络工程项目中，由于涉及的无线设备数量少，无线网络工程师可以为每个设备单独进行脚本配置。但在大中型无线网络工程项目中，涉及的无线信号接入 AP 设备数量基本在几千个，甚至上万个，如果无线网络工程师为每个设备都单独生成配置脚本，则不仅会带来巨大的工程量，大量的重复性设备配置还会造成设备工作疲劳，错误的配置给网络的建设带来更大的安全隐患。因此，快速、高效地完成 AP 配置脚本的任务，对整体项目调试进度有很大的推动作用，学习利用 Microsoft Office 套件完成 AP 配置脚本的批量生成操作方法是非常必要的。

1. 室内 AP 命名规范

室内 AP 命名格式为“AP 型号 + 位置 + 编号”或“位置 + 编号 +AP 型号”。

（1）AP 型号：是指 AP 的完整型号。

（2）位置：是指 AP 的物理位置，包括楼宇名称、楼号、楼层、房间号等信息。

（3）编号：如果物理空间中有两个或两个以上 AP，则对其按顺序编号。

示例 1：某学院博德楼 3 号楼 3 层的 302 房间安装了一个 AP720，则 AP 的参考名称为 BDL-3#_3F-302-AP720。示例 1 中 AP 名称各字段说明如表 8-1 所示。

表 8-1　示例 1 中 AP 名称各字段说明

字　段	说　明
BDL-3#_3F-302	该字段代表设备安装的位置为博德楼 3 号楼 3 层的 302 房间（需要配合 AP 位置设计示意图确定设备的具体安装位置）
AP720	该字段代表 AP 的型号为 AP720

示例 2：博德楼 3 层的走廊中安装了两个 AP720。AP 的参考名称为 BDL_3F-AP720-01 和 BDL_3F-AP720-02。示例 2 中 AP 名称各字段说明如表 8-2 所示。

表 8-2　示例 2 中 AP 名称各字段说明

字　段	说　明
BDL_3F	该字段代表设备安装的具体位置为博德楼 3 层（由于该 AP 安装在走廊中，因此需要配合 AP 位置设计示意图确定设备的具体安装位置）
AP720-01/AP720-02	该字段代表 AP 的型号为 AP720，是走廊中的第 1 个 / 第 2 个 AP（增加的编号代表设备是第几个）

2. 室外 AP 命名规范

在进行室外 AP 命名时需要考虑 AP 安装位置及覆盖方向，如在博德楼楼顶向南进行信号覆盖，则室外 AP880 的参考名称为 BDL-TOP-AP880-South。

8.1.2　AP 组命名规范

WLAN 中 AP 组命名格式通常为 AA-BB。其中：

（1）AA 代表 AP 所属区域，如学生宿舍区域，该字段为 XSSS。

（2）BB 代表楼宇名称，如学生宿舍区域的花合苑可以分别命名为 XSSS-HHY01 和 XSSS-HHY02，学生宿舍花合苑 5 号楼的 AP 组命名为 XSSS-HHY5#。

8.1.3　AP 接入用户数阈值设置规范

不同的 AP 接入用户数不同。通过设置 AP 接入用户数阈值，可以有效优化无线网络的数据传输速率。通常在 WLAN 规划中，对不同的 AP，建议设置不同的接入用户数阈值，具体如下。

（1）办公室内 AP 接入用户数阈值统一设置为 64。

（2）教室内 AP 接入用户数阈值统一设置为 100。

（3）室外 AP 接入用户数阈值统一设置为 100。

（4）宿舍内 AP 接入用户数阈值统一设置为 16。

（5）特殊区域（如报告厅、食堂）AP 接入用户数阈值统一设置为 128。

8.1.4 接收信号强度接入阈值设定规范

RSSI 用来表示终端从接入 AP 接收到射频信号的功率大小。在无线网络安装和施工过程中，需要根据现场实际环境，针对不同的场景设置不同的 RSSI 接入阈值，不允许对所有的 AP 设置统一的 RSSI 接入阈值。

不同类型的 AP 可用于部署不同的场景。建议对无线网络中不同的接入终端进行测试，确认具体的阈值后再有针对性地设置。生活中常见的智能终端的 RSSI 接入阈值设置建议如表 8-3 所示。

表 8-3 生活中常见的智能终端的 RSSI 接入阈值设置建议

区　　域	安 装 位 置	RSSI 接入阈值
宿舍区域	宿舍内	-70dBm
办公区域	办公室内	默认
教学区域	教室内	-70dBm
室外区域	室外	默认

8.1.5 低速率接入限制规范

针对不同的业务场景，需要考虑并确定是否启用低速率接入限制。低速率接入限制阈值一般在 11Mbit/s 以下。

8.1.6 上行和下行传输速率限制规范

由于 WLAN 通过射频信号传输数据，传输速率有一定的限制，无法像有线网络那样以高速率进行传输，因此在 WLAN 前期的网络规划中，需要按照 WLAN 不同区域接入用户密度和接入用户使用 WLAN 的习惯，有针对性地限制上行和下行传输速率。

以无线校园网络为例，无线网络覆盖区域主要有 3 种类型，分别是宿舍区域、教学和办公区域、图书馆和礼堂等场所。宿舍区域下行带宽需求较大；教学和办公区域的下行带宽需求次之；图书馆和礼堂等场所由于人数较多、接入用户密度较大，因此需要严格控制访问用户的传输速率。

配置 AP 的速率限制策略，指定 WLAN 中所有用户各自的上行和下行传输速率，当该策略生效时，所有 AP 上关联用户的传输速率都不能超过配置的额定传输速率。宿舍区域的上行和下行传输速率设定示例如表 8-4 所示。

表 8-4 宿舍区域的上行和下行传输速率设定示例

区　　域	接 入 类 型	上行传输速率	下行传输速率	备　　注
宿舍区域	有线	20Mbit/s	20Mbit/s	速率限制策略

【任务实施】

（1）制作 AP 规划表，包括 AP 的位置、名称、型号、MAC 地址、SSID、所属 VLAN 及网段、无线用户 VLAN 及网段、所连接的 PoE 交换机及端口等信息。

（2）新建一个 Word 文档，命名为“××× 配置生成模板 .docx”，其中“×××”为实施的

项目名称。在 Word 文档中配置初始脚本，如图 8-2 所示。需要注意的是，设备类型不同，配置脚本的内容也不同，要根据实际情况进行配置。

（3）单击“邮件”选项卡，在“选择收件人”下拉列表中选择“使用现有列表”选项，如图 8-3 所示。

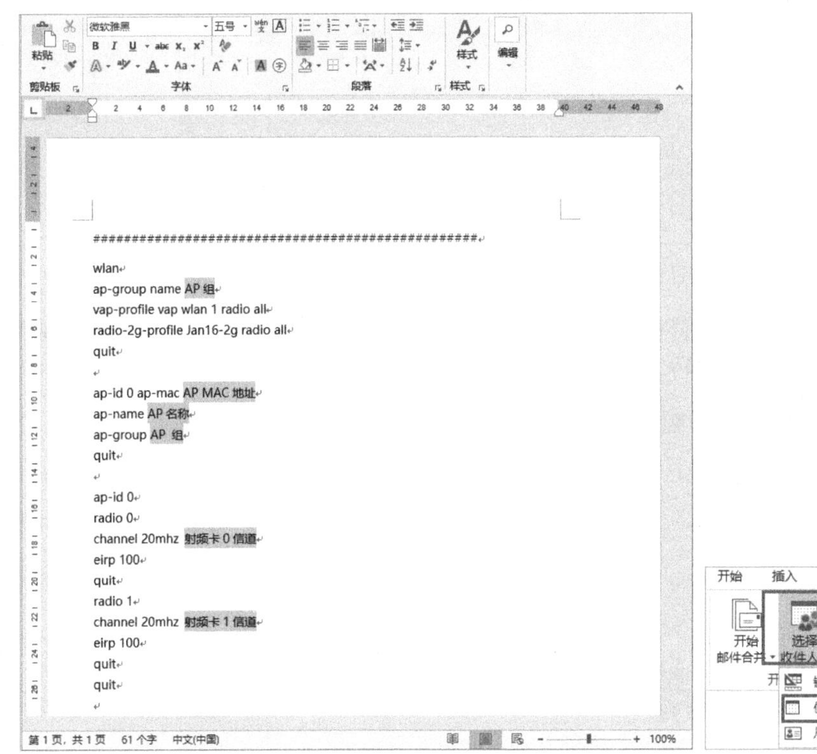

◎ 图 8-2　配置初始脚本

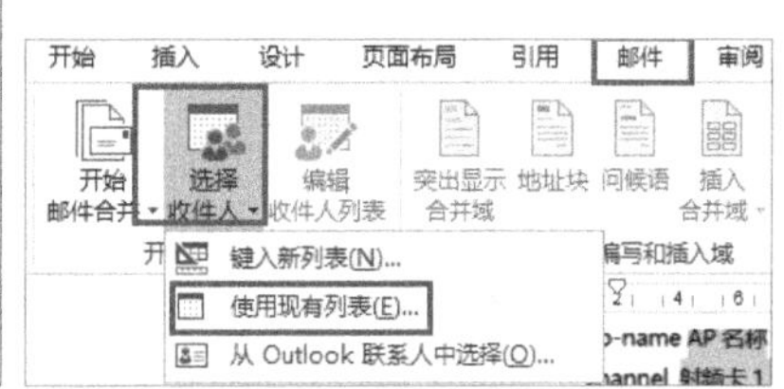

◎ 图 8-3　选择收件人

（4）在弹出的“选取数据源”对话框中选择相应的配置脚本生成规划表。配置脚本生成规划表的具体内容如图 8-2 所示，此处以放装型 AP 为例进行介绍。选择“无线放装型 AP 配置脚本生成规划表 .xls”文件作为导入的数据源，如图 8-4 所示，单击“打开”按钮。

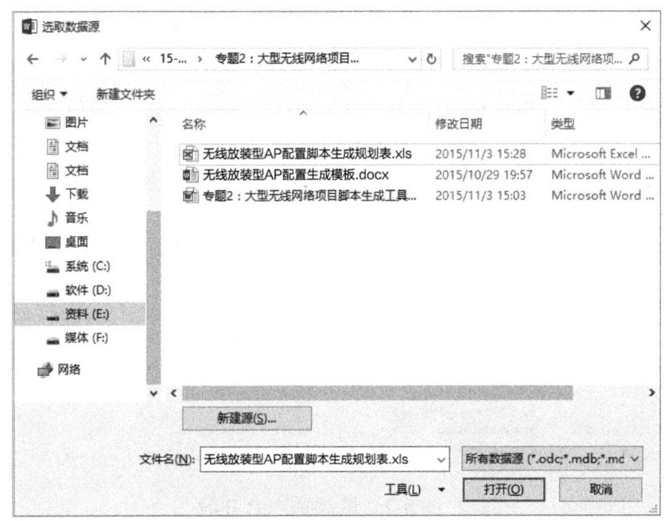

◎ 图 8-4　“选取数据源”对话框

（5）在弹出的“选择表格”对话框中单击“确定”按钮，如图 8-5 所示。

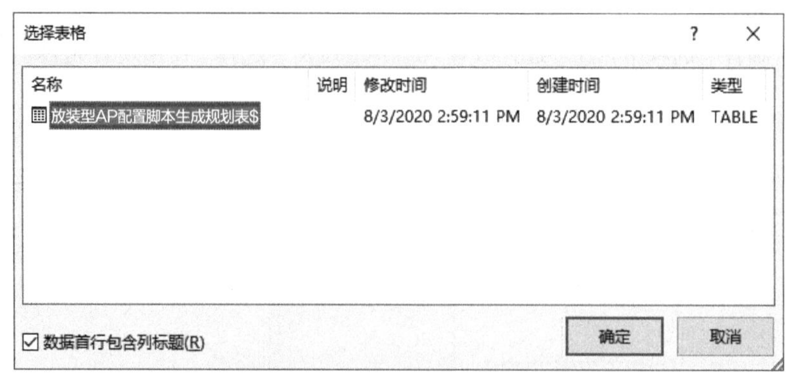

◎ 图 8-5 “选择表格”对话框

（6）返回 Word 操作界面，选中要替换的文字“AP 组”。单击“邮件”选项卡，在“插入合并域”下拉列表中选择“AP 组”选项，如图 8-6 所示。

◎ 图 8-6 插入合并域

（7）在插入合并域后，需要替换的表项左、右会生成“<<”“>>”符号。重复步骤（5）的操作，继续在其他需要替换文字处插入合并域，如图 8-7 所示。

◎ 图 8-7 继续插入合并域

（8）插入合并域完成后，单击“邮件”选项卡，在“完成并合并”下拉列表中选择“编辑单个文档”选项，如图 8-8 所示。

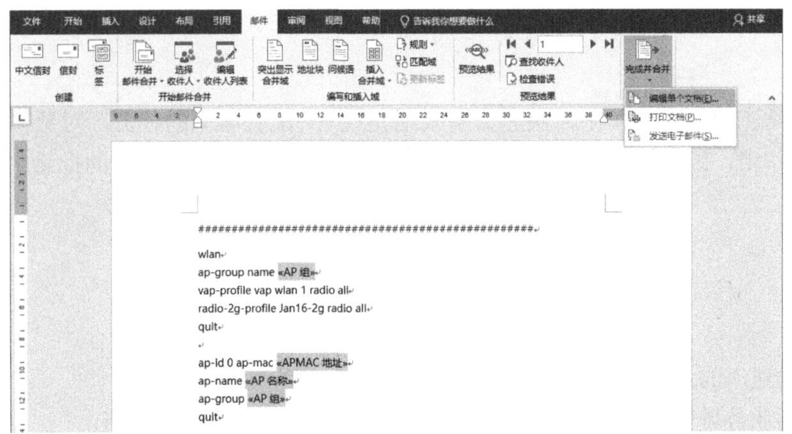

◎ 图 8-8　完成并合并

（9）在弹出的“合并到新文档”对话框中单击“全部”单选按钮，并单击“确定”按钮，如图 8-9 所示。

（10）合并完成后生成配置脚本，如图 8-10 所示。

需要注意的是，在生成配置脚本的过程中，一定要按照实际配置步骤的先后顺序进行操作，否则可能出现配置脚本生成后在实际应用时出错的情况。

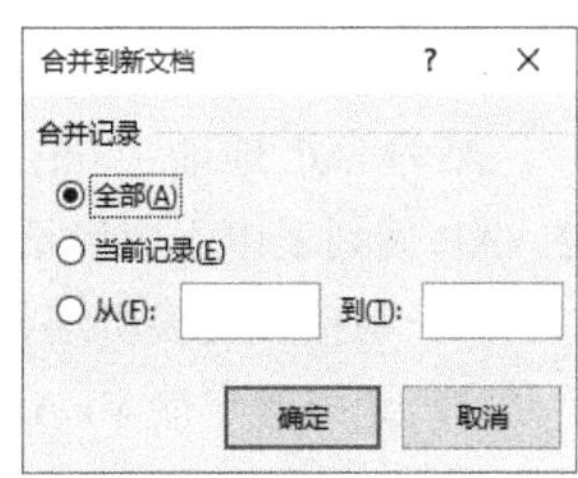

◎ 图 8-9　“合并到新文档”对话框

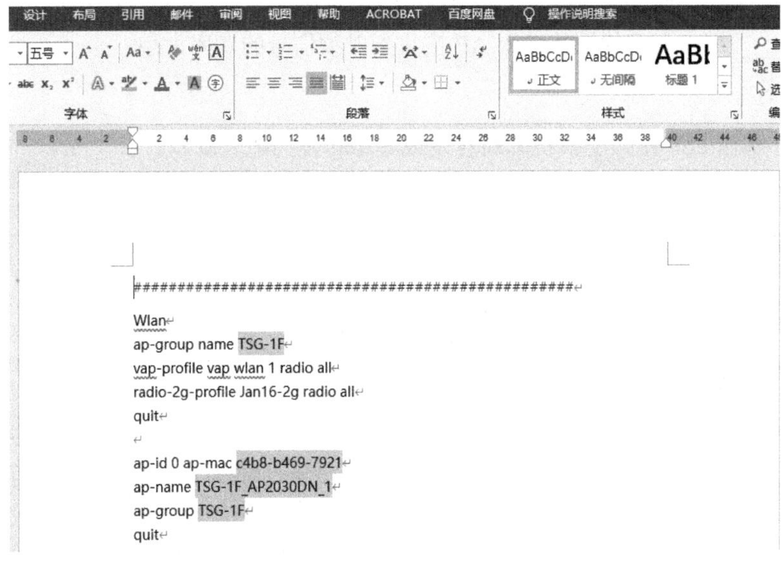

◎ 图 8-10　生成配置脚本

【任务验收】

（1）AP 规划表内容完整。

（2）AP 配置脚本生成正确。

（3）能批量生成 AP 配置脚本。

（4）文档制作精良美观，内容紧扣主题，表述恰当，逻辑顺畅，整体风格统一。

（5）现场表述逻辑清晰，语言流畅，情绪饱满。

（6）联系国家、社会和个人，谈谈自己的体会。

【任务小结】

在无线网络工程项目施工中，快速、高效地完成 AP 配置脚本的任务，对整体项目调试进度有很大的推动作用，因此如何利用 Microsoft Office 套件完成 AP 配置脚本的批量生成操作方法是非常必要的。

【课后作业】

一、判断题

1. 低传输速率的无线终端不会对无线网络的整体性能产生影响 （　　）
2. 在不同业务场景下，可以使用相同的上行和下行传输速率限制策略。 （　　）

二、选择题

1. AP 配置初始脚本中不应包含的内容是（　　）。

   A. MAC 地址　　B. IP 地址　　C. ap-group　　D. AP 的名称

2. AP 规划表中不应包括的内容是（　　）。

   A. 与接入交换机连接的端口信息　　B. AP VLAN 所在的网段

   C. 无线客户端 VLAN 所在的网段　　D. DHCP 服务器的地址信息

三、填空题

1. AP 命名规范应能反映 AP________、________和 ________3 个方面的信息。
2. ________ 用来表示终端从接入 AP 接收到射频信号的功率大小。

四、简答题

使用 Word 制作 PoE 接入交换机本地转发或集中转发的配置脚本。

任务 8.2　规划无线局域网项目实施内容

【任务描述】

WLAN 实战项目介绍

为适应当下移动教学的发展趋势，促进校园信息化建设，需要规划和部署移动互联无线网络。同时，为保证师生间能利用安全、可靠的无线网络访问互联网，并且有良好的上网体验，还需要进行无线网络安全及性能优化配置，具体需求如下。

（1）无线网络基础部署。要求无线客户端和 AP 的 DHCP 服务器部署在 WLC 上，采用集中转发方式；为了便于统一管理，整个校园网内使用相同的 SSID 但提供不同的接入服务。

（2）网络冗余机制。WLC 采用主备工作方式，以确保覆盖同一区域的 AP 工作在负载均衡方式下，实现无线网络的无缝切换和流量的合理分担，从而提高无线网络的可靠性和通信效率。

（3）自主式 AP 部署。由于后勤部门员工较少，因此该部门的无线网络覆盖使用自主式 AP，以接入方式进行部署，SSID 规划为 Supply。

（4）无线安全部署。为了提高校园网的无线上网安全性，结合各部门实际情况采取用户隔离、动态 ARP 防护、MAC 地址绑定、隐藏 SSID、WEP 认证和 WPA2 认证等多种安全技术措施。

（5）无线网络优化。为了提高无线网络性能，主要采用产品配置优化方法，通过调整信道、禁用低速率、智能感知、最大带点数、时间调度、最小接入信号强度限制等来实现无线网络性能的提升。

本任务根据以上需求，设计如图 8-11 所示的网络拓扑结构，并根据图 8-11 中有关提示信息，对 VLAN、IP 地址、网关、DHCP 地址池、SSID 等进行规划，并以思维导图的形式进行展示。

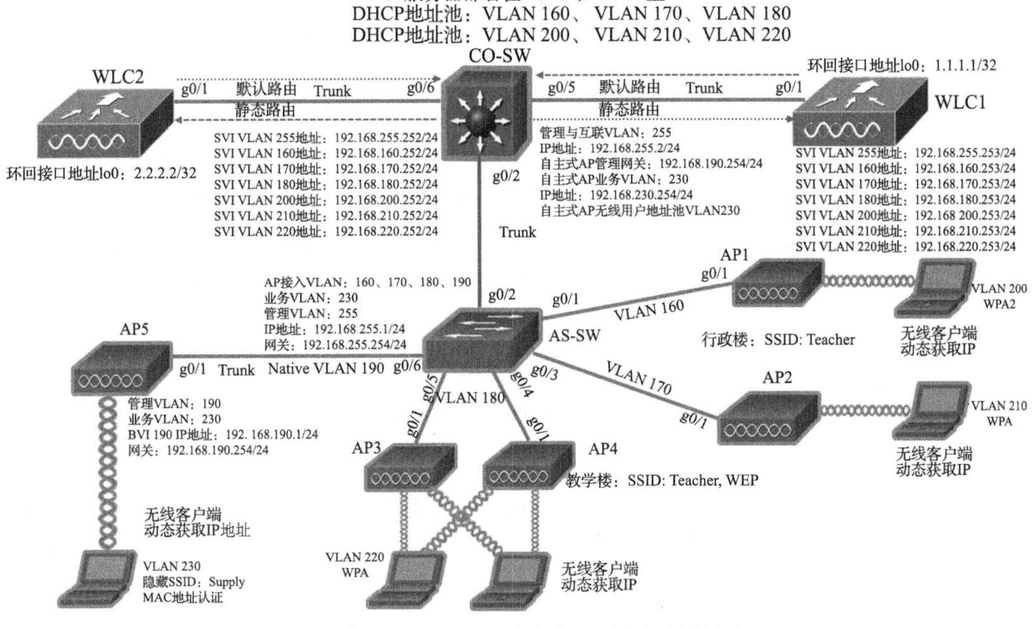

图 8-11　WLAN 综合实战网络拓扑结构图

【任务要求】

（1）本任务需要安装了思维导图软件或 Visio 软件的计算机 1 台。

（2）自主查阅锐捷官方的网络设备配置文档，如 WLAN 一本通、路由器一本通、交换机一本通等电子手册。

WLAN 核心内容简介

（3）画出接入交换机、核心交换机、WLC 等关键设备的功能配置思路图。

（4）功能配置思路图应能反映组网模式、VLAN、IP 地址、路由、无线基础功能、网络可靠性、无线安全性、性能优化等规划情况及其配置步骤。

（5）所画图片比例适当、文字标注规范、格式统一、要素齐备。

（6）完成组间互评。

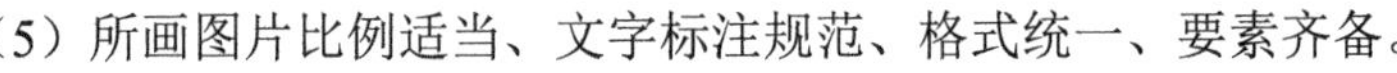

（7）分组现场展示任务成果，接受老师的点评。

知识准备

8.2.1　无线局域网架构简介

WLAN 架构一般由 WLC 和 AP 组成，AP 分为 LAP 和自主式 AP。

（1）WLC 在集中式 WLAN 架构中扮演着对所有 LAP 进行管理的角色，可以实现安全认证、报文转发、QoS、漫游等功能。

（2）LAP 在集中式 WLAN 架构中提供接入服务，通常分布在 WLAN 服务区的多个地方，用于覆盖该服务区，提供无线服务。

（3）自主式 AP 是控制和管理无线客户端的无线设备，帧在无线客户端和 LAN 之间传输需要经过无线到有线及有线到无线的转换，自主式 AP 在这个过程中起到了桥梁的作用。

8.2.2 无线局域网可靠性

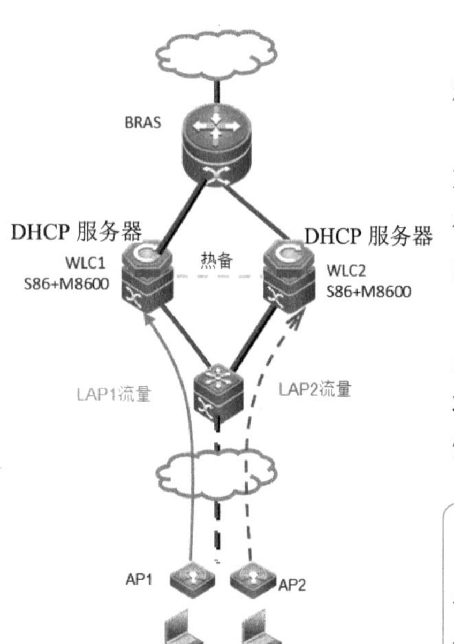

◎ 图 8-12 WLAN 中 WLC 热备功能和负载均衡的部署

如图 8-12 所示，在 WLAN 中通常通过 WLC 热备功能和负载均衡来提高网络的可靠性。

（1）WLC 热备功能。WLC 热备功能是指在 WLC 发生不可达或故障时，为 WLC 与 LAP 之间的 CAPWAP 隧道提供毫秒级的切换能力，确保已关联用户业务在最大限度上不间断，适用于对无线网络稳定性和防灾能力要求高的场合。

（2）负载均衡。由于无线用户都是随机的，因此有可能出现某个 LAP 负载较重，网络利用率较差的情况，可通过将同一区域的 LAP 都规划到同一个负载均衡组中，协同控制无线用户的接入来实现流量分担。

拓展提高

上网查阅锐捷 WLC 实现热备功能、负载均衡和虚拟化功能等方面的材料，列表比较它们在应用场合、配置方法等方面的区别。

8.2.3 无线局域网安全防护

WLAN 常见的安全防护技术包括隐藏 SSID、MAC 地址绑定、共享密钥认证、WEP 加密、WPA/WPA2 加密等。

（1）隐藏 SSID，即 AP 不对外广播 SSID，加大了攻击者对 WLAN 信号的探测难度。

（2）MAC 地址绑定是指通过登记客户端的 MAC 地址来过滤客户端，只允许登记了 MAC 地址的客户端接入。

（3）共享密钥认证是除开放式认证以外的一种链路认证机制，这种认证需要客户端和 AP 配置相同的共享密钥。

（4）WEP 加密是对两个设备间无线传输的数据进行加密的方式，用于防止非法用户窃听或侵入无线网络。

（5）WPA/WPA2 加密是一种基于标准的、可互操作的 WLAN 安全性解决方案，克服了 WEP 加密的弱点，大大加强了 WLAN 的数据安全性保护和访问控制能力，其配置主要包括启用认证方式、指定加密方式、指定认证方式和设置密钥 4 个步骤。

8.2.4 无线局域网性能优化

WLAN 性能优化举例如图 8-13 所示，优化方法有两种：设计部署优化和产品配置优化。设

计部署优化一般涉及变更施工方案、增减设备、调整天线等工程动作，具有较大的工作量、较高的成本且需要较长的优化时间。产品配置优化一般通过信道规划调整、速率集设置、调整信标收发的时间间隔、开启产品特定功能等方式实现网络性能的提升。本任务只讨论产品配置优化，通过优化达到以下 4 个方面的效果。

（1）更大的网络容量：主要措施是集中转发与本地转发；AP 接入用户数量、地址池的优化。

（2）更高的传输速率：主要措施是调整射频类型、关闭低速率集、Short GI 调整。

（3）更安全、稳定的网络：主要措施是用户隔离、黑白名单、无线智能感知、广播报文限速、DHCP Snooping、ARP 动态检测。

（4）更好的用户体验：主要措施是无线调度、信道和功率调整、禁止远端用户接入、5G 优先等。

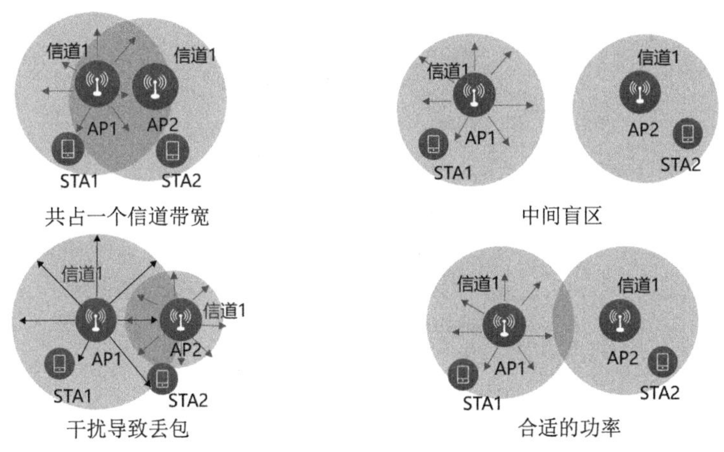

◎ 图 8-13　WLAN 性能优化举例

8.2.5　有线网络规划

根据网络拓扑结构图可知，AS-SW 交换机上接入了 5 个 AP，其中 AP5 为自主式 AP，其余 AP 为 LAP。

接入交换机上的网络规划

1. 接入交换机上的网络规划

（1）自主式 AP 业务 VLAN 与管理 VLAN 的规划如图 8-14 所示。AS-SW 交换机的 g0/6 接口与 AP5 的 g0/1 接口连接，该链路用来传输 VLAN 190 和 VLAN 230 的流量，需要将接口属性设置为 Trunk。同时，由于 VLAN 190 属于管理 VLAN，不需要打上标签，因此在该链路上将 VLAN 190 设置为 Native VLAN。AS-SW 交换机为了能识别 VLAN 190 和 VLAN 230 的流量，需要创建 VLAN 190 和 VLAN 230。

（2）LAP 所在 VLAN 的规划如图 8-15 所示。AS-SW 交换机的 g0/1、g0/3、g0/5、g0/4 接口分别连接 AP1、AP2、AP3、AP4，如同交换机上连接不同的计算机终端，分别位于 VLAN 160、VLAN 170 和 VLAN 180，因此，在 AS-SW 交换机上需要创建这 3 个 VLAN。

（3）LAP 业务 VLAN 的规划。由于 WLC 采取集中转发方式，当 LAP 接收到无线客户端发出的 802.11 数据帧后，将其转换为以太网数据帧，并通过 LAP 与 WLC 之间建立的 CAPWAP 隧道转发给 WLC，可以看出在 CAPWAP 隧道路径上的 AS-SW 交换机并不需要无线用户的 VLAN 信息，这也是 AS-SW 交换机上没有创建 VLAN 200、VLAN 210 和 VLAN 220 的原因。

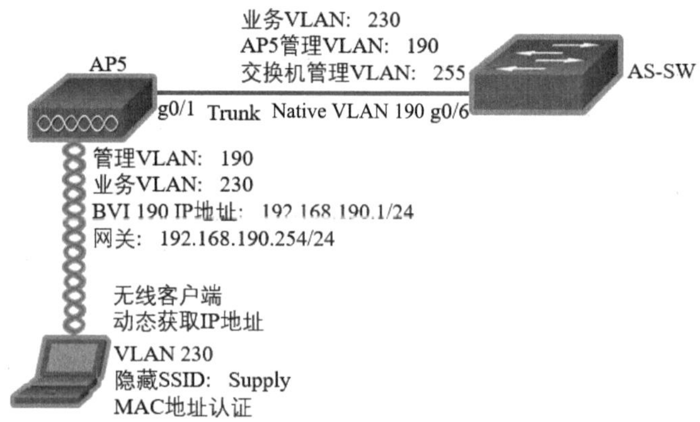

◎ 图 8-14　自主式 AP 业务 VLAN 和管理 VLAN 的规划

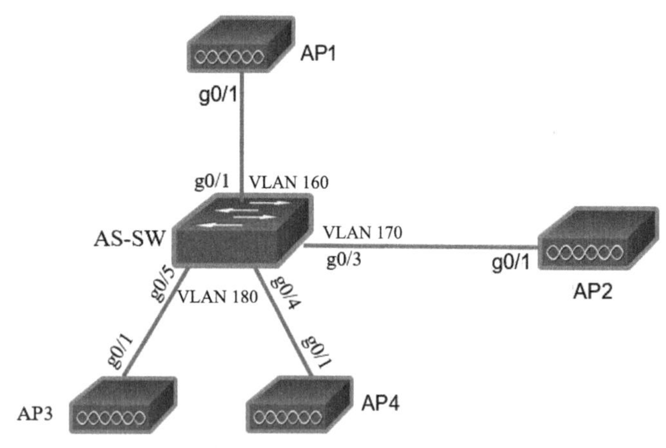

◎ 图 8-15　LAP 所在 VLAN 的规划

如果采用本地转发方式，那么数据流量不会通过 CAPWAP 隧道来传输，而会通过 AS-SW 交换机直接转发。为了区别不同的无线用户流量信息，必须在传输路径的所有交换机上创建 VLAN。同时，因为连接 LAP 的交换机端口传输了 LAP 与 WLC 之间建立 CAPWAP 隧道的控制信息和经 AP 将 802.11 数据帧转换为以太网数据帧的信息，故将其属性设置为 Trunk，并且将 AP 所在的 VLAN 设置为 Native VLAN。需要注意的是，与管理相关的 VLAN 是不会被打上标签的。

（4）接入交换机管理 VLAN 的规划。AS-SW 交换机的上联口 g0/2 透传了 VLAN 160 等多个 VLAN 的信息，必须将其属性设置为 Trunk。为了使网络管理员能够远程管理 AS-SW 交换机，单独规划一个独立的 VLAN 255 子网作为管理网段，配置其 SVI 接口的 IP 地址作为 AS-SW 交换机的管理 IP 地址，若要其他网段的管理终端能管理该交换机，则需要为其设置默认网关，使用一条默认路由来替代。

核心交换机上的网络规划

2. 核心层交换机上的网络规划

从网络拓扑结构图上看，LAP 与两台 WLC 之间要建立 8 条 CAPWAP 控制隧道和 8 条 CAPWAP 数据隧道，并且 AP 所在 VLAN 的各网段网关和 DHCP 服务器都部署在 WLC 上。

（1）LAP 所在 VLAN 的规划。在 CAPWAP 隧道建立之前，AP 像一台计算机一样获取 IP 地址，因此在从 WLC 到 LAP 的传输路径上，CO-SW 交换机与 AS-SW 交换机上必须有各 LAP 所在 VLAN 的信息，所以在 CO-SW 交换机上也必须创建 VLAN 160、VLAN 170 和

VLAN 180。同时，将 AS-SW 交换机和 CO-SW 交换机，以及 CO-SW 交换机和 WLC1、WLC2 之间的链路设置为 Trunk，即在 CO-SW 交换机上将 g0/2、g0/5、g0/6 接口属性设置为 Trunk，这样才能确保各 AP 所在 VLAN 的流量能正确转发。

（2）三层交换机互连接口的规划。在 AP 获取到 IP 地址后，会根据下发地址信息中的 option 138 指定的 IP 地址去发现 WLC。从 AP 发送的以太网数据帧经 AS-SW 交换机转发至三层交换机后会执行解封装帧操作，根据 IP 数据包中的目的 IP 地址查找路由表，找到出接口或下一跳 IP 地址。

这意味着，CO-SW 交换机与 WLC 之间要有三层互连接口，因此在网络拓扑结构图中的 CO-SW 交换机上规划 SVI VLAN 255 接口作为与 WLC 的三层互连接口，同时作为 CO-SW 交换机的管理接口。

为了能让 AP 发现 WLC，在 CO-SW 交换机上配置去往 WLC1 上 1.1.1.1/32 和 WLC2 上 2.2.2.2/32 的静态路由，其下一跳 IP 地址分别为 WLC1、WLC2 与 CO-SW 交换机互连的 SVI VALN 255 接口的 IP 地址，注意这个地址是 VLAN 255 网段的网关地址。

（3）静态路由规划。AP 与 WLC 之间建立 CAPWAP 数据隧道后，WLC 成为数据转发的中枢。从外部网络回送的数据到达三层交换机后，被转发给 WLC，由 WLC 经 CAPWAP 数据隧道返回给无线客户端。由这个过程可以看出，在三层交换机上还需要配置到达各无线用户网段的路由，其下一跳 IP 地址是互联网段 VLAN 255 的网关地址。出于无线热备的原因，管理网段的网关需要虚拟化，下一跳 IP 地址指向虚拟地址 192.168.255.254。根据网络规划，有 3 个无线用户网段，因此在 CO-SW 交换机上还需要配置 3 条静态路由。

根据规划，无线用户数据信息都是由 AP 与 WLC 之间传输路径上的 AS-SW、CO-SW 交换机来转发的，控制信息是在 AP 与 WLC 之间建立的。需要注意的是，由于所有 LAP 所在 VLAN 网段的网关都部署在 WLC 上，因此三层交换机和 WLC 之间不仅要二层可达，还要三层连通。为了达成这一目的，三层交换机上要有 AP 所在 VLAN 的信息，即要在三层交换机上创建 VLAN 160、VLAN 170 和 VLAN 180。三层交换机从 g0/2 接口接收到以太网数据帧后会执行解封装帧操作，根据 IP 数据包中的目的 IP 地址查找路由表，找到出接口或下一跳 IP 地址后重新封装帧，转发给 WLC 进行处理。

（4）自主式 DHCP 服务规划。AP5 是不受 WLC 控制的，其无线用户网段和网关部署在 CO-SW 交换机上，因此在 CO-SW 交换机上还需要创建 VLAN 230，配置 SVI VLAN 230 接口的 IP 地址作为 VLAN 230 网段的网关地址；建立 VLAN 230 的 DHCP 地址池，为无线用户 VLAN 230 动态分配 IP 地址。

由此可以看出，在三层交换机上的配置量不太大，正确理解 AP 与 WLC 之间 CAPWAP 隧道的建立过程和 WLC 集中转发的工作原理是 CO-SW 交换机基础网络配置的关键。

拓展提高

CAPWAP 是 AP 与 LWC 之间隧道的建立和数据的转发关键，不同厂商在 CAPWAP 的实现方式上有所不同，素材“锐捷无线 CAPWAP 隧道技术原理”从 CAPWAP 报头格式、CAPWAP 报头字段、CAPWAP 报文分类、CAPWAP 控制消息、CAPWAP 隧道建立过程的状态机、CAPWAP 隧道建立过程、CAPWAP 数据报文等多个方面进行讨论。

锐捷无线 CAPWAP 隧道技术原理

3. WLC 上的网络规划

WLC 上的网络规划

要使 WLC 正常工作，必须为其配置一个 IP 地址。根据规划，在 WLC 上配置环回接口的 IP 地址作为标识 WLC 的 IP 地址。

（1）三层互连接口规划。WLC 与 CO-SW 交换机之间不仅要二层可达，还要三层连通，因此在 WLC1 和 WLC2 与三层交换机之间的链路为 Trunk，必须将 WLC1 和 WLC2 的 g0/1 接口属性设置为 Trunk。同时，在 WLC1 和 WLC2 上创建 SVI VLAN 255 并配置 IP 地址，作为与 CO-SW 交换机的互连的 IP 地址。

（2）静态默认路由规划。当 WLC 需要将数据流转发至外部网络时，需要在 WLC 上配置一条默认路由，其下一跳 IP 地址是三层交换机上 SVI VLAN 255 接口的 IP 地址。

（3）LAP 所在 VLAN 的规划。在 WLC 与 LAP 之间建立 CAPWAP 隧道前，WLC 与 LAP 之间进行二层通信，因此在 WLC 上需要创建各 LAP 的 VLAN 信息，也就是在 WLC 上创建 VLAN 160、VLAN 170 和 VLAN 180。

（4）无线业务 VLAN 的规划。在 LAP 与 WLC 之间建立 CAPWAP 控制隧道后，WLC 会将 SSID、WLAN 与 VLAN 的对应关系信息下发给 LAP，因此在 WLC 上需要创建无线用户 VLAN，也就是在 WLC 上创建 VLAN 200、VLAN 210 和 VLAN 220。

（5）业务 VLAN 和 LAP 所在 VLAN 的网关规划。从网络拓扑结构图上看，LAP 与 WLC、各无线用户工作在不同网段，所以要建立三层通信，为 LAP 部署网关。根据规划，LAP 和无线用户的网关都部署在 WLC 上，建立对应 VLAN 的 SVI 接口，配置 IP 地址作为网关地址。

（6）网关冗余规划。考虑到 WLC 工作在主备方式，LAP 和无线用户的 VLAN 都需要使用 VRRP 虚拟网关，这样可以在热备之间进行切换，因此在 SVI 接口下指定虚拟网关地址。同时，WLC1 为主控制器，WLC2 为备控制器，在配置 VRRP 组的优先级时，WLC1 上指定为 150，WLC2 上指定为 120。

通过以上分析，我们清楚地知道在 WLC1 和 WLC2 上需要配置哪些内容，以及它们之间存在何种关系，这些知识是在 WLC 上完成基础网络配置的重点。

8.2.6 DHCP 服务规划

DHCP 服务规划

根据规划，LAP 和无线用户的 IP 地址是通过 DHCP 服务器获取到的，并且 DHCP 服务器部署在 WLC 上。

（1）LAP 的 DHCP 服务规划。给 LAP 配置 DHCP 服务器时使用 option 138 选项加上 WLC 的地址（环回接口地址）信息，其中将主控制器的 IP 地址写在前，备控制器的 IP 地址写在后，保证主备切换后 LAP 与 WLC 之间建立 CAPWAP 隧道的容错性。

（2）无线用户的 DHCP 规划。在给无线用户配置 DHCP 服务时，因为无线用户无须与 WLC 进行通信，所以不必通过 option 138 指定 WLC 环回接口的 IP 地址。

（3）配置 DHCP 服务前的准备工作。在配置 DHCP 服务前，将各网段中需要静态指定的 IP 地址排除掉，如本例中各网段的最后 3 个 IP 地址，分别用作 WLC1 和 WLC2 上的 SVI 接口 IP 地址及虚拟网关地址。

另外，完成以上配置后，一定要验证 LAP 能否获取到 IP 地址。可以先在接入交换机 AS-SW 上创建 LAP 所在 VLAN 的 SVI 接口，然后在此配置模式下将接口 IP 地址设置为 DHCP，测试是否能够获取到 IP 地址；也可以先将 LAP 替换为计算机，然后测试计算机能否动态获取 IP 地址，或者在 WLC 上使用 show ip dhcp binding 命令来进行验证。

8.2.7 无线网络规划

无线网络规划

为了提高移动无线网络的服务能力，实现便捷的管理和易用性，在整个校园网的同一区域中使用相同的 SSID 提供不同的接入服务，如图 8-11 所示，在行政区域

部署 4 个 LAP，为不同的教师提供不同的无线接入服务。

如何才能做到这一点呢？为教师创建 3 个不同的 WLAN（1、2、3），建立 3 个不同的 ap-group（200、210、220）。VLAN（200、210、220）和 WLAN 之间形成映射关系，这样不同的组将发射不同的 WLAN，将 4 个 AP 加入 3 个不同的 ap-group，就实现了不同无线用户接入不同的 AP，即有差别的接入服务。

8.2.8 无线网络安全规划

无线网络安全规划

学校根据不同师生的实际情况制定了不同的安全策略，其中 VLAN 200 的教师用户采用 WPA2（强健安全网络），在 AP 和移动设备之间使用的协议是动态身份协议；VLAN 210 的教师用户采用 WPA，在保证数据链路层安全的同时还保证了只有授权用户才可以访问无线网络；VLAN 220 的教师用户采用 WEP，用户的密钥必须与 LAP 中设置的密钥相同，并且在一个服务区域内的所有用户共享同一个密钥，适用于对安全性要求不高的场合。

根据前面无线网络的基础配置可知，WLAN 1 与 VLAN 200 对应，WLAN 2 与 VLAN 210 对应，WLAN 3 与 VLAN 220 对应，而创建 WlanSec 的 ID 则对应不同的 WLAN ID，由此通过安全接入控制实现同一 SSID 但提供不同的接入服务，达到了预设目标。

8.2.9 无线网络性能优化规划

无线网络性能优化规划

无线网络性能优化主要是指通过调整各种相关的无线网络工程设计参数和无线资源参数来满足系统现阶段对各种无线网络指标的要求。优化调整过程往往是一个周期性的过程，因为系统对无线网络的要求是不断变化的。

根据学校无线网络部署需求，实施无线网络性能优化以提升无线用户的无线网络体验效果，主要考虑 ARP 欺骗防御、用户隔离、启用总部 AP 边缘感知功能、速率限制、时间调度、调整信号强度和关闭低速率集及 AP 最大接入用户数限制等。

【任务实施】

（1）画出接入交换机上的配置的思维导图，主要包含数据转发方式、VLAN 的创建和放行。

（2）画出核心交换机上的配置的思维导图，主要包含 DHCP 访问的部署、SVI 接口的配置和静态路由配置。

（3）画出 WLC 上的配置的思维导图，主要包括无线网络基础、热备、负载均衡、无线优化、网络安全等方面的配置。

【任务验收】

（1）电子图片制作比例适当、标注清楚、要素齐全，反映内容之间的逻辑关系。

（2）现场表述逻辑清晰，语言流畅，情绪饱满。

（3）联系国家、社会和个人，谈谈自己的体会。

【任务小结】

本任务详细讨论了 WLAN 中有线侧、无线侧、可靠性、安全防护、性能优化等的规划内容及方法，系统梳理了无线网络数据传输过程，对后续网络设备的调测有很强的指导作用，是顺利实施无线网络工程项目的关键。

【课后作业】

一、判断题

1. 在 WLAN 中，DHCP 服务器只能部署在核心交换机上。（　　）
2. 网关和 DHCP 服务器可以部署在不同的网络设备上。（　　）
3. 集中转发方式会在接入交换机上将 AP 所在的 VLAN 配置为本征 VLAN。（　　）
4. 一个 AP 可以属于不同的 ap-group。（　　）
5. 为自主式 AP 的 BVI 接口配置 IP 地址的主要作用是转发数据流量。（　　）
6. 可以为 LAP 静态指定 IP 地址，以及建立 CAPWAP 隧道时与 WLC 通信的 IP 地址。（　　）
7. WLAN、SSID、VLAN 之间必须是一一对应的关系。（　　）
8. 一个 AP 可以提供多个 SSID。（　　）

二、选择题

1. 下列（　　）不是无线网络性能优化的手段。

A．增加 AP 数量　B．天线的相关调整　C．功率调整　D．信道调整

2. 以下（　　）不属于 WLAN 性能优化方式。

A．站点选址优化　B．覆盖方式优化　C．信道优化　D．覆盖范围优化

3．高校的 WLAN 场景，存在“并发用户数多”“持续流量极高”“覆盖范围大”“覆盖环境有宿舍大门、盥洗室等阻挡”的特点，基于此，下列不属于高校 WLAN 性能优化的侧重点的是（　　）。

A．用户容量优化　B．同 / 邻频干扰优化　C．组网架构优化　D．覆盖范围优化

三、填空题

1. WLAN 中提高网络可靠性的技术措施主要有________、________和________3 种类型。
2. WLAN 中采用的安全协议通常有________、________和________3 种类型。
3. WLAN 中常见的 3 种 VLAN 类型是________、________和________。
4. 接入交换机能被远程管理必须配置的选项是________和________。
5. WLAN 的数据转发方式分为________和________。

四、简答题

1. 简述 WLAN 性能优化的主要内容。
2. 简述 WLAN 中 AP 的组网模式。

任务 8.3　完成无线局域网项目配置与测试

【任务描述】

本任务在完成有线网络基础配置后，实现 WLC 热备功能，提升 WLAN 的可靠性；采用 AP 负载均衡技术，提高无线用户的接入体验；实施无线安全认证和加密策略，降低无线网络数据传输的安全风险；优化 AP 的射频资源，提高无线网络的传输性能。

【任务要求】

（1）准备接入交换机 1 个，AP 4 个，PoE 模块 4 个，WLC 2 个，核心交换机 1 个，无线终端 2 台，网线 7 根。

（2）认真分析图 8-11 中各设备之间的逻辑连接关系。

（3）参照任务 8.2，制作网络设备的配置脚本，并在设备上联调。

（4）对配置结果进行测试，验证网络功能是否成功实现。

（5）按规范制作项目实施文档和 PPT，分组现场答辩，展示项目实施效果。

知识准备

8.3.1　有线网络基础配置

学习提示

有线网络基础配置主要在接入交换机、核心交换机和 WLC 上实现有线基础网络的互联互通，核心内容包括 VLAN 的创建和修剪、SVI 接口的创建及其 IP 地址的配置、DHCP 服务器的部署、静态路由的配置等。

1．接入交换机 AS-SW 上的配置

接入交换机 AS-SW 上的配置

```
enable                                  // 进入特权配置模式
conf t                                  // 进入全局配置模式
hostname AS-SW                          // 为交换机命名
vlan 160                                // 创建 VLAN
name AP1                                // 为 VLAN 命名
vlan 170
name AP2
vlan 180
name AP3-4
vlan 190
name AP5
vlan 230
name user-230
vlan 255
name Management
interface vlan 255                      // 创建管理 VLAN 的 SVI 接口
ip add 192.168.255.1 255.255.255.0      // 配置 SVI 接口的 IP 地址
interface gi0/1                         // 选定接口 1
switchport access vlan 160              // 将该接口划分至 VLAN
interface gi0/3
switchport access vlan 170
interface range gi0/4-5
switchport access vlan 180
interface gi0/6                         // 选定接口
switchport mode trunk                   // 设置接口属性为 Trunk
```

```
switchport trunk native vlan 190                    // 设置 AP5 管理 VLAN 为本征 VLAN
switchport trunk allowed vlan only 190,230          // 在 Trunk 链路上修剪不要的 VLAN 流量
interface gi0/2
switchport mode trunk
ip route 0.0.0.0 0.0.0.0 192.168.255.254            // 设置交换机管理 VLAN 的网关
```

2. 核心交换机 CO-SW 上的配置

核心交换机 CO-SW 上的配置

```
enable                                              // 进入特权配置模式
conf t                                              // 进入全局配置模式
hostname CO-SW                                      // 为交换机命名
ip routing                                          // 开启路由功能
service dhcp                                        // 开启 DHCP 服务
ip dhcp pool vlan230                                // 建立 VLAN 230 网段地址池
network 192.168.230.0 255.255.255.0                 // 宣告 VLAN 230 网段
default-router 192.168.230.254                      // 下发 VLAN 230 网段默认网关
vlan 160                                            // 创建 VLAN
name AP1                                            // 为 VLAN 命名
vlan 170
name AP2
vlan 180
name AP3-4
vlan 190
name AP5-management-vlan
vlan 230
name AP5user-vlan
vlan 255
name Management
interface vlan 255                                  // 创建 SVI 接口
ip add 192.168.255.2 255.255.255.0                  // 配置 IP 地址
interface vlan 190                                  // 创建 SVI 接口
ip add 192.168.190.254 255.255.255.0                // 配置 IP 地址
interface vlan 230                                  // 创建 SVI 接口
ip add 192.168.230.254 255.255.255.0                // 配置 IP 地址
interface gi0/2                                     // 选定接口
switchport mode trunk                               // 设置接口属性为 Trunk
interface range gi0/23-24
switchport mode trunk
// 配置去往主 WLC 的路由，保证主 WLC 与 LAP 之间路由可达，建立 CAPWAP 隧道
ip route 1.1.1.1 255.255.255.255 192.168.255.253
// 配置去往备 WLC 的路由，保证备 WLC 与 LAP 之间路由可达，建立 CAPWAP 隧道
ip route 2.2.2.2 255.255.255.255 192.168.255.252
// 配置外部网络回送数据包经交换机 CO-SW 到达 WLC1 和 WLC2 的静态路由，出于无线主备的原因，网关
// 虚拟化，下一跳 IP 地址指向虚拟地址
ip route 192.168.200.0 255.255.25.0 192.168.255.254
ip route 192.168.210.0 255.255.25.0 192.168.255.254
ip route 192.168.220.0 255.255.25.0 192.168.255.254
```

需要注意的是，在 WLC1 和 WLC2 上设置 VRRP 时，需要在交换机 CO-SW 上创建 VLAN 200、VLAN 210 和 VLAN 220，否则 VRRP 状态不对。这并不是 WLC 与 LAP 通信时需要的信息。

3. WLC1 上基础网络的配置

WLC1 上基础网络的配置

```
enable                                  // 进入特权配置模式
conf t                                  // 进入全局配置模式
hostname WLC1                           // 为设备命名
vlan 160                                // 创建 VLAN
name AP1                                // 为 VLAN 命名
vlan 170
name AP2
vlan 180
name AP3-4
vlan 200
name user200
vlan 210
name user210
vlan 220
name user220
vlan 255
name Management
// 出于热备的原因，所有无线用户及 AP 的 VLAN 都需要使用 VRRP 虚拟网关，这样可以跟着热备一起切换
interface vlan 160                      // 创建 SVI 接口
ip add 192.168.160.253 255.255.255.0    // 配置 SVI 接口的 IP 地址
vrrp 160 ip 192.168.160.254             // 配置虚拟网关地址
vrrp 160 priority 150                   // 指定 WLC1 为主网关，优先级高于 WLC2 的优先级
interface vlan 170
ip add 192.168.170.253 255.255.255.0
vrrp 170 ip 192.168.170.254
vrrp 170 priority 150
interface vlan 180
ip add 192.168.180.253 255.255.255.0
vrrp 180 ip 192.168.180.254
vrrp 180 priority 150
interface vlan 200
ip add 192.168.200.253 255.255.255.0
vrrp 200 ip 192.168.200.254
vrrp 200 priority 150
interface vlan 210
ip add 192.168.210.253 255.255.255.0
vrrp 210 ip 192.168.210.254
vrrp 210 priority 150
interface vlan 220
ip add 192.168.220.253 255.255.255.0
vrrp 220 ip 192.168.220.254
```

```
vrrp 220 priority 150
interface vlan 255
ip add 192.168.255.253 255.255.255.0
vrrp 255 ip 192.168.255.254
vrrp 255 priority 150
int lo0                                          // 选定环回接口
ip add 1.1.1.1 255.255.255.255                   // 配置环回接口的 IP 地址作为 WLC 的标识地址
interface gi0/1                                  // 选定接口
switchport mode trunk                            // 配置接口属性为 Trunk，透传多个 VLAN 的流量
ip route 0.0.0.0 0.0.0.0 192.168.255.254         // 配置到达外部网络的路由信息
```

WLC2 上基础网络的配置

4. WLC2 上基础网络的配置

WLC2 上的配置和 WLC1 上的配置类似，唯一的不同是，WLC1 是主网关，WLC2 是备网关，在指定 VRRP 组的优先级时将其指定为 120，低于 WLC1 上的 VRRP 组优先级 150。

```
enable
conf t
hostname WLC2
vlan 160
name AP1
vlan 170
name AP2
vlan 180
name AP3-4
vlan 200
name user200
vlan 210
name user210
vlan 220
name user220
vlan 255
name Management
interface vlan 160
ip add 192.168.160.252 255.255.255.0
vrrp 160 ip 192.168.160.254
vrrp 160 priority 120
interface vlan 170
ip add 192.168.170.252 255.255.255.0
vrrp 170 ip 192.168.170.254
vrrp 170 priority 120
interface vlan 180
ip add 192.168.180.252 255.255.255.0
vrrp 180 ip 192.168.180.254
vrrp 180 priority 120
interface vlan 200
```

```
ip add 192.168.200.252 255.255.255.0
vrrp 200 ip 192.168.200.254
vrrp 200 priority 120
interface vlan 210
ip add 192.168.210.252 255.255.255.0
vrrp 210 ip 192.168.210.254
vrrp 210 priority 120
interface vlan 220
ip add 192.168.220.252 255.255.255.0
vrrp 220 ip 192.168.220.254
vrrp 220 priority 120
interface vlan 255
ip add 192.168.255.252 255.255.255.0
vrrp 255 ip 192.168.255.254
vrrp 255 priority 120
int lo0
ip add 2.2.2.2 255.255.255.255
interface gi0/1
switchport mode trunk
ip route 0.0.0.0 0.0.0.0 192.168.255.254
```

5. WLC1 上 DHCP 服务的配置

WLC1 上 DHCP 服务的配置

```
service dhcp                                  // 开启 DHCP 服务
ip dhcp pool vlan160                          // 建立 VLAN 160 网段地址池
network 192.168.160.0 255.255.255.0           // 宣告 VLAN 160 网段
default-router 192.168.160.254                // 下发 VLAN 160 网段默认网关
// 指定 WLC 环回接口的 IP 地址，用于和 AP 通信，其中主控制器的 IP 地址写在前，备控制器的 IP 地址写在后
option 138 ip 1.1.1.1 2.2.2.2
ip dhcp pool vlan170
network 192.168.170.0 255.255.255.0
default-router 192.168.170.254
option 138 ip 1.1.1.1 2.2.2.2
ip dhcp pool vlan180
network 192.168.180.0 255.255.255.0
default-router 192.168.180.254
option 138 ip 1.1.1.1 2.2.2.2
ip dhcp pool vlan200
network 192.168.200.0 255.255.255.0
default-router 192.168.200.254
ip dhcp pool vlan210
network 192.168.210.0 255.255.255.0
default-router 192.168.210.254
ip dhcp pool vlan220
network 192.168.220.0 255.255.255.0
default-router 192.168.220.254
```

6. WLC2 上 DHCP 服务的配置

WLC2 上 DHCP 服务的配置

WLC2 上 DHCP 服务的配置与 WLC1 完全相同，可以起到冗余的作用。

```
service dhcp
ip dhcp pool vlan160
network 192.168.160.0 255.255.255.0
default-router 192.168.160.254 // 网关是 WLC 的虚拟网关，这样能保证任何一个 WLC 故障都指向活动网关
option 138 ip 1.1.1.1 2.2.2.2   // 指定 WLC 地址，热备组中主 WLC 的地址在前，备 WLC 的地址在后
ip dhcp pool vlan170
network 192.168.170.0 255.255.255.0
default-router 192.168.170.254
option 138 ip 1.1.1.1 2.2.2.2
ip dhcp pool vlan180
network 192.168.180.0 255.255.255.0
default-router 192.168.180.254
option 138 ip 1.1.1.1 2.2.2.2
ip dhcp pool vlan200
network 192.168.200.0 255.255.255.0
default-router 192.168.200.254
ip dhcp pool vlan210
network 192.168.210.0 255.255.255.0
default-router 192.168.210.254
ip dhcp pool vlan220
network 192.168.220.0 255.255.255.0
default-router 192.168.220.254
```

8.3.2 无线网络基础配置

学习提示

无线网络基础配置包括 AP 的上线、WLC 热备和负载均衡、网络安全、性能优化等主要配置。在配置过程中需要注意的是，有些配置步骤有先后之分，有些内容在两个 WLC 上要求完全一致。

WLC1 上无线网络基础配置

1. WLC1 上无线网络基础配置

（1）WLAN 1 相关配置。

① wlan-config 的配置。

```
wlan-config 1 Teacher                    // 创建 WLAN 1 的 SSID 为 Teacher
```

② ap-group 的配置。

```
ap-group 200                             // 进入 ap-group
interface-mapping 1 200                  // 建立 WLAN 1 与无线用户的映射关系
```

③ ap-config 的配置。

```
ap-config AP MAC 地址                     // 进入 AP 配置模式
ap-name AP1                              // 命名 AP
ap-group 200                             // 将 AP 加入组
```

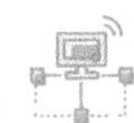

```
channel 1 radio 1                    // 对 AP 信道进行调整，避免同频干扰
channel 149 radio 2                  // 对 AP 信道进行调整，避免同频干扰
```

（2）WLAN 2 相关配置。

① wlan-config 的配置。

```
wlan-config 2 Teacher                // 创建 WLAN 2 的 SSID 为 Teacher
```

② ap-group 的配置。

```
ap-group 210                         // 进入 ap-group
```

③ ap-config 的配置。

```
interface-mapping 2 210              // 建立 WLAN 2 与无线用户的映射关系
ap-config AP MAC 地址                // 进入 AP 配置模式
ap-name AP2                          // 命名 AP
ap-group 210                         // 将 AP 加入组
channel 6 radio 1                    // 对 AP 信道进行调整，避免同频干扰
channel 154 radio 2                  // 对 AP 信道进行调整，避免同频干扰
```

（3）WLAN 3 相关配置。

① wlan-config 的配置。

```
wlan-config 3 Teacher                // 创建 WLAN 3 的 SSID 为 Teacher
```

② ap-group 的配置。

```
ap-group 220                         // 进入 ap-group
```

③ ap-config 的配置。

```
interface-mapping 3 220              // 建立 WLAN 3 与无线用户的映射关系
ap-config AP MAC 地址                // 进入 AP 配置模式
ap-name AP3                          // 命名 AP
ap-group 220                         // 将 AP 加入组
channel 11 radio 1                   // 对 AP 信道进行调整，避免同频干扰
channel 159 radio 2                  // 对 AP 信道进行调整，避免同频干扰
ap-config AP MAC 地址                // 进入 AP 配置模式
ap-name AP4                          // 命名 AP
ap-group 220                         // 将 AP 加入组
channel 6 radio 1                    // 对 AP 信道进行调整，避免同频干扰
channel 154 radio 2                  // 对 AP 信道进行调整，避免同频干扰
```

2. WLC2 上无线网络基础配置

WLC2 上无线网络基础配置和 WLC1 完全相同。由于 WLC 工作在主备方式，因此要求 WLC2 上 wlan-config、ap-group、ap-config 的配置必须完全一致。大部分配置只要求主备两边均有配置，而部分配置需要保证顺序一致。interface-mapping 命令需要保证在同一个 ap-group 下配置顺序一致。

WLC2 上无线网络基础配置

（1）WLAN 1 相关配置。

① wlan-config 的配置。

```
wlan-config 1 Teacher                // 创建 WLAN 1 的 SSID 为 Teacher
```

② ap-group 的配置。

```
ap-group 200                        // 进入 ap-group
interface-mapping 1 200             // 建立 WLAN 1 与无线用户的映射关系
```

③ ap-config 的配置。

```
ap-config AP MAC 地址               // 进入 AP 配置模式
ap-name AP1                         // 命名 AP
ap-group 200                        // 将 AP 加入组
channel 1 radio 1                   // 对 AP 信道进行调整，避免同频干扰
channel 149 radio 2                 // 对 AP 信道进行调整，避免同频干扰
```

（2）WLAN 2 相关配置。

① wlan-config 的配置。

```
wlan-config 2 Teacher               // 创建 WLAN 2 的 SSID 为 Teacher
```

② ap-group 的配置。

```
ap-group 210                        // 进入 ap-group
```

③ ap-config 的配置。

```
interface-mapping 2 210             // 建立 WLAN 2 与无线用户的映射关系
ap-config AP MAC 地址               // 进入 AP 配置模式
ap-name AP2                         // 命名 AP
ap-group 210                        // 将 AP 加入组
channel 6 radio 1                   // 对 AP 信道进行调整，避免同频干扰
channel 154 radio 2                 // 对 AP 信道进行调整，避免同频干扰
```

（3）WLAN 3 相关配置。

① wlan-config 的配置。

```
wlan-config 3 Teacher               // 创建 WLAN 3 的 SSID 为 Teacher
```

② ap-group 的配置。

```
ap-group 220                        // 进入 ap-group
```

③ ap-config 的配置。

```
interface-mapping 3 220             // 建立 WLAN 3 与无线用户的映射关系
ap-config AP MAC 地址               // 进入 AP 配置模式
ap-name AP3                         // 命名 AP
ap-group 220                        // 将 AP 加入组
channel 11 radio 1                  // 对 AP 信道进行调整，避免同频干扰
channel 159 radio 2                 // 对 AP 信道进行调整，避免同频干扰
ap-config AP MAC 地址               // 进入 AP 配置模式
ap-name AP4                         // 命名 AP
ap-group 220                        // 将 AP 加入组
channel 6 radio 1                   // 对 AP 信道进行调整，避免同频干扰
channel 154 radio 2                 // 对 AP 信道进行调整，避免同频干扰
```

3. WLC1 上无线热备配置

WLC1 上无线热备配置

WLC 的热备切换需要考虑是否与网关同时切换的问题，如果是则需要配置 VRRP。如果需要将 DHCP 服务一同切换，则需要把无线用户或 AP 的 DHCP 服务都部署在 WLC 上。本例就属于这样的情况。

```
wlan hot-backup 2.2.2.2                    //配置对端 IP 地址
context 10                                 //配置热备实例
priority level 7                           //配置 WLC1 热备实例优先级，7 表示抢占模式
ap-group 200                               //将 ap-group 加入热备实例
ap-group 210
ap-group 220
dhcp-pool vlan200                          //将无线用户地址池加入热备实例
dhcp-pool vlan210
dhcp-pool vlan220
dhcp-pool vlan160
dhcp-pool vlan170
dhcp-pool vlan180
vrrp interface VLAN 200 group 200          //将无线用户网关 VRRP 组加入热备实例
vrrp interface VLAN 210 group 210
vrrp interface VLAN 220 group 220
vrrp interface VLAN 160 group 160
vrrp interface VLAN 170 group 170
vrrp interface VLAN 180 group 180
vrrp interface VLAN 255 group 255
wlan hot-backup enable                     //启用热备功能
```

4. WLC2 上无线热备配置

WLC2 上无线热备配置

```
wlan hot-backup 1.1.1.1                    //配置对端 IP 地址
context 10                                 //配置热备实例
priority level 4                           //配置 WLC2 热备实例优先级，4 表示抢占模式
ap-group 200                               //将 ap-group 加入热备实例
ap-group 210
ap-group 220
dhcp-pool vlan200                          //将无线用户地址池加入热备实例
dhcp-pool vlan210
dhcp-pool vlan220
dhcp-pool vlan160
dhcp-pool vlan170
dhcp-pool vlan180
vrrp interface VLAN 200 group 200          //将无线用户网关 VRRP 组加入热备实例
vrrp interface VLAN 210 group 210
vrrp interface VLAN 220 group 220
vrrp interface VLAN 160 group 160
vrrp interface VLAN 170 group 170
```

```
vrrp interface VLAN 180 group 180
vrrp interface VLAN 255 group 255
wlan hot-backup enable                          //启用热备功能
```

5. WLC1 上 AP 负载均衡配置

AP 负载均衡配置

```
ac controller
num-balance-group create test                   //创建负载均衡组 test
num-balance-group num test 1  //当 AP 间用户相差一个时，较多用户的 AP 不响应用户接入请求
num-balance-group add test   AP3                //将 AP3 加入 AP 负载均衡组
num-balance-group add test   AP4                //将 AP4 加入 AP 负载均衡组
```

6. WLC2 上 AP 负载均衡配置

WLC2 上 AP 负载均衡配置与 WLC1 完全一样。

无线网络安全配置

8.3.3 无线网络安全配置

学习提示

由于无线网络使用开放性介质，采用公共电磁波作为载体来传输数据，因此通信双方之间没有线缆连接。如果传输链路未采取适当的加密保护，数据传输的风险就会大大增加。因此，在 WLAN 中网络安全显得尤为重要。为了增强无线网络的安全性，无线设备需要提供无线层面下的加密和认证两个安全机制。

1. WPA2 的配置（WLAN 1）

```
wlansec 1
security rsn enable
security rsn ciphers aes enable
security rsn akm psk enable
security rsn akm psk set-key ascii 1234567890
```

2. WPA 的配置（WLAN 2）

```
wlansec 2
security wpa enable
security wpa ciphers aes enable
security wpa akm psk enable
security wpa akm psk set-key ascii 1234567890
```

3. WEP 共享密钥认证

```
wlansec 3
security static-wep-key encryption 40 ascii 1 12345
security static-wep-key authentication share-key
```

8.3.4　无线网络性能优化

●学习提示●

无线网络性能优化的核心原则是管理好每个 AP 各自的无线射频资源，其主要内容包括 ARP 欺骗防御、用户隔离、启用总部 AP 边缘感知功能、速率限制、时间调度、调整信号强度和关闭低速率集、AP 最大接入用户数限制等。

无线网络性能优化配置

1. ARP 欺骗防御

为了防御 ARP 欺骗影响用户上网体验，配置了无线网络环境 ARP 欺骗防御功能。

```
ip dhcp snooping                                  // 全局启用 DHCP Snooping
interface gi0/1
ip dhcp snooping trust
wlansec 3
arp-check
ip verify source port-security
```

2. 用户隔离

某些时候出于安全性的考虑，需要对同一个 AP 中的用户进行隔离，实现用户之间不能互相访问，需要配置同一 AP 下用户隔离功能。

```
wids                                              // 进入 WIDS 模式
user-isolation ap enable                          // 配置同一 AP 下用户隔离功能
```

3. 启用总部 AP 边缘感知功能

```
ap-config AP MAC 地址
ript enable
```

4. 速率限制

为了保证每个用户有较好的无线体验效果，限制 WLAN ID 1 下每个用户的下行平均速率为 800kbit/s，突发速率为 1600kbit/s。

```
wlan-config 1
wlan-based per-user-limit down-streams averagedata-rate 800 burst-data-rate 1600
```

5. 时间调度

总部通过时间调度，要求每周一至周五的 21:00 至 23:30 关闭无线服务。

```
schedule session 1                                                   // 定义时间调度
schedule session 1 time-range 1 period mon to fri time 21:00 to 23:30 // 设置定时关闭 AP 信号
wlan-config 3
schedule session 1                                                   // 在 WLAN 下应用调度
show schedule session
```

6. 调整信号强度和关闭低速率集

不管是低功率还是低速率，一个 AP 只能与一个终端进行数据传输。当 AP 与低功率或低速率的用户进行数据传输时，只有等待数据传输完成后才会开始下一段传输。因此，在一个无线网络中，不管是低速率还是低功率都会影响整个网络的数据传输。

（1）总部设置用户最小接入信号强度为 -65dBm。

```
ap-config AP3
response-rssi 30 radio 1
response-rssi 30 radio 2
ap-config AP4
response-rssi 30 radio 1
response-rssi 30 radio 2
```

（2）总部关闭低速率（802.11b/g：1Mbit/s、2Mbit/s、5Mbit/s。802.11a：6Mbit/s、9Mbit/s）集。

```
ac-controller                                    // 进入 WLC 控制模式
802.11b network rate 1 disabled
802.11b network rate 2 disabled
802.11b network rate 5 disabled
802.11g network rate 1 disabled
802.11g network rate 2 disabled
802.11g network rate 5 disabled
802.11a network rate 6 disabled
802.11a network rate 9 disabled
```

7. AP 最大接入用户数限制

将 AP 最大接入用户数设置为 45。

```
ap-config AP3
sta-limit 1   // 为了方便测试，将 AP 最大接入用户数设置为 1，当关联数目为 1 时，后续无线客户端无法连接
```

8.3.5 自主式 AP 无线网络配置

自主式 AP 无线网络配置

1. 创建 VLAN

```
enable                              // 进入特权模式
configure terminal-                 // 进入全局配置模式
vlan 190                            // 创建 VLAN 190
vlan 230                            // 创建无线用户 VLAN 230
```

2. 配置子接口

配置 g0/1.190 子接口并封装相关 VLAN 190。

```
interface GigabitEthernet 0/1
encapsulation dot1Q 190             // 封装 VLAN 190
interface GigabitEthernet 0/1.230   // 配置 g0/1.230 子接口
encapsulation dot1Q 230             // 封装 VLAN
```

3. 配置 WLAN

创建指定 SSID 的 WLAN，在指定无线子接口绑定该 WLAN，使其能发出无线信号。

（1）创建指定 SSID 的 WLAN。

```
dot11 wlan 1                        // 创建 WLAN 1 接口
ssid Supply                         // 广播 SSID 为 Supply
```

（2）配置射频接口，封装 VLAN，并与 WLAN 关联。

interface Dot11radio 1/0.1

```
encapsulation dot1Q 230                //指定 AP 射频子接口 1/0.1 的 VLAN
wlan-id 1                              //与 WLAN 1 关联
interface Dot11radio 2/0.1
encapsulation dot1Q 230                //指定 AP 射频子接口 2/0.1 的 VLAN
```

4. 配置管理地址

```
interface BVI 190
ip address 192.168.190.253 255.255.255.0
```

5. 配置默认路由

```
ip route 0.0.0.0 0.0.0.0 192.168.190.254
```

6. 隐藏 SSID 的配置

隐藏 SSID 的操作方式是，在 AP 上将无线 SSID 调整为非广播模式。

```
dot11 wlan 1                           //进入 WLAN 1
no broadcast-ssid                      //关闭广播 SSID
```

7. MAC 地址认证配置

```
wids                                   //进入 WIDS 模式
//设置允许接入无线网络的 MAC 地址，这里任意设置了一个 MAC 地址 aa:bb:cc:dd:ee:fa
whitelist mac-addressaa:bb:cc:dd:ee:fa
```

拓展提高

请读者对照“无线网络工程师技能素质”素材内容和已经学习的 8 个项目的内容，详细总结 WLAN 技术与实践课程学习在知识储备、技能提升、态度养成等方面的得失，制作 PPT 并进行分享，要求现场表述逻辑清晰、语言流畅、情绪饱满。

无线网络工程师技能素质

【任务实施】

（1）使用网线和 PoE 模块将交换机、AP 和 WLC 正确连接起来。

（2）按任务需求和功能要求制作接入交换机、核心交换机、WLC 的配置脚本，并导入设备。

（3）在导入过程中，如果有错，则需要重新修改配置脚本，直到成功导入为止。

【任务验收】

本任务在网络设备上完成相关配置后，需要进行如下测试，确保有线网络和无线网络功能配置是正确的。

项目实施结果验证

（1）使用 show vlan 命令核查各交换机和 WLC 的 VLAN 信息创建是否完整。

（2）使用 show interface trunk 命令核查各交换机到 WLC 的 Trunk 链路信息创建是否完整。

（3）使用 show ip interface brief 命令测试各接口 IP 地址配置是否正确、接口状态是否处于双 UP 状态。

（4）使用 show ip route 命令测试交换机和 WLC 的路由条目是否正确。

（5）使用 show vrrp summary 命令测试 WLC1 和 WLC2 是否正确处于主备工作状态、能否进行主备切换。

（6）使用 show ip dhcp binding 命令测试 DHCP 服务器是否正常工作。验证 AP 能否获取到 IP 地址，方法是先在接入交换机上创建 AP 所在 VLAN 的 SVI 接口，然后在此配置模式下将接口 IP 地址设置为 DHCP，测试能否获取到 IP 地址；也可以将 AP 替换为计算机，并测试计算机能否动态获取到 IP 地址。

（7）在 AS-SW 上使用 ping 命令测试基础网络是否互联互通。

进行以上测试以确保基础网络是正常工作的，这对无线网络功能的发挥起到关键作用。

（8）使用 show wlan-config summary 命令查看配置的 WLAN。

（9）使用 show ap-config summary 命令查看 AP 上线的数量和 AP 是否改名。

（10）使用 show ap-group aps summary 命令查看 VLAN 与组的对应关系是否正确。

（11）使用 show ac-config client 命令查看哪些客户端连上哪些 AP、工作信道是否存在冲突、客户端获取到的 IP 地址情况。

（12）使用 show wlan hot-backup 命令查看无线热备的工作状态。

（13）使用 show ac-config num-balance summary 命令查看 AP 的负载均衡情况。

（14）使用 show ip dhcp binding 命令查看 ARP 欺骗防御是否启用。

（15）使用 show ac-config client 命令查看上线的无线客户端，并 ping 对端 IP 地址，ping 不通说明用户间是隔离的。

（16）使用 show running-config | begin wlan-config 3 命令查看无线用户的限速功能。

（17）使用 show schedule session 命令查看无线时间调度情况。

（18）在 WLC 上使用 show ac-config client 命令查看是否有低速率的客户端关联和信号强度。

（19）隐藏 SSID 验证。打开网卡的无线搜索功能，无法搜索到 Supply。登录到 AP，使用 show dot11 mbssid 命令确认无线空口的 mbssid 是否为空，可以发现 AP 的 mbssid 的 SSID 为 Supply，不为空，说明无线网络 Supply 已经隐藏。

在控制面板中单击“网络和 Internet 设置”，打开“网络与共享中心”界面，单击“设置新的连接或网络”，在弹出的“设置连接或网络”界面中单击“手动连接到无线网络”，单击“下一步”按钮，在弹出界面的“网络名”文本框中输入 Supply，在“安全类型”下拉列表中选择“无身份认证（开放式）”选项，并勾选“自动启动连接”复选框和“即使网络未进行广播也连接”复选框，单击“下一步”按钮关闭界面。

（20）MAC 地址认证测试。测试步骤：使用一个与 MAC 地址 aa:bb:cc:dd:ee:fa 不同的无线客户端，连接无线网络 Supply，终端用户无法关联到 SSID，说明 MAC 地址认证生效。

【任务小结】

本任务结合实际网络需求对前面所学内容进行总结和提炼，内容涉及有线网络基础配置、无线网络基础配置、无线网络安全配置、无线网络性能优化等，基本涵盖 WLAN 组网技术的核心内容，旨在提高读者综合运用所学知识的能力，帮助读者融会贯通、开阔视野，提高解决实际问题的能力。

【课后作业】

一、判断题

1．在 WLC 上创建无线用户 VLAN 的 SVI 接口。（　　）

2．在配置 WLC 热备功能时无须注重配置的先后顺序。（　　）

二、选择题

1．对于 WLC 热备功能以下说法正确的是（　　）。

　　A．主 WLC 和备 WLC 上对于 AP 的配置可以不一致

　　B．WLC 默认优先级为 4，可以发生抢占

　　C．热备使用了以下几个端口：TCP6425、TCP6435、UDP7425、UDP7435

　　D．一个 WLAN 可以加入不通的热备实例

2．以下（　　）手段不可以调整 WLAN 空口性能。

　　A．功率调整　　B．信道调整　　C．增加 AP　　D．负载均衡

3．使用 show capwap state 命令查看隧道建立情况，下列（　　）状态是正确的。

　　A．Run　　B．Ok　　C．FULL　　D．Setup

4．功率控制的优点有（　　）。

　　A．降低干扰　　B．增加容量　　C．增加覆盖　　D．以上都是

5．面对复杂的无线网络，在调试完成后，一般要进行无线网络性能优化，请问以下（　　）不属于可优化的参数。

　　A．powerlocal　　B．无线信道　　C．SSID　　D．无线用户隔离

6．在集中转发方式下，（　　）设备负责将 802.11 数据帧转换成 802.3 数据帧。

　　A．AP　　B．WLC　　C．接入交换机　　D．核心交换机

三、填空题

1．锐捷 WLC 是通过 option________ 获取 WLC 的 IP 地址。

2．锐捷无线本地转发配置，与 AP 互连接口需要配置为 ________ 模式，并需要配置 AP 的管理 VLAN 为 ________。

3．在集中转发方式下，PoE 交换机只需要配置 AP 管理 ________。

四、简答题

1．简述 CAPWAP 隧道无法建立的原因。

2．简述在 WLC 上配置 RSN 安全协议的过程。

参考文献

[1] 唐继勇，童均．无线网络组建项目教程 [M]．北京：中国水利水电出版社，2015．

[2] RACKLEY S．无线网络技术原理与应用 [M]．吴怡，朱晓荣，宋铁成，等译．北京：电子工业出版社，2008．

[3] PRICE R．无线网络原理与应用 [M]．冉晓旻，王彬，王锋，等译．北京：清华大学出版社，2008．

[4] 汪涛．无线网络技术导论 [M]．北京：清华大学出版社，2008．

[5] 段水福，历晓华，段炼．无线局域网（WLAN）设计与实践 [M]．杭州：浙江大学出版社，2008．

[6] 郭渊博，杨奎武，张畅．无线局域网安全：设计及实现 [M]．北京：国防工业出版社，2010．

[7] 麻信洛，李晓中，董晓宁．无线局域网构建及应用 [M]．北京：国防工业出版社，2006．

[8] 杨军，李瑛，杨章玉．无线局域网组建实战 [M]．北京：电子工业出版社，2006．

[9] 麻信洛，李晓中．无线局域网构建及应用 [M]．北京：国防工业出版社，2009．

反侵权盗版声明